高等职业教育系列教材

Photoshop CC 图形图像处理实例教程

第2版

主编　曾小兰　高　平

副主编　张紫薇　庞小茵

参编　颜品雅　徐健勋　陈诗婷　等

主审　黄　娟　吕可欣

机械工业出版社

本书是讲解 Photoshop 软件应用及图像处理技术的教材，追求技术性与实用性的统一。详尽的技术讲解搭配对应的案例教学使本书通俗易懂、操作性强。本书内容包括：基础知识、Photoshop 入门、文字特效、图层、选区技术应用、路径与矢量图、蒙版技术、自动化动作与批处理、绘画技术应用和滤镜技术。最后一章是对本书内容的综合应用。

本书针对 Photoshop 常用的色彩调整、人像修饰、平面设计、插画创作等功能合理安排相应的案例，实用性、商业性高度统一，读者多加练习并稍加修改便可将案例作品作为设计模板应用于实际工作中。本书适合作为高职高专院校艺术类专业、计算机类专业，以及各类培训机构的教材，同时还适合从事平面设计、广告设计、数码摄影、插画设计等工作的行业人员作为参考书。

本书配套资源提供了案例对应的素材、源文件和案例效果，读者可登录 www.cmpedu.com 免费注册、审核通过后下载，或联系编辑索取（QQ：1239258369，电话：010-88379739）。由于教材篇幅有限，还提供了配套的微课视频作为教材的补充。

图书在版编目（CIP）数据

Photoshop CC 图形图像处理实例教程 / 曾小兰，高平主编．—2 版．—北京：机械工业出版社，2018.9（2024.2 重印）

高等职业教育系列教材

ISBN 978-7-111-62401-1

Ⅰ．①P… Ⅱ．①曾… ②高… Ⅲ．①图像处理软件－高等职业教育－教材 Ⅳ．①TP391.413

中国版本图书馆 CIP 数据核字（2019）第 058762 号

机械工业出版社（北京市百万庄大街 22 号 邮政编码 100037）

策划编辑：王海霞 责任编辑：王海霞

责任校对：张艳霞 责任印制：李 昂

北京中科印刷有限公司印刷

2024 年 2 月第 2 版・第 7 次印刷

184mm×260mm・16.5 印张・409 千字

标准书号：ISBN 978-7-111-62401-1

定价：49.90 元

电话服务

服务咨询热线：010-88361066

读者购书热线：010-88379833

010-68326294

网络服务

机 工 官 网：www.cmpbook.com

机 工 官 博：weibo.com/cmp1952

金 书 网：www.golden-book.com

教育服务网：www.cmpedu.com

前言

党的二十大报告指出："培养造就大批德才兼备的高素质人才，是国家和民族长远发展大计。"为了更好地满足社会及教学需要，依据高等职业教育人才培养目标的要求，本书通过案例教学方式来讲解如何用 Photoshop 来进行图形图像处理。书中对大部分基础技术进行了详细的讲解，并有针对性地编写了巩固案例，对实用技术进行了深入的讲解，并用通俗易懂的语言一步一步引导教学。

此外，本书结合 Photoshop 在各个领域的应用编排了对应的案例，包括图像处理、文字特效、插画绘制、贺卡制作、海报设计、主题壁纸设计、包装设计、公益海报等实战案例，使读者在掌握基础知识的同时，配合案例实操，可以快捷、有效地掌握图像处理技术，并将技术应用到实际的设计之中。

本书共分为 11 章，各章内容及简介如下。

第 1 章和第 2 章，讲解软件的发展历程、应用领域、工作窗口组成、常用术语及图像控制、图像调整等最基本的操作。可以让读者对 Photoshop 有一个细致而又系统的认识和了解，对后面的理论学习和实践操作打下基础。

第 3 章为文字特效。众所周知，平面设计中的文字效果是极其重要的。本章对文本的输入与编辑、文字的变形及路径文本做了详细讲解，结合燃烧的文字特效和闪动立体文字特效，阐述文字特效制作的思路和方法。

第 4 章为图层。自 Photoshop 诞生开始，图层这个伟大的功能就面世了。本章从图层的概念、图层的管理、图层的类型、图层样式等都进行了详细剖析，并用霓虹灯效果和下雨效果这两个典型案例来巩固图层功能的技术。

第 5 章为选区技术应用。讲解了选区工具、选区的编辑等，通过选区进行抠图换背景，去想去的地方及《山水情》插画绘制两个案例，掌握选区的绘制、编辑、填充等操作，为进一步的设计打下扎实的技术基础。

第 6 章为路径与矢量图。讲解路径的概念、路径的绘制、路径的管理等，以企业标志和圣诞贺卡的设计与制作为例，达到灵活应用路径的学习目标。

第 7 章为蒙版技术。蒙版是 Photoshop 中最为实用的技术之一，本章讲解了蒙版的概念、蒙版的编辑等，并编排了两个具有代表性的案例，利用蒙版制作彩虹效果及海报人像效果，对理解和应用蒙版具有指导性的意义。

第 8 章为自动化动作与批处理。图像工作者经常会遇到大量的图像需要做相同处理的情形，如果使用传统的概念需要一幅一幅图像进行单独的处理。而 Photoshop 为用户提供了动作与批处理功能，为用户在工作中提升工作效率起到了重要的作用。本章讲解了"动作"面板、动作创建与管理、批处理等，并用三个案例分别对动作、批处理等进行巩固教学。

第 9 章为绘画技术应用。Photoshop 为用户提供了优秀的绘画工具，包括画笔工具、铅笔工具、颜色替换工具、混合器画笔工具、橡皮擦工具等，不管用户是否具备美术基础，掌握好绘画工具的应用都可以打造精美的插画作品。本章以油画风格插画和国画风格插画为例，讲解画笔的设置与应用。

第 10 章为滤镜技术。滤镜原是摄影中的术语，被移植到 Photoshop 并有效发挥了其功能与价值。本章讲解了滤镜的概念、使用建议、使用技巧等，并通过镜头校正、炫酷背景制作、中秋主题壁纸设计案例来讲解滤镜的灵活应用。

第 11 章是对本书内容的总结性综合应用，以产品包装设计和绿色出行主题公益海报设计两个综合案例来讲解如何举一反三、综合应用各个功能模块。

本书由曾小兰、高平担任主编，张紫薇、庞小茵任副主编，参加编写的还有颜品雅、徐健勋、陈诗婷、黄文静、邵杏颜、钟群星、刘静怡。

由于编者水平有限，加之时间仓促，书中难免有错漏之处，恳请读者朋友批评指正，我们的邮箱是 highpingtwo@163.com。

编　者

目　录

前言

第 1 章　基础知识 …… 1

1.1　发展历程 …… 1

1.1.1　历史版本 …… 1

1.1.2　Photoshop CC 新功能 …… 4

1.2　应用领域 …… 6

1.2.1　平面设计 …… 7

1.2.2　数码摄影 …… 7

1.2.3　影像创意 …… 7

1.2.4　网页设计与制作 …… 8

1.2.5　插画设计 …… 9

1.2.6　视觉创意设计 …… 9

1.2.7　其他应用 …… 9

1.3　Photoshop 工作窗口组成 …… 10

1.3.1　界面概览 …… 10

1.3.2　工具箱及工具选项栏详解 …… 12

1.3.3　常用面板 …… 13

1.4　Photoshop 常用术语 …… 15

1.4.1　绘图工具详解 …… 15

1.4.2　图像格式 …… 25

1.4.3　文件大小 …… 26

1.4.4　色彩设定 …… 26

1.4.5　色彩模式 …… 27

第 2 章　Photoshop 入门 …… 29

2.1　图像基本操作 …… 29

2.1.1　图像的打开与存储 …… 29

2.1.2　图像的创建 …… 32

2.1.3　为图像添加注释 …… 36

2.2　图像基本控制 …… 36

2.2.1　色彩模式转换 …… 36

2.2.2　调整图像大小 …… 37

2.2.3　调整画布大小 …… 38

2.2.4　旋转图像 …… 39

2.2.5　图像裁剪 …… 40

2.2.6　图像复制 …… 41

2.3　图像调整 …… 41

2.3.1　调整亮度/对比度 …… 41

2.3.2　调整色阶 …… 42

2.3.3　调整曲线 …… 43

2.3.4　调整曝光度 …… 44

2.3.5　调整色相/饱和度 …… 45

2.3.6　调整色彩平衡 …… 45

2.4　后退与前进 …… 46

2.4.1　撤销操作和恢复操作 …… 46

2.4.2　历史记录的撤销与恢复 …… 46

2.4.3　自定义后退步数 …… 47

第 3 章　文字特效 …… 49

3.1　文本工具详解 …… 49

3.1.1　文本输入与编辑 …… 49

3.1.2　字符与段落 …… 52

3.1.3　文字变形 …… 55

3.1.4　路径文本 …… 56

3.2　实例应用：打造燃烧的文字特效 …… 57

3.2.1　技术分析 …… 57

3.2.2　创建文字 …… 57

3.2.3　应用滤镜 …… 59

3.2.4　调整颜色 …… 61

3.2.5　涂抹颜色 …… 64

3.2.6　制作倒影 …… 68

3.3　实例应用：打造闪动立体文字特效 …… 71

3.3.1　技术分析 …… 71

3.3.2 输入文字 …… 72
3.3.3 精彩颜色设置 …… 76
第 4 章 图层 …… 81
4.1 什么是图层 …… 81
4.1.1 图层的概念 …… 81
4.1.2 认识“图层”面板 …… 83
4.1.3 背景图层与透明区域 …… 83
4.1.4 图层管理 …… 85
4.1.5 图层类型 …… 87
4.2 图层样式 …… 90
4.2.1 “投影”与“内阴影”样式 …… 91
4.2.2 “外发光”与“内发光”样式 …… 93
4.2.3 “斜面和浮雕”样式 …… 95
4.2.4 图层蒙版 …… 96
4.3 案例应用：打造绚丽的霓虹灯效果 …… 97
4.3.1 技术分析 …… 97
4.3.2 调整背景图 …… 97
4.3.3 设置文字图层样式 …… 100
4.3.4 制作环境光 …… 106
4.4 实例应用：天气的转换——下雨效果制作 …… 107
4.4.1 技术分析 …… 107
4.4.2 乌云合成 …… 108
4.4.3 打造下雨效果 …… 111
第 5 章 选区技术应用 …… 116
5.1 选区工具 …… 116
5.1.1 选区工具详解 …… 116
5.1.2 选区编辑 …… 116
5.1.3 其他选区创建方法 …… 124
5.2 实例应用：去想去的地方——背景更换 …… 124
5.2.1 技术分析 …… 124
5.2.2 抠图去背景 …… 125
5.2.3 导入素材 …… 127
5.3 实例应用：《山水情》插画绘制 …… 129
5.3.1 技术分析 …… 129
5.3.2 滤镜操作 …… 130
5.3.3 调整细节 …… 133
5.3.4 修饰 …… 135
第 6 章 路径与矢量图 …… 137
6.1 认识路径 …… 137
6.1.1 路径的概念 …… 137
6.1.2 路径的绘制 …… 137
6.1.3 “路径”面板详解 …… 142
6.1.4 路径管理 …… 144
6.2 实例应用：集创设计企业标志绘制 …… 145
6.2.1 技术分析 …… 145
6.2.2 背景制作 …… 146
6.2.3 绘制标志 …… 148
6.3 实例应用：圣诞贺卡设计 …… 152
6.3.1 技术分析 …… 152
6.3.2 制作背景 …… 153
6.3.3 绘制雪人 …… 154
6.3.4 绘制雪山 …… 159
6.3.5 制作树和雪花 …… 161
6.3.6 调整 …… 163
第 7 章 蒙版技术 …… 165
7.1 蒙版的概念和类型 …… 165
7.1.1 蒙版概念 …… 165
7.1.2 蒙版的编辑 …… 167
7.2 实例应用：雨过天晴——彩虹制作 …… 168
7.2.1 技术分析 …… 168
7.2.2 导入素材 …… 169
7.2.3 渐变制作 …… 169
7.2.4 蒙版应用 …… 171
7.3 实例应用：利用蒙版制作海报人像效果 …… 174
7.3.1 技术分析 …… 174
7.3.2 导入并处理素材 …… 174
7.3.3 选择色彩范围 …… 176

第 8 章 自动化动作与批处理 180
8.1 “动作”面板 180
8.1.1 认识“动作”面板 180
8.1.2 创建动作 181
8.1.3 动作管理 181
8.1.4 批处理 182
8.2 实例应用：为《海景》照片装裱 183
8.2.1 技术分析 183
8.2.2 加载相框动作 183
8.3 实例应用：快速统一相框 185
8.3.1 建立统一动作 185
8.3.2 批处理操作 187
8.4 实例应用：超画幅摄影作品——全景图制作 188
8.4.1 技术分析 188
8.4.2 自动化处理 189
8.4.3 调整 191
第 9 章 绘画技术应用 193
9.1 橡皮擦工具组 193
9.1.1 橡皮擦工具 193
9.1.2 背景橡皮擦工具 193
9.1.3 魔术橡皮擦工具 194
9.2 实例应用：油画风格风景画《渔船》 195
9.2.1 技术分析 195
9.2.2 使用混合器画笔工具 196
9.3 实例应用：国画风格梅花《清香远布》 199
9.3.1 技术分析 199
9.3.2 绘制过程 200
第 10 章 滤镜技术 210
10.1 认识滤镜 210
10.1.1 滤镜的概念 210
10.1.2 滤镜的使用建议 210
10.1.3 滤镜的使用技巧 212
10.2 实例应用：建筑摄影作品镜头矫正 220
10.2.1 技术分析 220
10.2.2 镜头矫正操作 221
10.3 实例应用：炫酷背景制作 223
10.3.1 技术分析 223
10.3.2 制作渐变背景 224
10.3.3 制作图形元素 229
10.3.4 丰富背景 237
第 11 章 综合应用 245
11.1 综合案例：产品包装设计 245
11.1.1 技术分析 245
11.1.2 绘制包装平面展开图轮廓 246
11.1.3 设计制作包装平面展开效果图 248
11.2 综合案例：绿色出行主题公益海报设计 249
11.2.1 技术分析 249
11.2.2 制作过程 250

第1章 基础知识

本章要点

- Photoshop 发展历程
- Photoshop 应用领域
- 常用图像处理术语

1.1 发展历程

Adobe Photoshop 简称“PS”，是由 Adobe 公司开发和发行的图像处理软件。Photoshop 主要处理以像素所构成的数字图像。使用其众多的编修与绘图工具，可以有效地进行图片编辑工作。Photoshop 有很多功能，在图像、图形、文字、视频、出版等各方面都有涉及。

2003 年，Adobe Photoshop 8 被更名为 Adobe Photoshop CS。2013 年 7 月，Adobe 公司推出了新版本的 Photoshop CC。自此，Photoshop CS6 作为 Adobe CS 系列的最后一个版本被新的 CC 系列取代。

目前，本书使用的 Adobe Photoshop CC 2017 为较新版本，其启动界面如图 1-1 所示。

图 1-1 Photoshop CC 2017 启动界面

1.1.1 历史版本

1990 年 2 月，Photoshop 版本 1.0.7 正式发行，John Knoll 也参与了一些插件的开发，第一个版本只需要一个 800KB 的软盘（Mac）就能装下。

1991 年 6 月，Adobe 公司发布了 Photoshop 2.0（代号 Fast Eddy），提供了很多更新的工

具，比如矢量编辑软件 Illustrator、CMYK 颜色以及 Pen Tool（钢笔工具）。最低内存需求从 2MB 增加到 4MB，这对提高软件稳定性有非常大的影响。从这个版本开始，Adobe 内部开始使用代号，在 1991 年正式发行。

1992 年，Kai Krause 在 1992 年发布了 Kai's Power 工具，使 Photoshop 的可视化界面更加丰富。

1993 年，Adobe 公司开发了支持 Windows 版本的 Photoshop，代号为 Brimstone，而 Mac 版本的代号为 Merlin。这个版本增加了 Palettes 和 16-bit 文件支持。2.5 版本的主要特性通常被公认为是支持 Windows。

1994 年，Photoshop 3.0 正式发布，代号是 Tiger Mountain，而全新的图层功能也在这个版本中崭露头角。这个功能具有革命性的创意：允许用户在不同视觉层面中处理图片，然后合并压制成一张图片。该版本的重要新功能是 Layer，Mac 版本在 9 月发行，而 Windows 版本在 11 月发行。

1997 年 9 月，Adobe Photoshop 4.0 版本发行，主要改进了用户界面。Adobe 在此时决定把 Photoshop 的用户界面和其他 Adobe 产品统一化。此外，程序使用流程也有所改变。一些老用户对此有抵触，一些用户甚至到网站上发泄不满情绪。但经过一段时间的使用，他们还是接受了新版本；Adobe 这时意识到 Photoshop 的重要性，他们决定把 Photoshop 版权全部买断。

1998 年 5 月，Adobe Photoshop 5.0 发布，代号 Strange Cargo。版本 5.0 引入了 History（历史）的概念，这和一般的 Undo 不同，在当时引起了业界的欢呼。色彩管理也是版本 5.0 的一个新功能，尽管当时引起了一些争议，但此后被证明这是 Photoshop 历史上的一个重大改进。

1999 年发行 Adobe Photoshop 5.5，主要增加了支持 Web 功能和包含 ImageReady 2.0。

2000 年 9 月，Adobe Photoshop 6.0 发布，代号 Venus in Furs。经过改进，Photoshop 与其他 Adobe 工具交换更为流畅。此外，Photoshop 6.0 引进了形状（Shape）这一新特性。图层风格和矢量图形也是 Photoshop 6.0 的两个特色。

2002 年 3 月，Adobe Photoshop 7.0 版发布，代号 Liquid Sky。Photoshop 7.0 版适时地增加了 Healing Brush 等图片修改工具，还有一些基本的数码相机功能，如 EXIF 数据、文件浏览器等。

2003 年，Adobe Photoshop 7.0.1 版发布，它加入了处理最高级别数码格式 RAW（无损格式）的插件。

2003 年 10 月发行 Adobe Photoshop CS（8.0），新特征有支持相机 RAW2.x、Highlymodified“Slice Tool”、阴影/高光命令、颜色匹配命令、“镜头模糊”滤镜、实时柱状图，使用 Safecast 的 DRM 复制保护技术，支持 JavaScript 脚本语言及其他语言。

2005 年 4 月，Adobe Photoshop CS2 发布，代号 Space Monkey。

Photoshop CS2 是对数字图形编辑和创作专业工业标准的一次重要更新。它作为独立软件程序或 Adobe Creative Suite 2 的一个关键构件来发布。Photoshop CS2 引入强大和精确的新标准，提供数字化的图形创作和控制体验。新特性有支持相机 RAW3.x、智慧对象、图像扭曲、点恢复笔刷、红眼工具、镜头校正滤镜、智慧锐化、SmartGuides、消失点、改善 64-bit Power PC G5 Macintosh 计算机运行 Mac OS X 10.4 时的内存管理，支持高动态范围成像（High Dynamic Range Imaging）、改善图层选取（可选取多个图层）。

2006 年，Adobe 公司发布了一个开放的 Beta 版 Photoshop Lightroom，这是一个巨大的专业图形管理数据库。

2007 年 4 月，发行 Adobe Photoshop CS3，可以使用于 Intel 公司的麦金塔平台，增进对 Windows Vista 的支持，全新的用户界面，Adobe Camera RAW 新特性，快速选取工具、曲线、消失点、色版混合器、亮度和对比度、打印对话框的改进，黑白转换调整，自动合并和自动混合，智慧（无损）滤镜，移动器材的图像支持，克隆和修复图像的改进 healing，更完整的 32bit HDR 支持，快速启动。

2007 年，Photoshop Lightroom 1.0 正式发布。

2008 年 9 月，发行 Adobe Photoshop CS4，套装拥有一百多项创新，并特别注重简化工作流程、提高设计效率。Photoshop CS4 支持基于内容的智能缩放，支持 64 位操作系统、更大容量内存，基于 OpenGL 的 GPGPU 通用计算加速。2008 年，Adobe 公司发布了基于闪存的 Photoshop 应用，提供有限的图像编辑和在线存储功能。2009 年，Adobe 公司为 Photoshop 发布了 iPhone（手机上网）版，从此 Photoshop 登上了手机平台。

2009 年 11 月 7 日，发行 Photoshop Express 版本，以免费的策略冲击移动手机市场，手机版的 Photoshop 可以做一些简单的图像处理。该版本支持屏幕横向照片；重新设计了线上、编辑和上传工作流，在一个工作流中可以按顺序处理多个照片；重新设计了图片管理功能，简化了相簿共享，升级了程序图标和外观，查找和使用编辑器更加轻松，同时向 Photoshop 和社交网站 Facebook 上传图片。2010 年 05 月 12 日，Adobe Photoshop CS5 在“编辑”菜单中增加了“选择性粘贴”→“原位粘贴”、“填充”、“操控变形”命令，画笔工具的功能得到加强。

2012 年 3 月 22 日，发行 Adobe Photoshop CS6 Beta 公开测试版，有 Photoshop CS6 和 Photoshop CS6 Extended 中所有新功能。新功能有内容识别修复，利用最新的内容识别技术更好地修复图片。另外，Photoshop 采用了全新的用户界面，背景选用深色，以便用户关注自己的图片。

2013 年 2 月 16 日，发布 Adobe Photoshop v1.0.1 版源代码。

2013 年 6 月 17 日，Adobe 公司在 MAX 大会上推出了 Photoshop CC（Creative Cloud），新功能包括相机防抖动、Adobe Camera RAW 功能改进、图像提升采样、属性面板改进、Behance 集成一键同步设置等。

2014 年 6 月 18 日，Adobe 公司发行 Photoshop CC 2014，新功能包括智能参考线增强、链接的智能对象的改进、智能对象中的图层复合功能改进、带有颜色混合的内容识别功能加强、Photoshop 生成器的增强、3D 打印功能改进，新增 Typekit 字体、搜索字体、路径模糊、旋转模糊、选择位于焦点中的图像区域等功能。

2015 年 6 月 16 日，Adobe 公司针对旗下的创意云 Creative Cloud 套装推出了 2015 年年度的大版本更新，除了日常的漏洞修复之外，还针对其中的 15 款主要软件进行了功能追加与特性完善，而其中的 Photoshop CC 2015 正是这次更新的主力。新功能包括画板、设备预览和 Preview CC 伴侣应用程序、模糊画廊 | 恢复模糊区域中的杂色、Adobe Stock、设计空间（预览）、Creative Cloud 库、导出画板、图层等。

2016 年 11 月 2 号，Adobe 公司再次升级了产品线，命名为 Photoshop CC 2017。

2018 年 10 月，Photoshop CC 新增了一些令设计人员、数字摄影师和插图制作人员心动无比的功能，包括可轻松实现蒙版功能的图框工具、重新构思“内容识别填充”功能等。

截至 2018 年 10 月，Adobe Photoshop CC 2019 版本为市场最新版本。

根据 Abode 官方网站信息，即将在 2019 年推出可在 iPad 上使用的 Photoshop。

1.1.2 Photoshop CC 新功能

1．程序内搜索

用户可以用快捷键〈Ctrl+F〉打开快速搜索，可以在 Photoshop 中查找工具、面板、菜单、资源模板、教程等，使工作更加高效快捷，如图 1-2 所示。

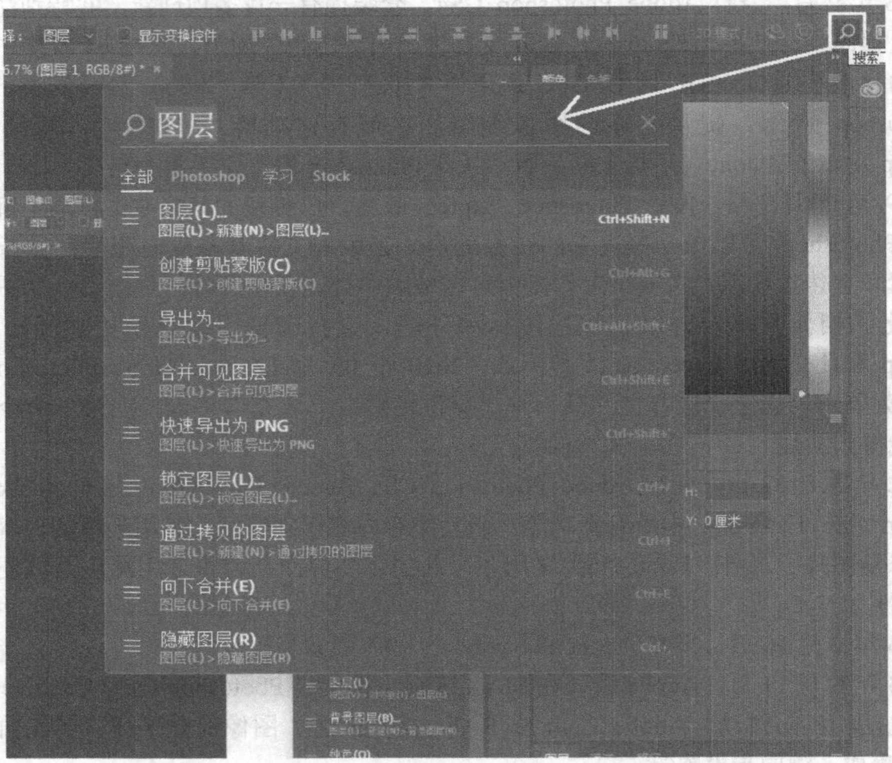

图 1-2 搜索

2．无缝衔接 Adobe XD

现在可以将 Photoshop 中的 SVG 格式更便捷地导入到 Adobe XD（Adobe 推出的交互设计程序）中去，如图 1-3 所示。

图 1-3 无缝衔接 Adobe XD

在 Photoshop 的“图层”面板中，可以直接将形状图层复制为 SVG 格式，再转换到 Adobe XD 中去，如图 1-4 所示。

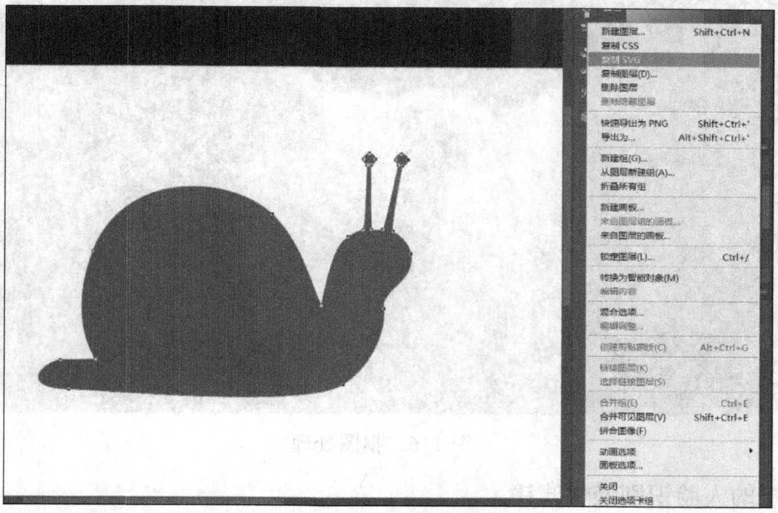

图 1-4　复制 SVG

3．支持表情包的 emoji 字体

Photoshop CC 支持 emoji 字体是让广大用户眼前一亮的功能，可以直接输入表情包，并且表情图标是矢量的。即输入之后，可以随意调整大小，而不影响分辨率。图 1-5 所示为 emoji 字体。

图 1-5　emoji 字体

4．强大的抠图功能

Photoshop CC 版本把套索工具加入了遮罩功能，通过调整边缘的操作可以轻松实现复杂

图形的抠图处理，如图 1-6 所示。

图 1-6　抠图处理

5. 更智能的人脸识别液化滤镜

液化滤镜中的人脸识别功能，能更精准地处理单只眼睛，同样也可以同时处理双眼，对人像的五官识别更加智能。图 1-7 所示为液化滤镜设置界面。

图 1-7　液化滤镜设置界面

1.2　应用领域

Photoshop CC 开启了全新的云时代 PS 服务。它特别针对摄影师新增了智能锐化、条件动作、扩展智能对象支持、智能放大采样、相机震动减弱等功能。用户可使用全新的智能锐化（Smart Sharpen）工具使细节更为鲜明，还可将低分辨率的照片转化为高分辨率的大型影像，还有先进的 3D 编辑和影像分析工具。不只如此，Photoshop CC 的智慧锐化、内容感知修补程序和内容感知移动功能使图像加工处理更加方便快捷。

Photoshop CC 在图像、图形、文字、视频等各方面都有广泛的应用。

1.2.1 平面设计

平面设计：Photoshop CC 应用最为广泛的领域，无论是图书封面，还是大街上看到的招贴画、海报，这些具有丰富图像的平面印刷品基本上都需要用 Photoshop 软件对图像进行处理。Photoshop 平面设计效果如图 1-8 所示。

图 1-8　Photoshop 平面设计效果

1.2.2 数码摄影

数码摄影是一种对视觉要求非常严格的工作，拍摄作品往往要经过 Photoshop 的修改才能得到令人满意的效果。Photoshop CC 版本特别针对摄影师新增了许多便捷的功能，图 1-9 所示为 Photoshop 修图前后的对比情况。

图 1-9　Photoshop 修图前后的对比

1.2.3 影像创意

通过 Photoshop CC 的处理，可以将原本风马牛不相及的对象组合在一起，也可以使用“狸猫换太子”一般的手段使图像发生意想不到的变化，如图 1-10 所示。

图 1-10　Photoshop 用于影像创意

1.2.4　网页设计与制作

网络的普及是促使更多人需要掌握 Photoshop CC 功能应有的一个重要原因，因为在制作网页时 Photoshop 是必不可少的网页图像处理软件，如图 1-11 所示。

图 1-11　Photoshop 用于网页设计与制作

1.2.5 插画设计

Photoshop 软件具有良好的绘画与调色功能，许多插画设计制作者往往使用铅笔绘制草图，然后用填色的方法来绘制插图，如图 1-12 所示。

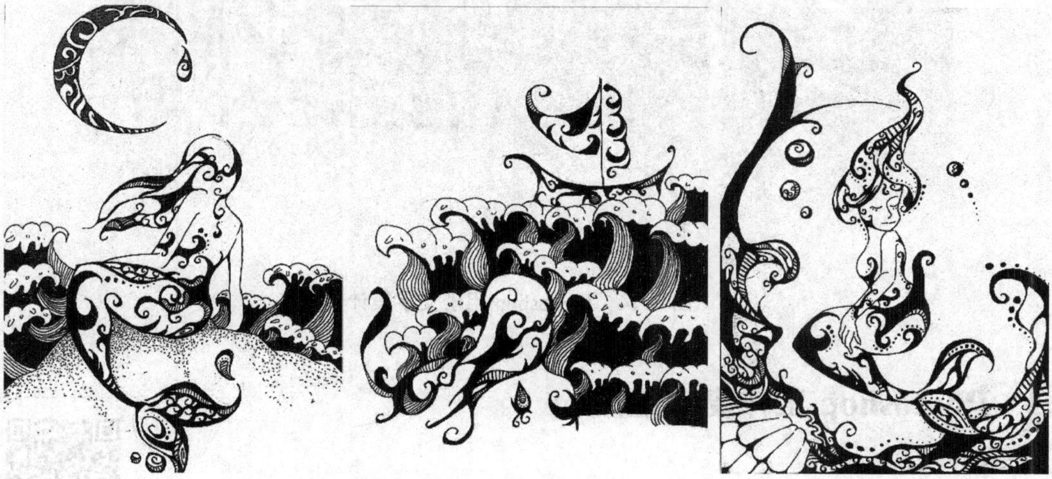

图 1-12 Photoshop 用于插画设计

1.2.6 视觉创意设计

在进行视觉创意设计的时候要把有关的素材分解并加以重构，这都需要运用 Photoshop 软件来进行处理从而达到满意的效果，如图 1-13 所示。

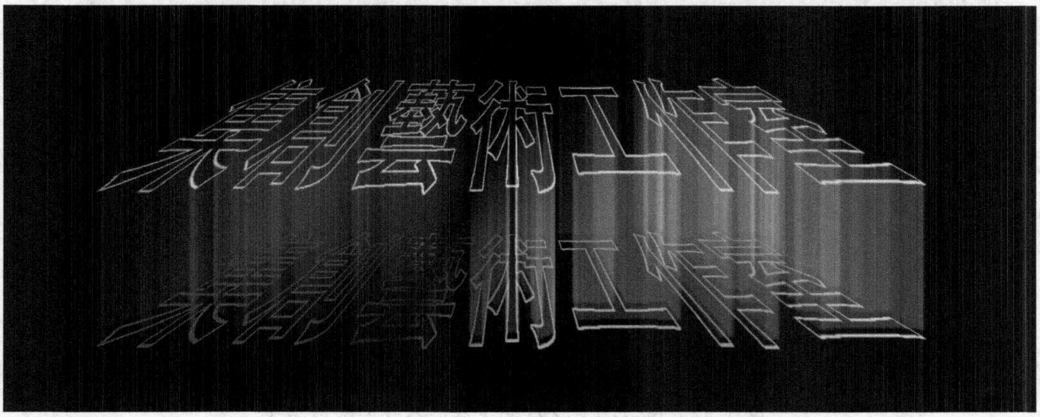

图 1-13 Photoshop 用于视觉创意设计

1.2.7 其他应用

Photoshop CC 在艺术文字、界面设计、图标制作等领域都有应用，如图 1-14 所示。

图 1-14　Photoshop 用于文字设计

1.3　Photoshop 工作窗口组成

01 了解工作界面

1.3.1　界面概览

Photoshop CC 工作窗口的默认模式为“全部合并”窗口模式。在此模式下，各个窗口都并排排列，如图 1-15 所示。

图 1-15　Photoshop CC 的“全部合并”窗口模式

Photoshop CC 工作窗口中各部分的介绍如下。

- 菜单栏：其中包含所有的菜单。
- 选项卡：在“全部合并”窗口模式下，多个窗口以选项卡进行排列，可在选项卡上自由选择需要编辑的窗口。
- 绘图区：设计作品的区域。
- 标尺：处于绘图区边缘，用于准确绘制与对齐。

● 工具箱：包含创建、修改、填充对象的浮动工具栏。
● “颜色”面板：设置前景色和背景色的面板，可以调整颜色。
● “库”面板：用于管理文档、图片和其他文件，类似于文件夹。
● “图层”面板：用于控制图层，允许显示/隐藏图层、建立图层、删除图层、调整各图层的层次关系。
● 状态栏：工作窗口底部的一个区域，显示文档操作的相关信息。

09 屏幕显示模式

在英文输入状态下，按〈F〉键。进入窗口化全屏编辑模式，即在计算机屏幕上全屏显示 Photoshop CC 工作窗口，包括菜单栏、“图层”面板等，如图 1-16 所示。

图 1-16　窗口化全屏编辑模式

再按一次〈F〉键，Photoshop CC 就会进入全屏模式，此时所有面板和窗口都被隐藏，如图 1-17 所示。

图 1-17　全屏模式

1.3.2 工具箱及工具选项栏详解

工具箱和工具选项栏是 Photoshop CC 操作环境的重要组成部分，两者缺一不可。工具箱和工具选项栏都是浮动式的，可以将其拖动并随意放置在工作窗口的任何位置。

1．工具箱

图像处理的所有工具都放置在工具箱中。有些工具是以一组的形式出现，称为工具组，如选项工具组、画笔工作组、套索工具组等。这些工具组的显著特点是在工具图标的右下方带有一个小三角，单击此小三角可以打开该工具组。工具箱中的所有工具如图 1-18 所示。

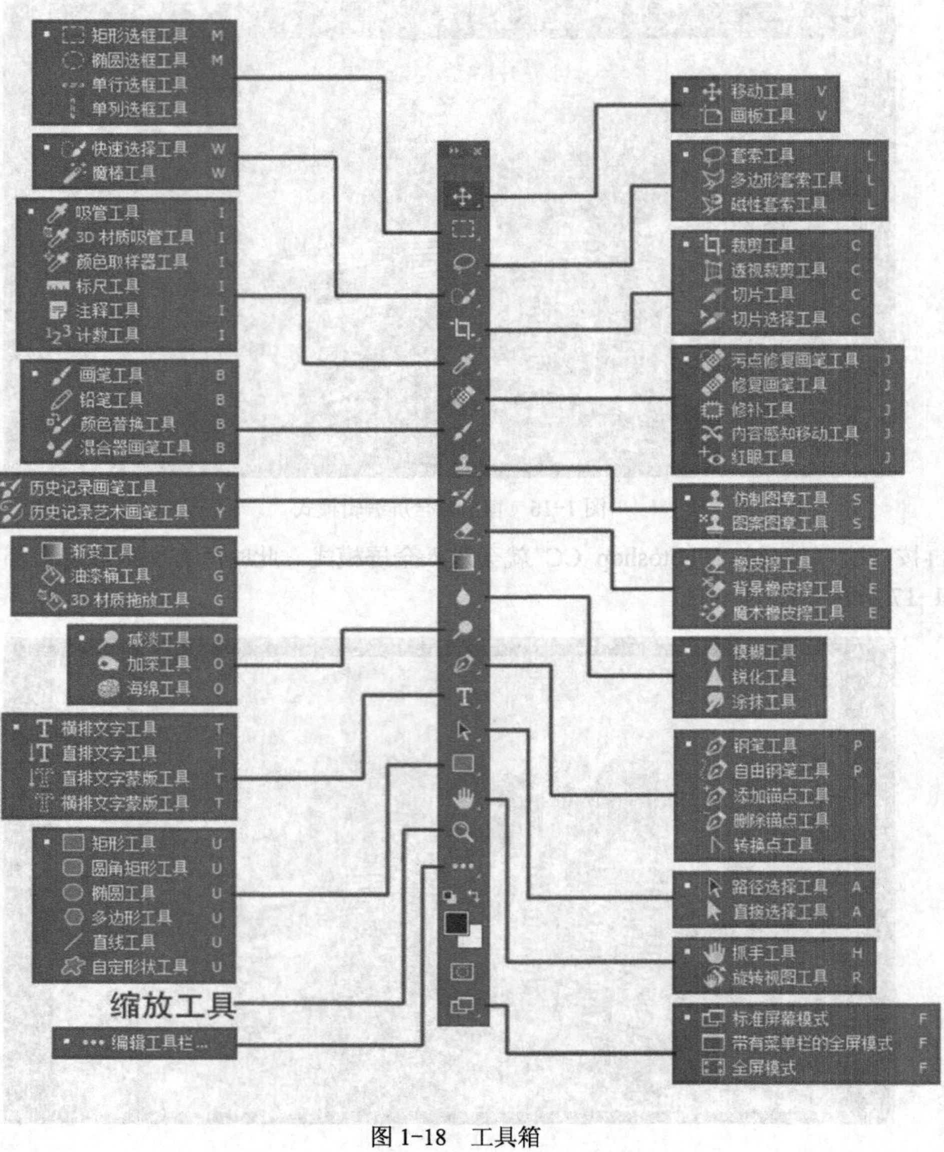

图 1-18　工具箱

2．工具选项栏

大多数工具的选项都显示在工具选项栏中。工具选项栏与上下文相关，并且会随所选工具的不同而变化。工具选项栏中的一些设置（如绘图模式和不透明度）对于许多工具都是通用的，但是有些设置则专用于某个工具（如用于铅笔工具的“自动抹掉”设置）。

在最左（或上）边双虚线的位置按住鼠标左键，拖动工具选项栏，可以将其移动到工作窗口的任何位置，可将它停放在屏幕的顶部或者底部。将鼠标悬停在工具选项上时会显示工具提示，如图 1-19 所示。

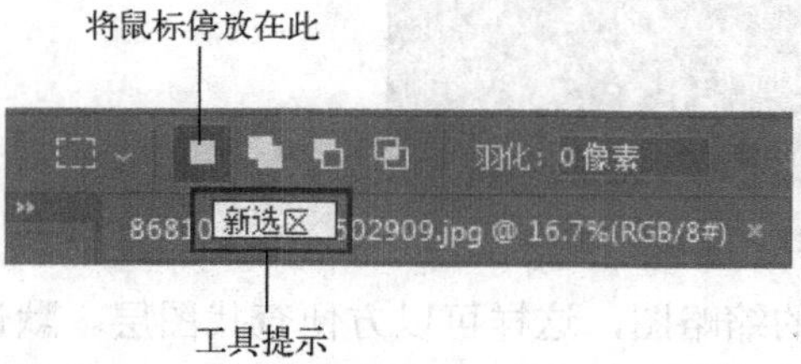

图 1-19　工具提示

工具选项栏的内容会随着选择工具的变化而变化，使用工具选项栏时要注意与工具的配合，有些选项栏的选项需要在使用工具之前就设置好，如套索工具组工具选项栏的“羽化”选项。

3．面板

面板主要用于控制各种工具和命令的详细参数设置，如颜色、图层编辑、路径编辑和图像显示信息等。面板可以根据需要任意拆分或组合、显示或隐藏。在“窗口”菜单中选取相应的面板名称（名称左侧打钩的面板已显示在工作窗口中），如图 1-20 所示。

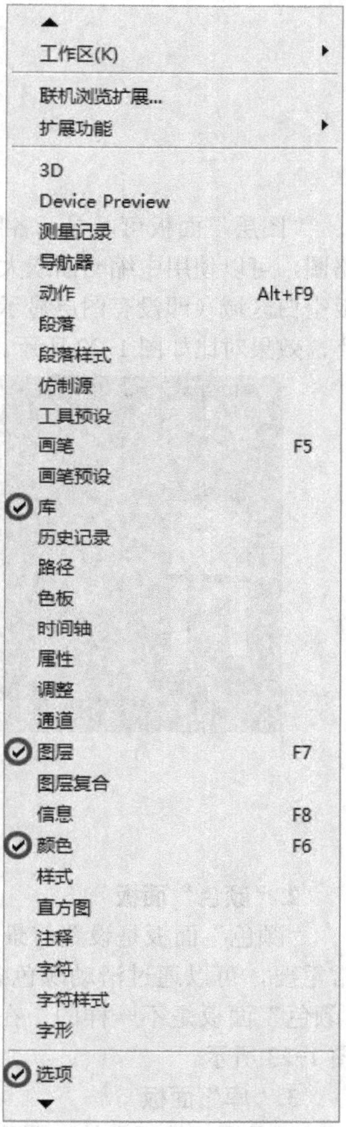

图 1-20　显示控制面板

提示：当处理大图像时，面板会占用过多的屏幕空间。由于图像设计制作的需要，可以很轻松地将其隐藏以获得更多的空间。如需要显示或隐藏所有的面板，可以使用快捷键〈Shift+Tab〉。

1.3.3　常用面板

Photoshop CC 中的部分面板在图像设计制作中经常会被用到，例如“图层”面板、“颜色”面板和“库”面板等。

1．“图层”面板

可以调整图层的混合模式并修改图层的不透明度，如图 1-21 所示。

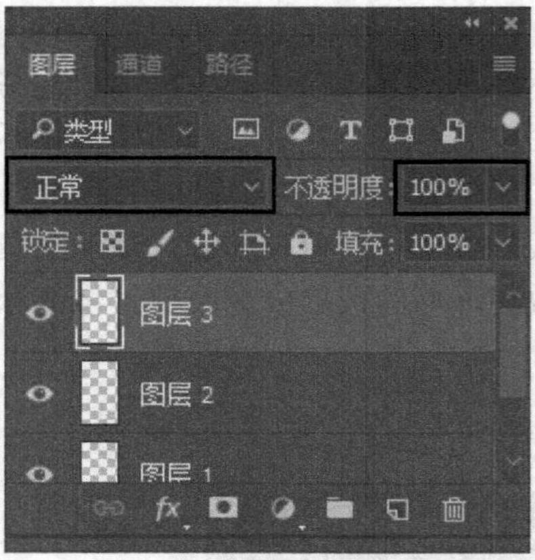

图 1-21 “图层”面板

“图层”面板可以显示各图层中内容的缩略图，这样可以方便查找图层。默认的是小缩略图，可以使用中缩略图或大缩略图，也可关闭缩略图。关闭缩略图的方法是在“图层”面板空白区域（即没有图层显示的地方）单击右键并通过快捷菜单中的相应命令更改缩略图大小，效果对比如图 1-22 所示。

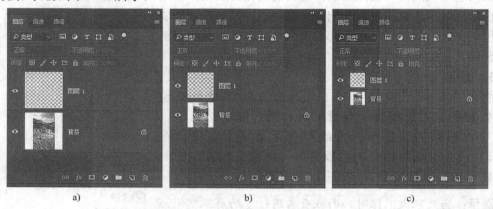

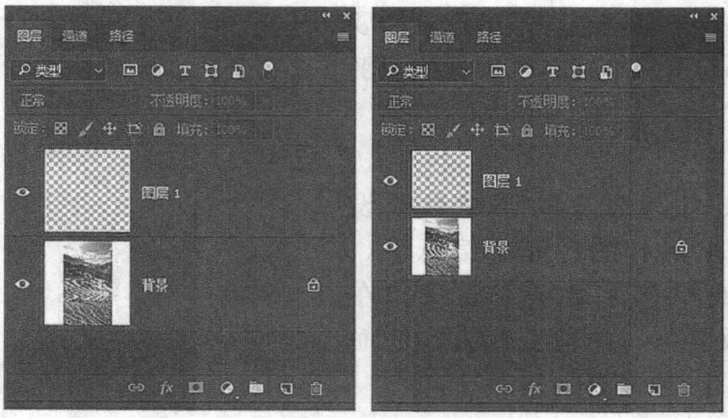

a) b) c)

图 1-22 三种缩略图效果对比

a) 大缩略图 b) 中缩略图 c) 小缩略图

2.“颜色”面板

“颜色”面板是设置前景色和背景色的面板，在图像设计与制作中非常重要，可以通过滑动颜色条上的滑块控制颜色。不同的颜色模式下的“颜色”面板是不一样的，在默认的色相立方体模式下，“颜色”面板如图 1-23 所示。

02 设置前景色与背景色

3.“库”面板

库是用于管理文档、图片和其他文件，类似于文件夹。可以在“库”面板中浏览文件，也可以查看按属性（如日期、类型和作者）排列的文件。如打开 Photoshop 软件滤镜库，会看到其中的多个文件。库与文件夹不同的是，库可以收集存储在多个位置的文件。

“库”面板上有“切换视图显示”“添加内容”“从文档新建库”“联网标志”和“删除”等功能按钮，如图 1-24 所示。

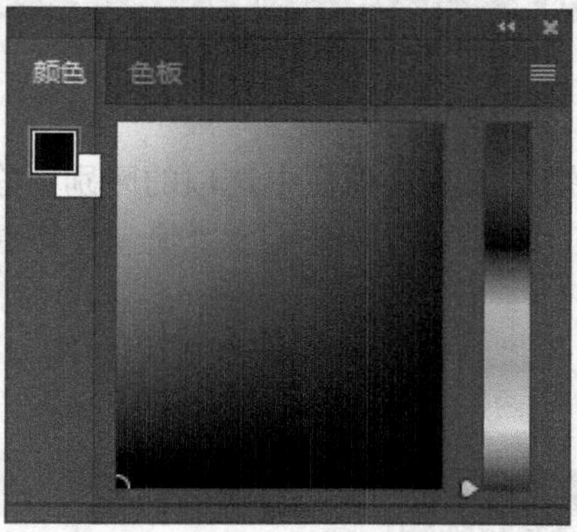

图 1-23 “颜色”面板

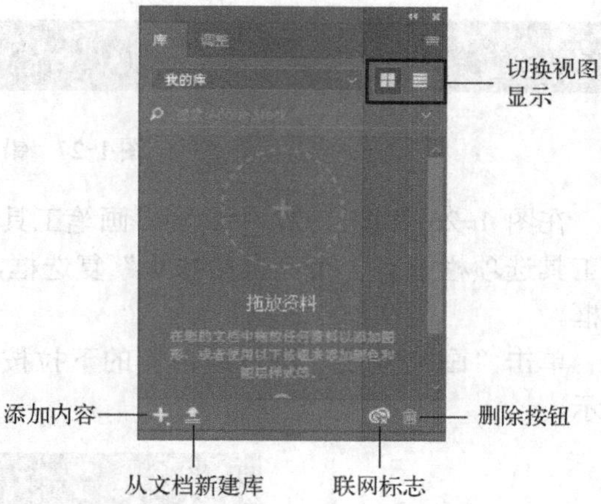

图 1-24 “库”面板

1.4 Photoshop 常用术语

1.4.1 绘图工具详解

绘图工具在设计中扮演着重要的角色，作为一名设计者，对 Photoshop 里的绘图工具必须能够熟练使用。Photoshop 绘图工具对图像的绘制及表现方法多种多样，各种绘图工具的结合使用会产生意想不到的效果。使用绘图工具时，各自的选项栏中会涉及一些共同的选项，如画笔大小、不透明度、流量、强度等。

1．画笔工具组

Photoshop 里的画笔工具和铅笔工具是图像制作中重要的绘图工具。顾名思义，画笔工具和铅笔工具都是模拟日常生活中的铅笔和画笔（例如蜡笔、毛笔、水彩笔等）来进行图形创作的工具。在图形图像的设计过程中，往往需要用画笔工具。

画笔工具组如图 1-25 所示，画笔工具选项栏如图 1-26 所示，铅笔工具选项栏如图 1-27 所示。

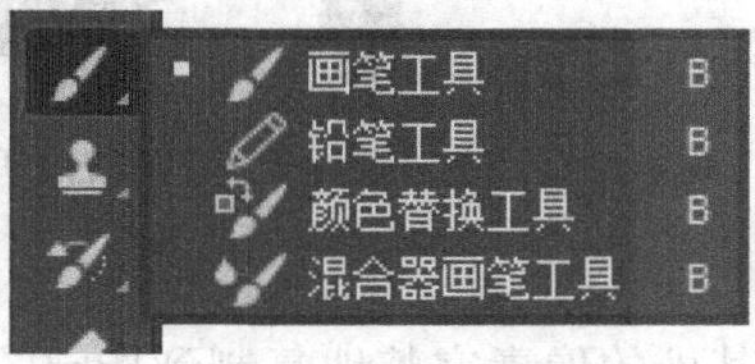

图 1-25 画笔工具组

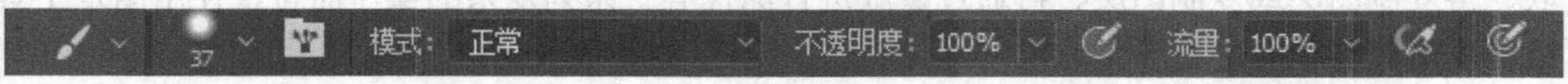

图 1-26 画笔工具选项栏

图 1-27　铅笔工具选项栏

在图 1-26 和图 1-27 中看到，画笔工具选项栏和铅笔工具选项栏中选项的区别：在铅笔工具选项栏中有一个“自动抹除”复选框，在画笔工具选项栏中有一个“流量”下拉列表框。

单击“画笔预设”图标或右侧的下拉按钮，可打开“画笔预设”选取器，如图 1-28 所示。

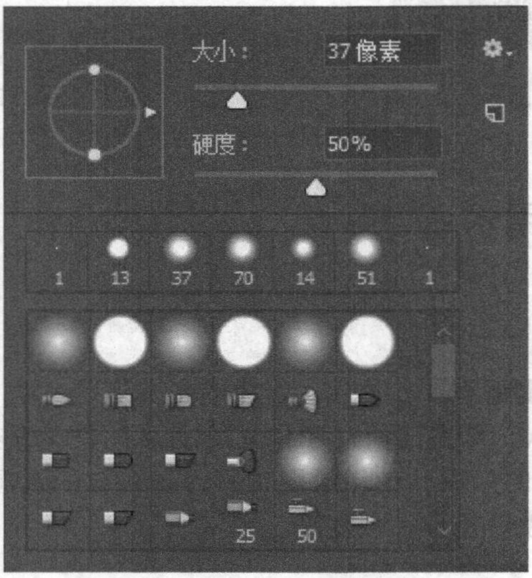

图 1-28　“画笔预设”选取器

用画笔工具与铅笔工具所画的线条对比如图 1-29 所示。

图 1-29　画笔工具（左）和铅笔工具（右）所画线条

2．图章工具组

图章工具组可以把图像内某处的像素完整地复制到指定的区域，而且是复制到另外一个图像文档中的特定区域内。此功能是 Photoshop 里把复制简单化的一个方法，相比制作、选取、再复制图层或复制图层、再通过蒙版进行涂抹等一系列复杂的操作而言，使用图章工具组可以简单准确地得到想要的效果。

1）仿制图章工具

使用仿制图章工具时，首先需要在取样处按〈Alt〉键并单击复制像素释放〈Alt〉键后再到目标区域单击，把取样处的像素及其周围的像素复制到目标区域处，此取样处称为

“复制点”。仿制图章工具选项栏如图 1-30 所示。

图 1-30　仿制图章工具选项栏

使用仿制图章工具的效果如图 1-31 所示。

图 1-31　使用仿制图章工具的效果

2）图案图章工具

图案图章工具与仿制图章工具不同的是：图案图章工具不需要对图形进行取样，其被复制的像素是已经设置好的图案。图案图章工具选项栏如图 1-32 所示。

图 1-32　图案图章工具选项栏

不同的图案图章工具产生的效果如图 1-33 所示。

图 1-33　不同的图案图章工具产生的效果

3．修复工具组

修复工具组可以用于校正图像的瑕疵，使瑕疵消失在周围的图像中。污点修复画笔工具可以利用图像或图案里的样本像素来绘图，而且污点修复画笔工具会对样本像素的纹理、光照、透明度和阴影等图像特征与原像素进行计算和匹配，从而使修复后的像素可以不留痕迹地融入图像的其余部位，融入的像素与原图像融合得更匀称，边缘更平滑。修复工具组如图 1-34 所示。

污点修复画笔工具是处理照片瑕疵的一个简单且高效的修复工具，只要在需要被修复的像素上，选用足够大的修复画笔大小并单击，计算机就会自动计算像素内的数据从而进行修复，此项技术广泛运用于人物或景物照片里小范围的“污点”区域。使用污点修复画笔工具前后的效果对比如图 1-35 所示。

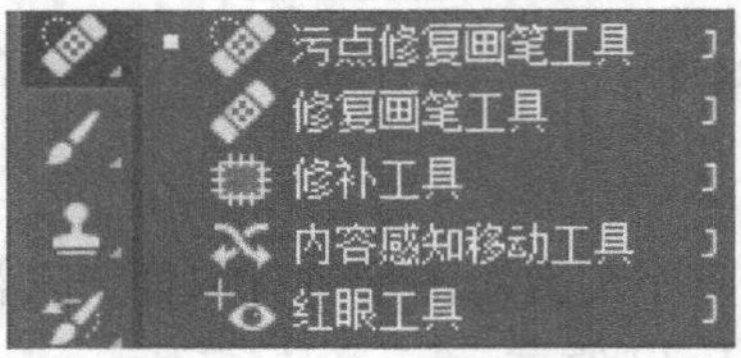

图 1-34　修复工具组

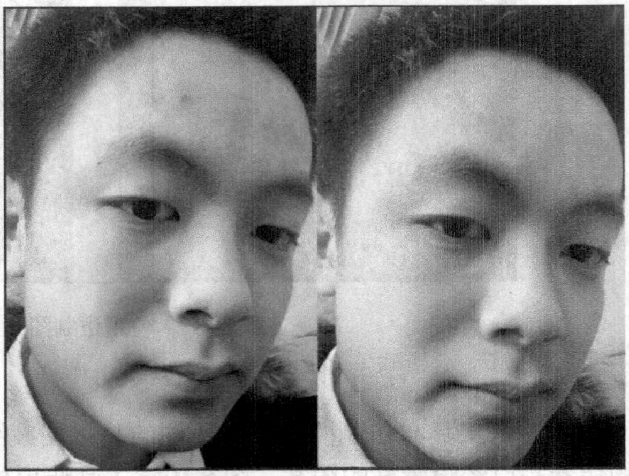

图 1-35　使用污点修复画笔工具前后的效果对比

1）修复画笔工具

修复画笔工具的使用原理和方法与仿制图章工具相似，按住〈Alt〉键在样本像素上单击，在待修复处释放〈Alt〉键后单击即可进行修复。通过对样本像素的纹理、光照、透明度和阴影等图像特征与原像素进行计算匹配，使修复后的像素可以不留痕迹地融入图像的其余部位，融入的像素与原图像融合得更加匀称，边缘更加平滑。修复画笔工具选项栏如图 1-36 所示。

图 1-36　修复画笔工具选项栏

2）修补工具

用修补工具选出一个区域进行拖动，可用该区域内的像素修复其他区域内的像素，也可以用其他区域中的像素来填充所选区域。与修复画笔工具一样，修补工具对样本像素的纹理、光照、透明度和阴影等图像特征与原像素进行计算和匹配，从而使修复后的像素可以不留痕迹地融入图像的其余部位。修补工具选项栏如图 1-37 所示。

提示：修复画笔工具在确定源后，可通过设置笔刷大小来进行涂抹操作，更适合细腻修图。而修补工具是用选区工具选定好需要修补的范围，再将其拖到采样处，适合用于修复明显缺陷的位置。

图 1-37　修补工具选项栏

选择“源”选项后确定一个选区，把光标置于该选区内拖动到另一个选区，松开鼠标后，第 2 个选区中的像素会被复制到第 1 个选区的位置上并与周围的背景融合，如图 1-38 所示。

图 1-38　修复过程

3）红眼工具

红眼工具是专门为处理数码照片中人物在照相时产生的红眼现象而设计的。红眼工具除了能够很好地处理红眼现象外，处理后的效果也融合得很好，所以红眼工具是一个非常实用且简单的修复工具。红眼工具选项栏如图 1-39 所示。

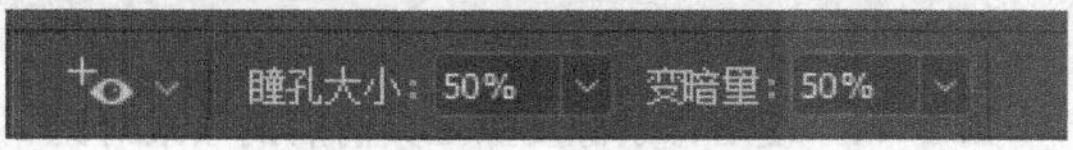

图 1-39　红眼工具选项栏

4．橡皮擦工具组

橡皮擦工具组用于修改现有像素的多余像素。其中包括橡皮擦工具、背景橡皮擦工具、魔术橡皮擦工具，如图 1-40 所示。橡皮擦工具选项栏如图 1-41 所示。橡皮擦使用效果如图 1-42 所示。

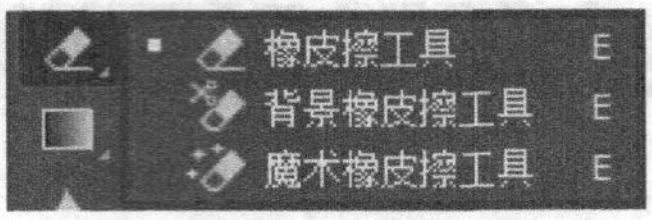

图 1-40　橡皮擦工具组

图 1-41　橡皮擦工具选项栏

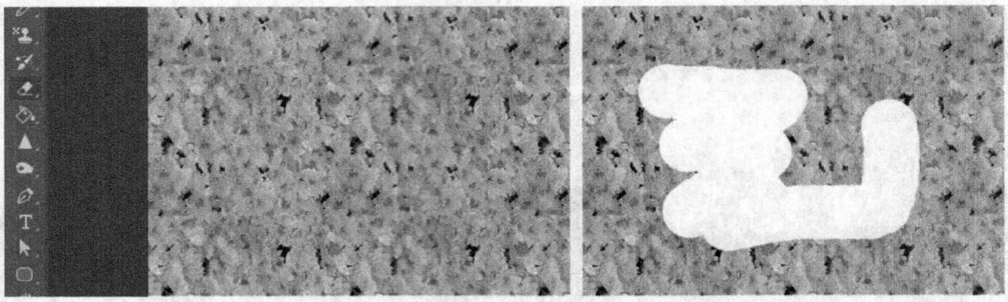

图 1-42　使用橡皮擦前后的效果对比

用背景橡皮擦工具在视图上单击或涂抹，可以把背景层上的像素擦除，并使擦除处为透明，此外“背景”图层同时变为“图层 0”。背景橡皮擦工具选项栏如图 1-43 所示。

图 1-43　背景橡皮擦工具选项栏

使用背景橡皮擦工具前后的效果对比如图 1-44 所示。

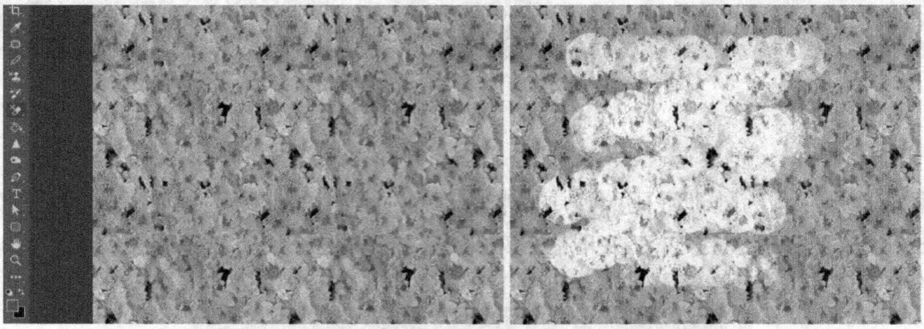

图 1-44　使用背景橡皮擦工具前后的效果对比

用魔术橡皮擦工具在背景上单击，颜色与单击处像素颜色相似的像素都会被擦除，擦除处会变为透明。“背景”图层同时变为“图层 0”。魔术橡皮擦工具选项栏如图 1-45 所示。

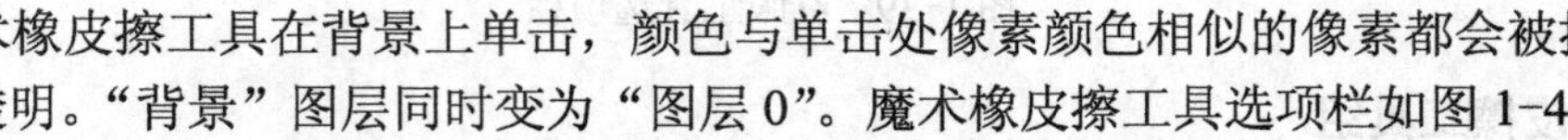

图 1-45　魔术橡皮擦工具选项栏

使用魔术橡皮擦工具前后的效果对比如图 1-46 所示。

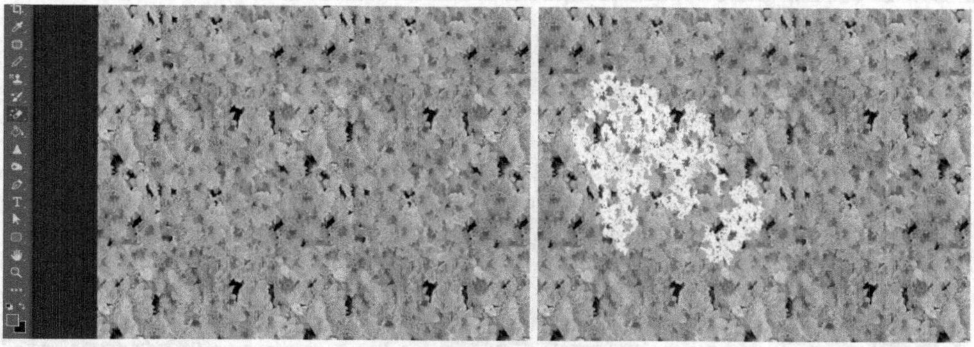

图 1-46　使用魔术橡皮擦工具前后的效果对比

5．模糊工具组

1）模糊工具

模糊工具是 Photoshop 里一个非常实用的绘图工具，常用于远近事物的效果处理，使之更具有距离感和真实感，也可使用模糊工具处理图片的视觉效果，得到调节图像视觉中心的效果。模糊工具选项栏如图 1-47 所示。

图 1-47　模糊工具选项栏

使用合适大小的画笔，以便达到更好的效果，使用模糊工具前后的效果对比如图 1-48 所示。

图 1-48　使用模糊工具前后的效果对比

2）锐化工具

使用锐化工具在视图上单击或涂抹，会使涂抹处像素的对比增大。锐化工具和模糊工具在一定程度上可以理解为两个作用相反的工具，模糊的图像可以经过锐化变得清晰，相反，清晰的图像可以经过模糊得到模糊的效果。锐化工具选项栏如图 1-49 所示。

图 1-49　锐化工具选项栏

使用锐化工具前后的效果对比如图 1-50 所示。

图 1-50　使用锐化工具前后的效果对比

6．减淡工具组

1）减淡工具与加深工具

减淡工具与加深工具是对作用相反的工具。使用减淡工具在视图上单击或涂抹，在单击或涂抹处的像素亮度加大；使用加深工具在视图上单击或涂抹，在单击成涂抹处的像素亮度减小。减淡工具选项栏如图 1-51 所示。加深工具选项栏如图 1-52 所示。使用减淡工具与加深工具前后的效果对比如图 1-53 所示。

图 1-51　减淡工具选项栏

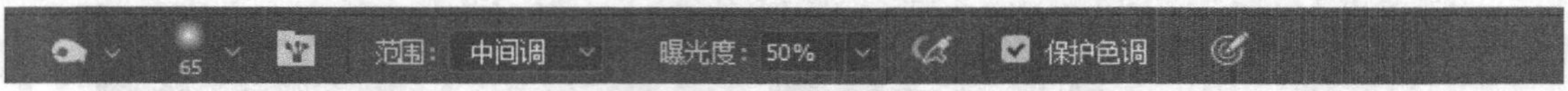

图 1-52　加深工具选项栏

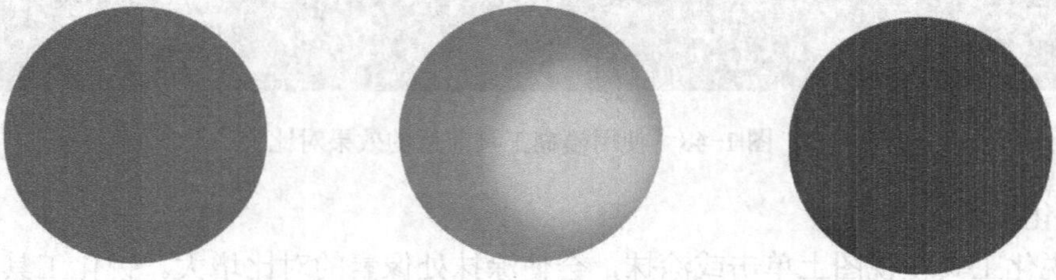

a)　　b)　　c)

图 1-53　使用减淡工具和加深工具前后的效果对比

a) 原图　b) 使用减淡工具后　c) 使用加深工具后

2）海绵工具

在视图上用海绵工具单击或涂抹，可使单击或涂抹处像素的饱和度加大或减小。海绵工具选项栏如图 1-54 所示。

图 1-54　海绵工具选项栏

使用海绵工具前后的效果对比如图 1-55 所示。

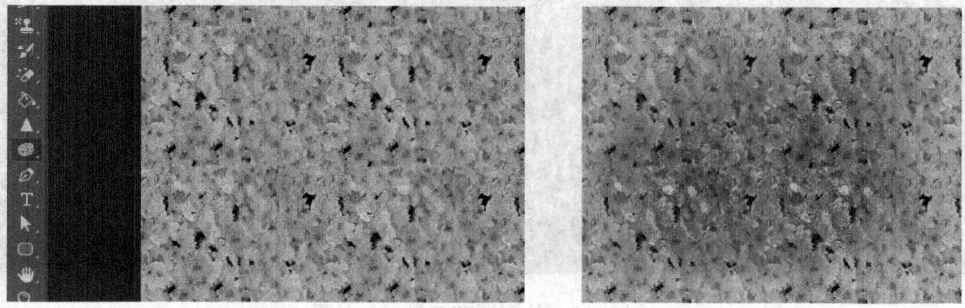

图 1-55　使用海绵工具前后的效果对比

7．渐变工具组

1）渐变工具

渐变工具选项栏如图 1-56 所示。

图 1-56　渐变工具选项栏

“渐变编辑器”对话框如图 1-57 所示。

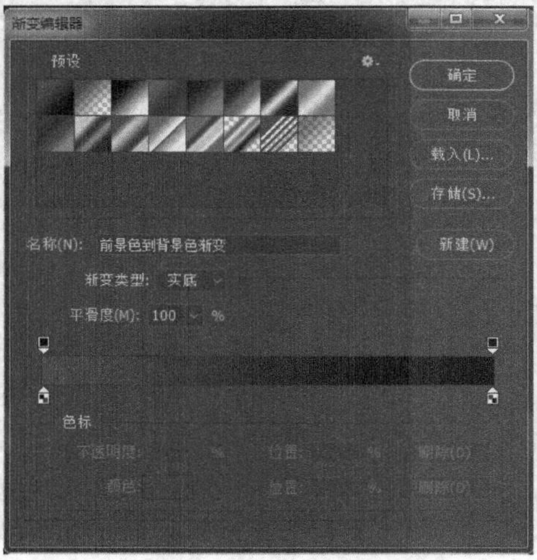

图 1-57　“渐变编辑器”对话框

使用渐变工具后的效果如图 1-58 所示。

图 1-58　使用渐变工具后的效果

2）油漆桶工具

油漆桶工具选项栏如图 1-59 所示。

图 1-59　油漆桶工具选项栏

使用油漆桶工具后的效果如图 1-60 所示。

图 1-60　使用油漆桶工具后的效果

1.4.2 图像格式

Photoshop 是处理图像的重要软件，其功能强大，支持几十种图像格式。面对众多的图像格式，应该选用哪种图像格式是初学者最迷茫的。本节介绍 Photoshop 的常用图像格式。

1．PSD 格式

PSD（Photoshop Document，PSD），是著名的 Adobe 公司的图像处理软件 Photoshop 的专用格式。这种格式可以存储 Photoshop 中所有的图层、通道、参考线、注解和颜色模式等信息。在保存图像时，若图像中包含层，则一般都用 Photoshop（PSD）格式保存。PSD 格式在保存时会将文件压缩，以减少占用的磁盘空间，但 PSD 格式所包含图像数据信息较多，因此比其他格式的图像文件还是要大得多。由于 PSD 文件保留所有原图像数据信息，因而修改起来较为方便，大多数排版软件不支持 PSD 格式的文件。

2．JPEG 格式

JPEG 格式也是一种常见的图像格式，它由联合照片专家组（Joint Photographic Experts Group）开发。JPEG 文件的扩展名为.jpg 或.jpeg，其压缩技术十分先进，它用有损压缩方式去除冗余的图像和彩色数据，获得极高的压缩率的同时能展现十分丰富、生动的图像。换句话说，就是可以用最少的磁盘空间得到较好的图像质量。而且 JPEG 是一种很灵活的格式，具有调节图像质量的功能，允许用不同的压缩比例对文件进行压缩，支持多种压缩级别，压缩比率通常在 10:1 到 40:1 之间。压缩比越大，品质就越低；相反地，压缩比越小，品质就越好。JPEG 格式是目前网络上最流行的图像格式，是可以把文件压缩到最小的格式，在 Photoshop 软件中以 JPEG 格式储存时，提供 11 级压缩级别，以 0～10 级表示。其中 0 级压缩比最高，图像品质最差。

3．TIFF 格式

TIFF 格式是一种比较灵活的图像格式，它的全称是 Tagged Image File Format，文件扩展名为 tif 或 tiff。该格式支持 256 色、24 位真彩色、32 位色、48 位色等多种色彩位，同时支持 RGB、CMYK 以及 YCbCr 等多种色彩模式，支持多平台等。

4．GIF 格式

GIF（Graphics Interchange Format，图像互换格式）是 CompuServe 公司在 1987 年开发的图像文件格式。GIF 文件的数据，是一种基于 LZW 算法的连续色调的无损压缩格式。其压缩率一般在 50%左右，它不属于任何应用程序。目前几乎所有相关软件都支持它，公共领域有大量的软件在使用 GIF 图像文件。GIF 图像文件的数据是经过压缩的，而且是采用了可变长度等压缩算法的。GIF 格式的另一个特点是其在一个 GIF 文件中可以存多幅彩色图像，如果把存于一个文件中的多幅图像数据逐幅读出并显示到屏幕上，就可构成一种最简单的动画。

5．BMP 格式

BMP 是一种与硬件设备无关的图像文件格式，使用非常广泛。它采用了位映射存储格式，除了图像深度可选以外，不采用其他任何压缩方式。因此，BMP 文件所占的空间很大。由于 BMP 文件格式是 Windows 环境中交换与图有关的数据的一种标准，因此在 Windows 环境中运行的图形图像软件都支持 BMP 图像格式。

6．PDF 格式

PDF（Portable Document Format，便携文档格式）是一种电子文件格式。这种文件格式与操作系统平台无关，也就是说，PDF 文件不管是在 Windows、UNIX 系统中还是在苹果公司的 Mac OS 操作系统中都是通用的。这一性能使它成为在 Internet 上进行电子文档发行和数字化信息传播的理想文档格式。

7．TGA 格式

TGA（Tagged Graphics）格式是由美国 TrueVision 公司为显卡开发的一种图像文件格式，文件名后缀为“.tga”，已被国际上的图形图像工业所接受。TGA 格式的结构比较简单，属于一种图形、图像数据的通用格式，在多媒体领域有着很大影响，是计算机生成图像向电视转换的一种首选格式。

1.4.3 文件大小

文件大小衡量一个文件所占磁盘空间的大小，通常以 B、KB、MB、GB、TB 为单位。文件实际所占磁盘空间大小取决于文件系统。文件系统的最大文件大小取决于保留存储尺寸信息的位数及文件系统的总大小。文件大小单位 B（字节）、KB（千字节）、MB（兆字节）、GB（吉字节）、TB（太字节）之间的换算关系如下：

1B=8bit

1KB=1024B

1MB=1024KB=1048576B

1GB=1024MB=1073741824B

1TB=1024GB=1099511627776B

1.4.4 色彩设定

色彩的色相、饱和度、亮度通常称为色彩三要素。这三种属性是用于区别色彩品质的重要属性。

1．色相

色相是颜色的属性之一，以名称区别红、黄、绿、蓝等各种颜色，如大红、普蓝、柠檬黄等。色相是色彩的首要特征，是区别各种不同色彩的最准确的标准。事实上，黑、白、灰以外的任何颜色都有色相的属性，而色相是由原色、间色和复色来构成的。从光学意义上讲，色相差别是由光波波长的长短产生的。即便是同一类颜色，也能分为几种色相，如黄颜色可以分为中黄、土黄、柠檬黄等，灰颜色可以分为红灰、蓝灰、紫灰等。光谱中有红、橙、黄、绿、蓝、紫 6 种基本色光，人的眼睛可以分辨出约 180 种不同色相的颜色。

2．饱和度

饱和度是指色彩的鲜艳程度，也称色彩的纯度。饱和度取决于该色中含色成分和消色成分（灰色）的比例。含色成分越大，饱和度越大；消色成分越大，饱和度越小。

3．明度

明度可以简单理解为颜色的亮度，不同的颜色具有不同的明度。例如黄色就比蓝色的明度高，在一个画面中可以通过安排不同明度的色块帮助表达画作者的感情，如果天空比地面明度低，就会让人产生压抑的感觉。任何色彩都存在明暗变化。其中黄色明度最高，紫色明度最低，绿、红、蓝、橙的明度相近，为中间明度。另外，同一色相还存在不同的明度，如绿色中由高到低有粉绿、淡绿、翠绿等不同明度的色彩。

4．色调

色调可分为暖色调与冷色调，如红色、橙色、黄色为暖色调，象征着太阳、火焰；蓝色为冷色调，象征着森林、大海、蓝天，黑色、紫色、绿色、白色为中间色调。暖色调的亮度越高，其整体感觉越偏暖；冷色调的亮度越高，其整体感觉越偏冷。冷暖色调也只是相对而言的，譬如说，红色系当中，大红与玫红在一起的时候，大红就是暖色，而玫红就被看作是冷色。又如，玫红与紫罗兰同时出现时，玫红就是暖色。

1.4.5 色彩模式

色彩模式是影响最终显示及输出的颜色的方式，在 Photoshop 软件中，允许转换多种色彩模式，包括灰度、索引颜色、RGB 颜色、CMYK 颜色等。在 Photoshop 中执行“图像”→“模式”菜单命令，在弹出的“模式”子菜单中包含了全部的颜色模式，如图 1-61 所示。

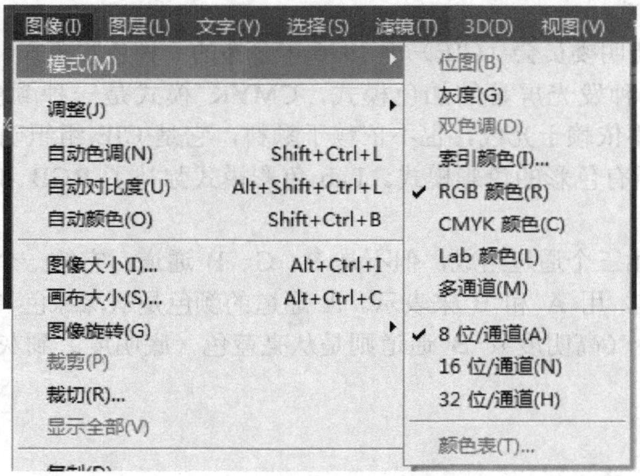

图 1-61 “模式”子菜单

1．RGB 颜色模式

RGB 颜色模式是工业界的一种颜色标准，通过对红（R）、绿（G）、蓝（B）3 个颜色通道的变化以及它们相互之间的叠加来得到各式各样的颜色。R、G、B 分别代表红，绿，蓝 3 个通道的颜色值。这个标准几乎包括了人类视力所能感知的所有颜色，是目前运用最为广泛的颜色系统之一。

2．CMYK 颜色模式

CMYK 也称作印刷色彩模式，顾名思义，就是用于印刷行业的，是一种依靠反光的色彩模式。和 RGB 类似，CMY 是 3 种印刷油墨颜色名称的首字母：青色（Cyan）、品红色（Magenta）、黄色（Yellow）。而 K 取的是 black 的最后一个字母，之所以不取首字母，是为了避免与蓝色（Blue）混淆。

3．位图模式

Photoshop 使用的位图模式只使用黑、白两种颜色中的一种表示图像中的像素。位图模式的图像也叫作黑白图像，它包含的信息最少，因而文件大小也最小。

当要将一幅彩色图像转换成黑白模式时，不能直接转换，必须先将图像转换成灰度模式。

4．灰度模式

灰度模式是指用单一色调表现图像，一个像素的颜色用八位元来表示，一共可表现 256 阶（色阶）的灰色调（含黑和白），也就是 256 种明度的灰色，是黑→灰→白的过渡，如同黑白照片，用于将彩色图像转为高品质的黑白图像（有亮度效果）。

5．索引颜色模式

索引颜色模式采用一个颜色表存放并索引图像中的颜色，使用最多 256 种颜色，当将图像转换为索引颜色时，Photoshop 将构建一个颜色查找表（CLUT），用以存放并索引图像中的颜色。如果原图像中的某种颜色没有出现在该表中，则程序将选取现有颜色中最接近的一种，或使用现有颜色模拟该颜色。

6．LAB 颜色模式

LAB 是由国际照明委员会（CIE）于 1976 年公布的一种色彩模式。

RGB 模式是一种发光屏幕的加色模式，CMYK 模式是一种颜色反光的印刷减色模式，而 Lab 模式既不依赖于光线，也不依赖于颜料，它是 CIE 组织确定的一个理论上包括了人眼可以看见的所有色彩的色彩模式。Lab 色彩模式弥补了 RGB 和 CMYK 两种色彩模式的不足。

LAB 颜色模式由三个通道组成，但不是 R、G、B 通道。它的一个通道是明度，即 L，另外两个是色彩通道，用 A 和 B 来表示。A 通道的颜色是从深绿色（低明度）到灰色（中明度）再到亮粉红色（高明度）；B 通道则是从亮蓝色（底明度）到灰色（中明度）再到黄色（高明度值）。

第 2 章　Photoshop 入门

本章要点

- 图像基本操作与控制
- 调整图像大小、色彩等
- 操作过程的前进与后退

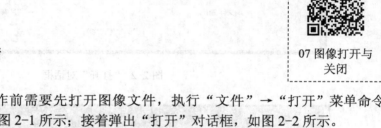

2.1　图像基本操作

07 图像打开与关闭

2.1.1　图像的打开与存储

1．打开图像文件

1）进行图像设计与制作前需要先打开图像文件，执行“文件”→“打开”菜单命令或使用快捷键〈Ctrl+O〉，如图 2-1 所示；接着弹出“打开”对话框，如图 2-2 所示。

图 2-1　执行“打开”命令

2）在“打开”对话框中，选择图像文件所在的文件夹，选择存储的图像文件后单击“打开”按钮或直接双击即可打开图像文件，如图 2-3 所示。

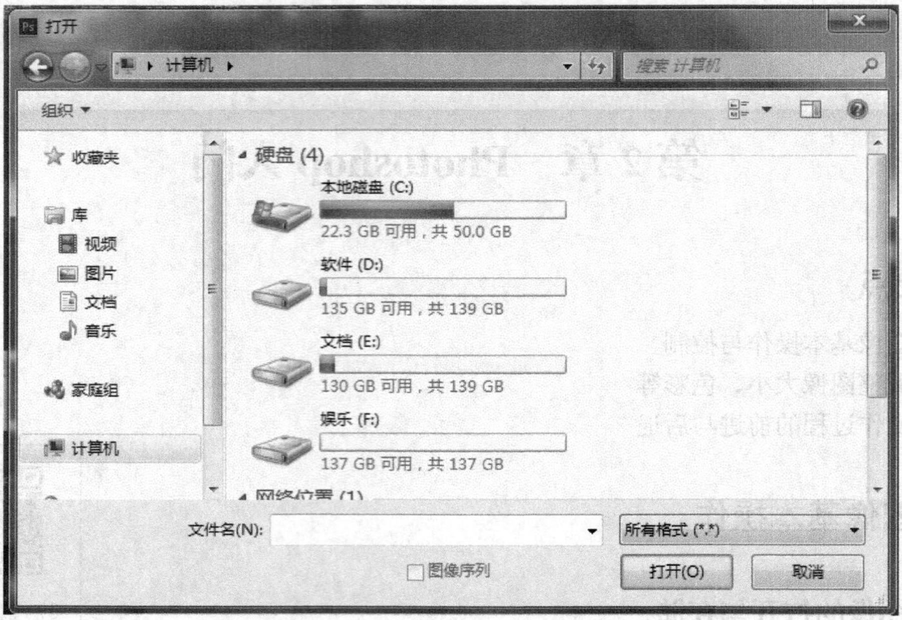

图 2-2 “打开”对话框

图 2-3 选择图像文件

2. 保存图像文件

1）图像编辑完成后，需要把图像进行保存，如果图像是新建的，执行“文件”→“存储为”命令或按快捷键〈Shift+Ctrl+S〉，如图 2-4 所示。

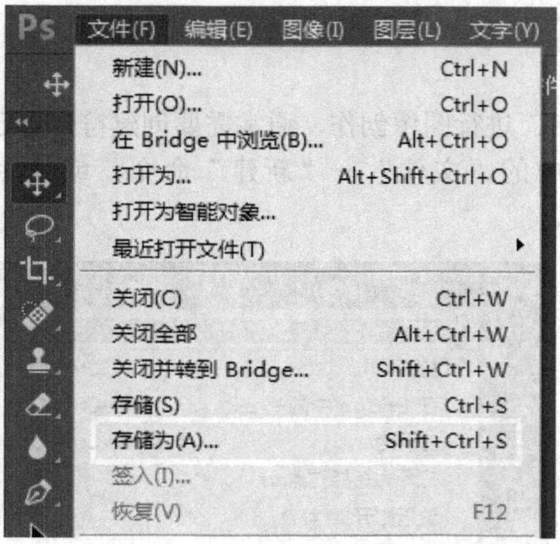

图 2-4　执行“存储为”命令

2）弹出“另存为”对话框，在“文件名”文本框中输入文件名称，在“保存类型”下拉列表框中选择文件的存储格式，设置完成后单击“保存”按钮，即可完成文件的保存，如图 2-5 所示。

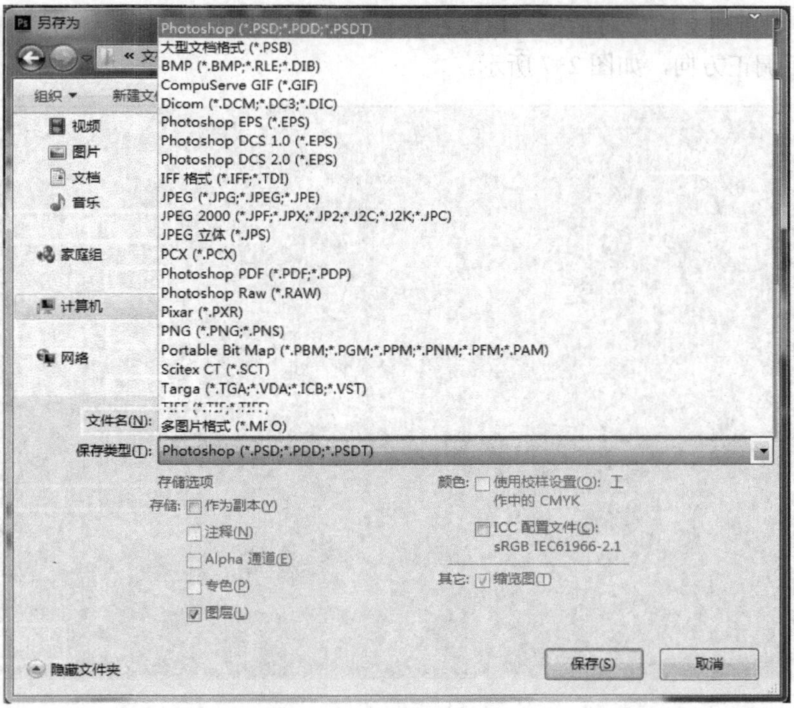

图 2-5　保存文件

3）如果当前文件是从资源管理器中打开的，编辑处理后需要保存时，注意选择“存储”命令。选择该命令后可将替换原文件。

2.1.2 图像的创建

06 创建新文档

1）使用 Photoshop CC 进行图像创作，通常需要创建符合自己要求的图像文件。执行菜单栏中的“文件”→“新建”命令，或使用快捷键〈Ctrl+N〉，如图 2-6 所示。

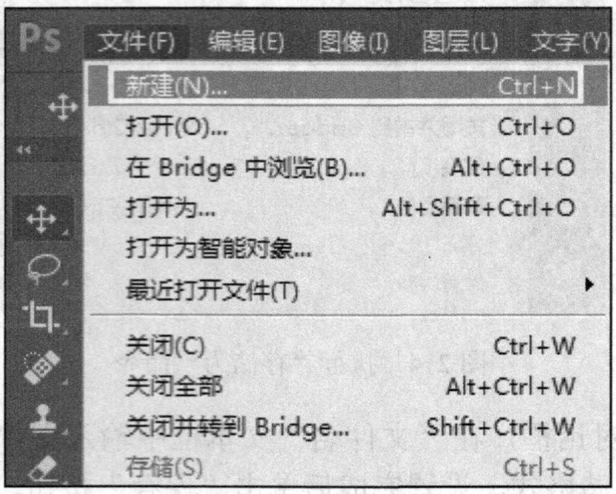

图 2-6 执行“新建”命令

2）打开“新建文档”对话框，可以在对话框中设置文件的名称、宽度、高度和分辨率等参数，还可调正方向，如图 2-7 所示。

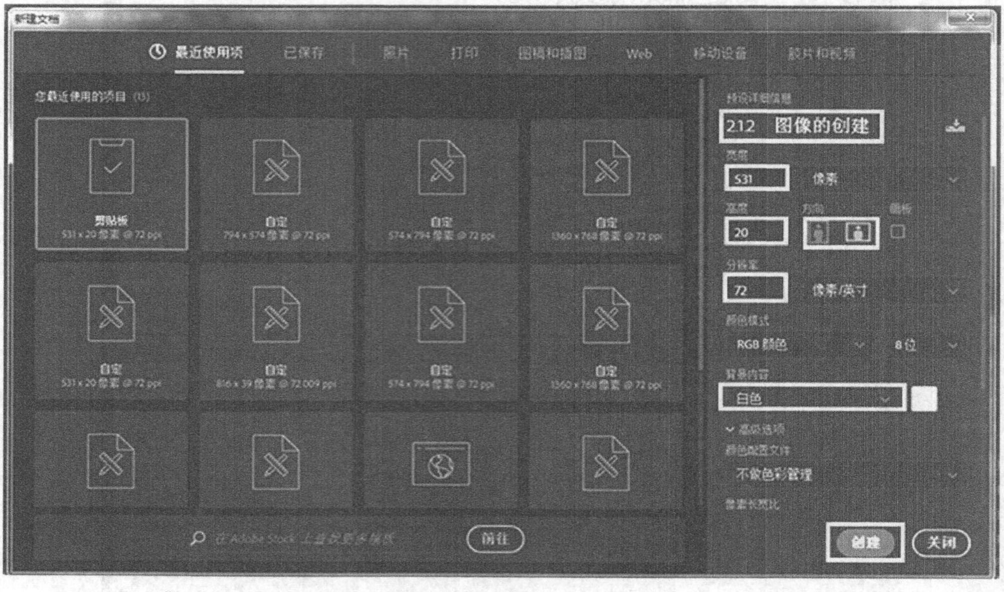

图 2-7 “新建”对话框

3）“新建文档”对话框中“背景内容”下拉列表框中有 3 个选项，分别是“白色”“黑色”和“背景色”。选用不同的选项，新建图像的背景层会有所不同，当选择“背景色”选项时，新建图像的背景为透明效果。图 2-8 所示为三种：背景的效果。

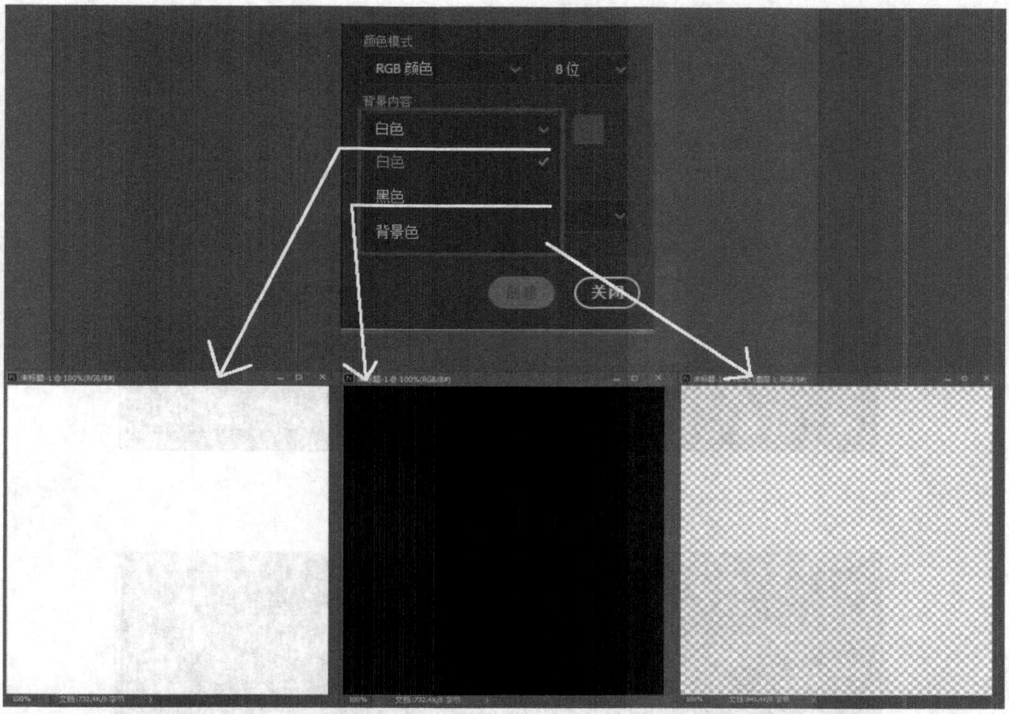

图 2-8　三种背景

4）在“新建文档”对话框中可以在“最近使用项”选项卡中选择最近使用的图像尺寸，如图 2-9 所示；“已保存”选项卡中是在创建图像时保存下来的尺寸；而“照片”选项卡中是各种照片的尺寸，如图 2-10 所示；“打印”选项卡中是各种需要打印的尺寸，如图 2-11 所示；“图稿和插图”选项卡中是海报类的尺寸，如图 2-12 所示；“Web”选项卡中是网页尺寸，如图 2-13 所示；“移动设备”选项卡中是适合手机等移动设备的尺寸，如图 2-14 所示；“胶片和视频”选项卡中是适合 HTDV 等电视的尺寸，如图 2-15 所示。

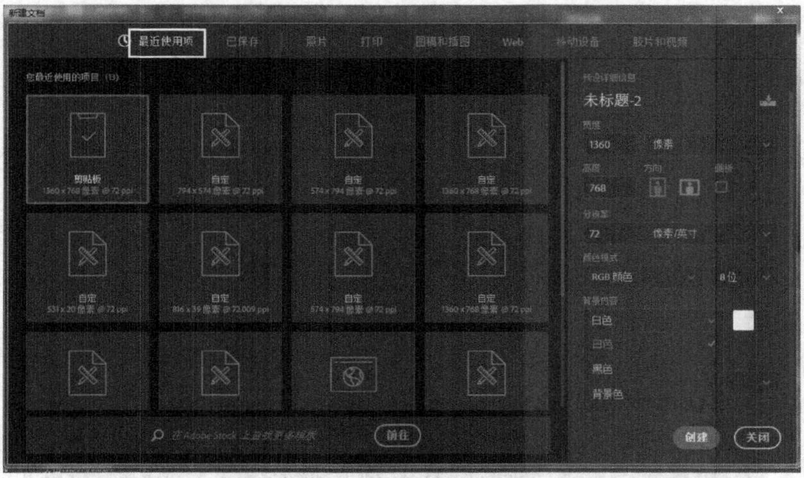

图 2-9 “最近使用项”选项卡

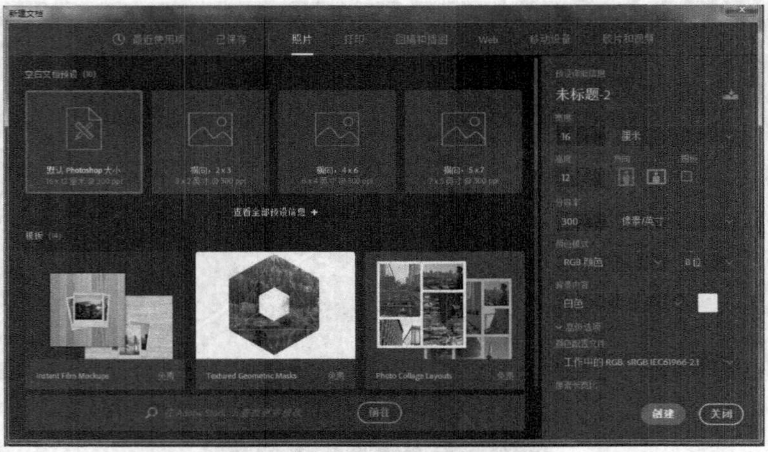

图 2-10 “照片”选项卡

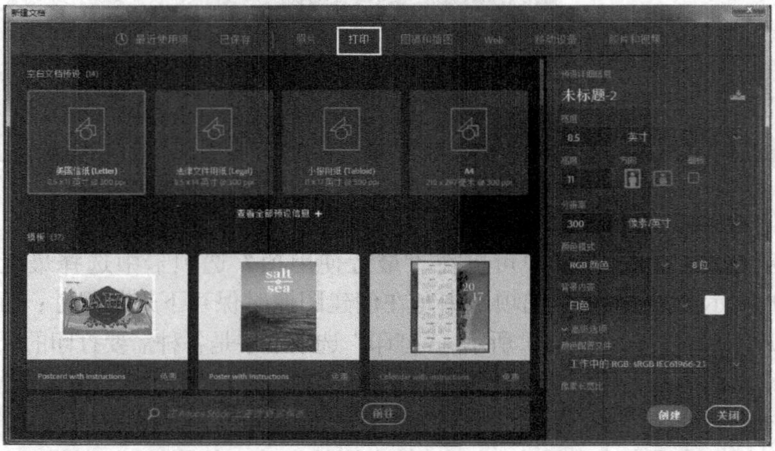

图 2-11 “打印”选项卡

图 2-12 “图稿和插图”选项卡

图 2-13 “Web”选项卡

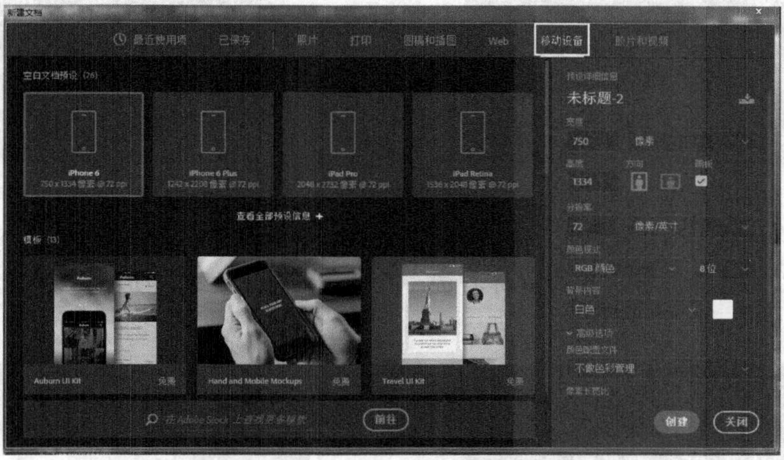

图 2-14 “移动设备”选项卡

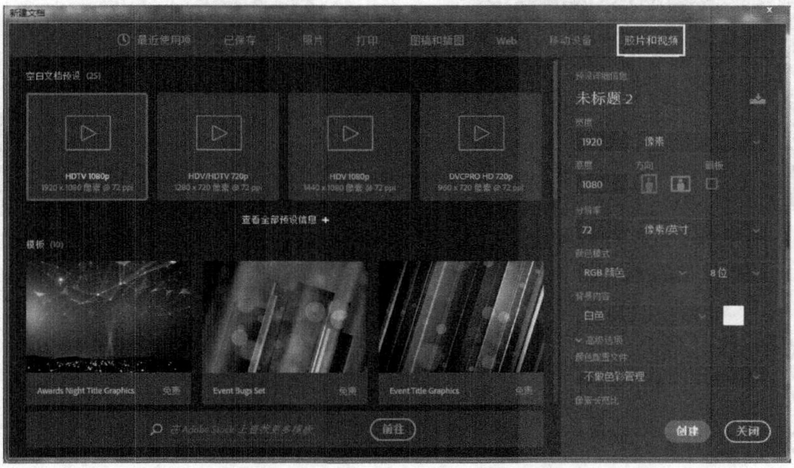

图 2-15 “胶片和视频”选项卡

2.1.3 为图像添加注释

为图像添加注释需要用到工具箱中的“注释工具”，在工具栏中设置注释的作者、文字的大小、注释标题颜色等。

1）在工具箱中单击“注释工具”按钮，如图 2-16 所示，并把鼠标放到图像上单击即可打开“注释”文本框。

2）在“注释”文本框中随意输入注释信息，如图 2-17 所示。

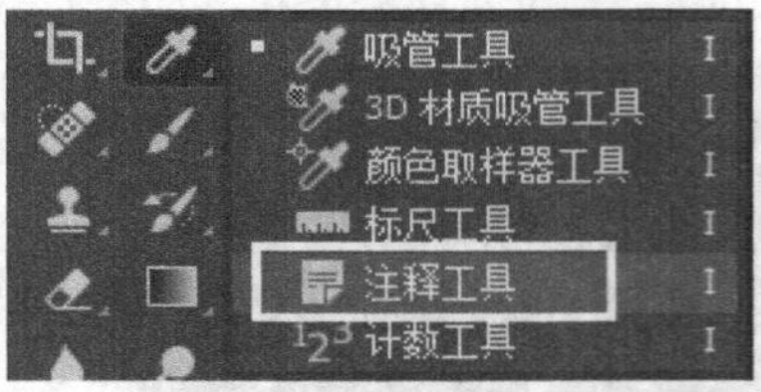

图 2-16 注释工具

图 2-17 “注释”文本框

3）在同一图像中可以添加多个注释信息，如图 2-18 所示。如果需要删除注释，只需要把鼠标置于“注释”图标上单击鼠标右键，在弹出的快捷菜单中选择“删除注释”命令即可，如图 2-19 所示。

图 2-18 输入注释信息

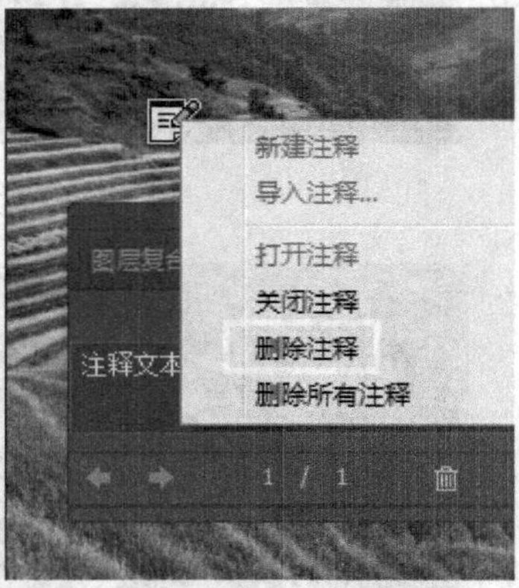

图 2-19 选择“删除注释”命令

2.2 图像基本控制

2.2.1 色彩模式转换

色彩模式是影响最终显示及输出的颜色的方式，在 Photoshop 软件中，允许用户在多种色彩模式之间切换，包括灰度、索引、RGB、CMYK 等色彩模式。在 Photoshop CC 中执行菜单命令“图像”→“模式”，在弹出的子菜单中包含了全部的颜色模式，如图 2-20 所示。

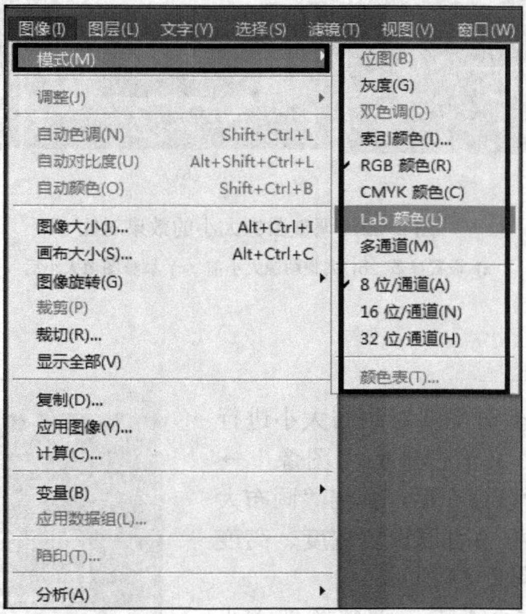

图 2-20 “模式”子菜单

2.2.2 调整图像大小

在处理图片时常常需要对图像大小进行调整，这就需要运用菜单栏中的“图像”→“图像大小”命令。执行该命令后，弹出“图像大小”对话框。在该对话框中可以设置图像的高度、宽度和分辨率，如图 2-21 所示。

08 图像放大和缩小显示

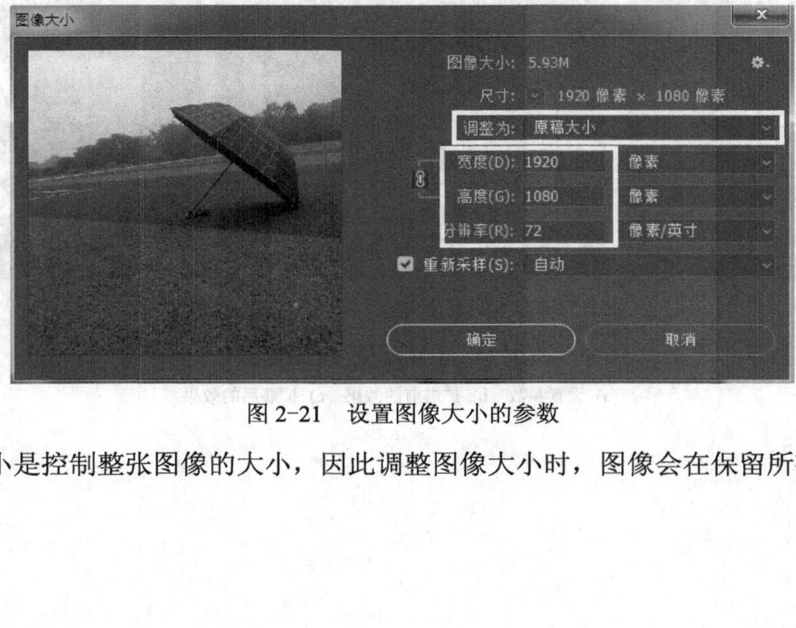

图 2-21 设置图像大小的参数

图像大小是控制整张图像的大小，因此调整图像大小时，图像会在保留所有图像的情况下改变图像的比例来调整图像的大小，整体缩小或者放大，如图 2-22 所示。

a)　　b)　　c)

图 2-22　调整图像大小的效果对比

a) 设置参数　b) 调整图像大小前　c) 调整图像大小后

2.2.3　调整画布大小

在处理一些图像时有时需要对画布大小进行调整，这时就需要使用菜单栏中的“图像”→“画布大小”命令。执行该命令后，弹出“画布大小”对话框。在该对话框中可以设置宽度、高度以及画布扩展的颜色如图 2-23 所示。

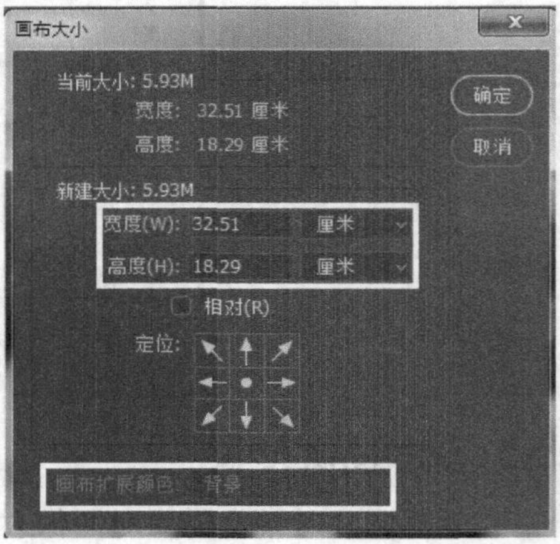

图 2-23　设置画布大小的参数

画布大小和图像大小不同，调整图像大小时，图像是按比例缩放，而调整画布大小是对画布的缩放，画布中的图像也会受到影响。当调整为扩展状态时，图像大小不会改变，改变的是画布的大小，如图 2-24 所示；当调整为缩小状态时，如果图像大于调整的画布，图像就会裁掉一部分照片，如图 2-25 所示。

a)　　b)　　c)

图 2-24　扩展画布的效果对比

a) 设置参数　b) 扩展前的效果　c) 扩展后的效果

a)　　b)　　c)

图 2-25　缩小画布的效果对比

a) 设置参数　b) 缩小前的效果　c) 缩小后的效果

2.2.4　旋转图像

在处理图像时常常需要对图像进行旋转，对于只有一个背景图层的图像而言，“编辑”菜单中的“自由变换”和“变换”命令都是无效的，只能通过旋转画布来实现旋转的效果。执行菜单栏中的“图像”→“图像旋转”命令，在“图像旋转”子菜单中可以选择旋转的类型，如图 2-26 所示。

05 图像旋转

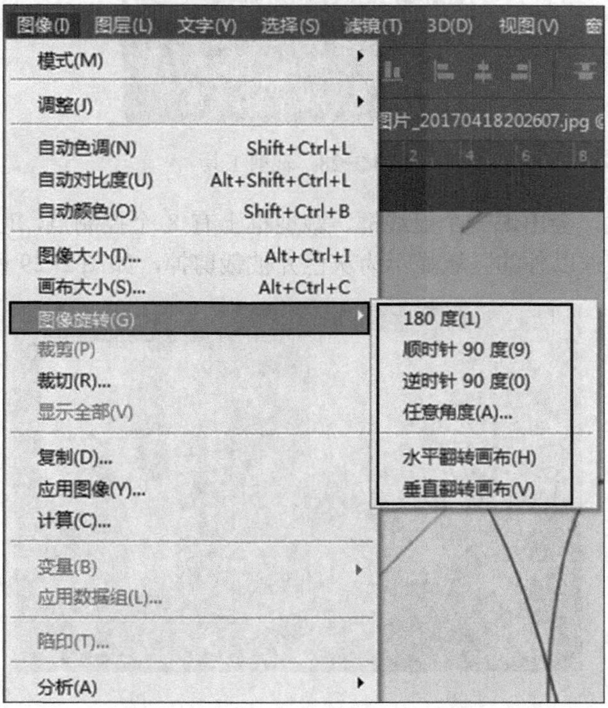

图 2-26　图像选择列表

这里选择“任意角度”命令，弹出“旋转画布”对话框，输入图像旋转的角度，还可以设置顺/逆时针旋转，如图 2-27 所示。

a) b) c)

图 2-27　旋转画布的效果对比

a) 设置参数　b) 旋转前　c) 旋转后

2.2.5　图像裁剪

在图像设计与制作中往往需要对图像的某一区域进行裁切操作，此时就需要使用裁剪工具，如图 2-28 所示。

04 图像裁剪

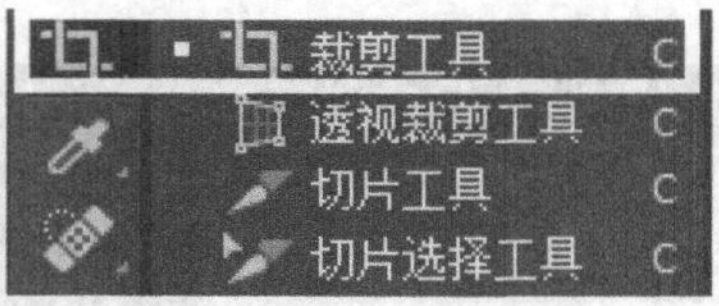

图 2-28　裁剪工具

选择裁剪工具时，会出现一个虚线框，裁剪框上有 8 个控制点，可以通过控制点来调整裁剪框的大小，裁剪框以外的区域显示为灰色并被裁剪掉，如图 2-29 所示。

a) b)

图 2-29　裁剪图像的效果对比

a) 裁剪前　b) 裁剪后

2.2.6 图像复制

03 图像复制

在图像设计与制作中，有时需要复制图像，这时就需要运用菜单栏中的“图像”→“复制”命令，如图 2-30 所示。

图像复制就是将原图像复制一份作为副本，并在窗口并列排序，执行“复制”命令后会弹出“复制图像”对话框，如图 2-31 所示。

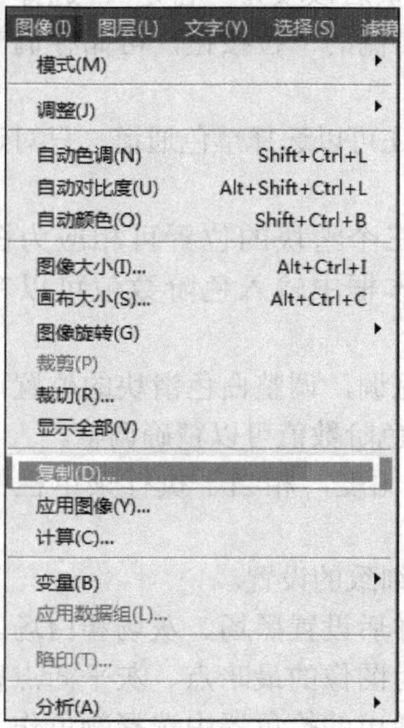

图 2-30 “复制”命令

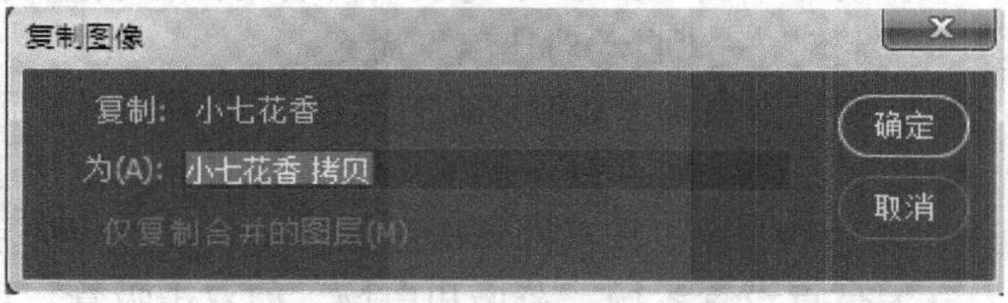

图 2-31 “复制图像”对话框

2.3 图像调整

2.3.1 调整亮度/对比度

“亮度/对比度”用于调整图像的亮度和对比度，它不同于色阶和曲线，亮度/对比度的调整是对整个图像进行的，不可选择调整图像的区域范围。因此亮度/对比度调整适用于粗略地调整图像。执行“图像”→“调整”→“亮度/对比度”命令，打开“亮度/对比度”属性面板，如图 2-32 所示。

亮度数值的范围是-150～150，对比度数值范围是-100～100，勾选“使用旧版”复选框可将调整模式切换到旧版本模式。旧版本与新版本的“亮度/对比度”图像调整效果略有不同。

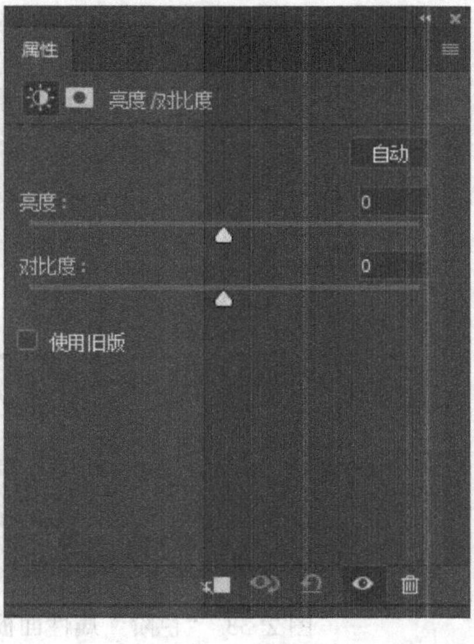

图 2-32 “亮度/对比度”属性面板

2.3.2 调整色阶

执行菜单栏中的“图像”→“调整”→“色阶”命令（快捷键〈Ctrl+L〉）弹出“色阶”属性面板，如图 2-33 所示，说明如下。

- 预设：参数未被调整时该项为“默认值”，参数被调整后该项为“自定”，选择“默认值”可以将参数恢复到未被调整时的状态。单击右侧的下拉按钮，可储存调节好的参数或调用已储存的参数。
- 通道：默认为 RGB 通道，可对整个图像进行调整。还可以选择单色通道，只对该颜色通道进行调整。
- 输入色阶：调整直方图下面的黑色、灰色和白色三个滑块的位置可相应为图像添加黑色、灰色和白色。在滑块下方相对应的文本框中输入色阶数值可以精确调整。
- 输出色阶：调整黑色的滑块位置可减少图像中的黑色调，调整白色滑块的位置可减少图像中的白色调。在滑块下方对应的文本框中输入色阶数值可以精确调整。
- 自动：单击该按钮可使系统自动为图像调整明暗对比度，相当于执行菜单栏中的“调整”→“自动对比度”命令。
- 选项：提供多种其他方式的设置，可对图像进行更为细致的设置。
- 吸管工具：对话框左侧的三个吸管工具分别用于取样后设置黑场、灰场和白场。用这三个吸管工具直接单击图像，可将取样点分别作为图像的最暗点、灰平衡点以及最亮点设置黑场、灰场和白场。如双击吸管，可在弹出的拾色器中选择颜色作为吸管的目标颜色。

了解了“色阶”属性面板中各项的功能后，可以应用这些功能调整图像的明暗、对比度和色调等。图 2-34 所示是一张景物相片，图像整体感觉过于灰暗。

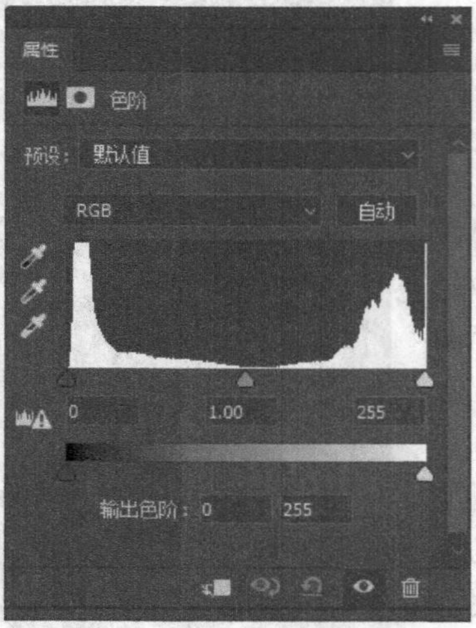

图 2-33 “色阶”属性面板

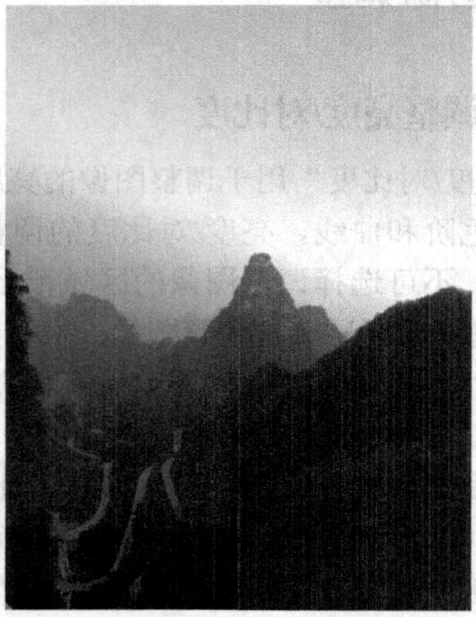

图 2-34 灰暗的图像

执行菜单栏中的“图像”→“调整”→“色阶”命令，打开“色阶”属性面板，输入色阶数值，第一个文本框中输入“0”，第二个文本框中输入“2”，第三个文本框中输入“220”。经过调整后，图像明亮了许多，如图 2-35 所示。

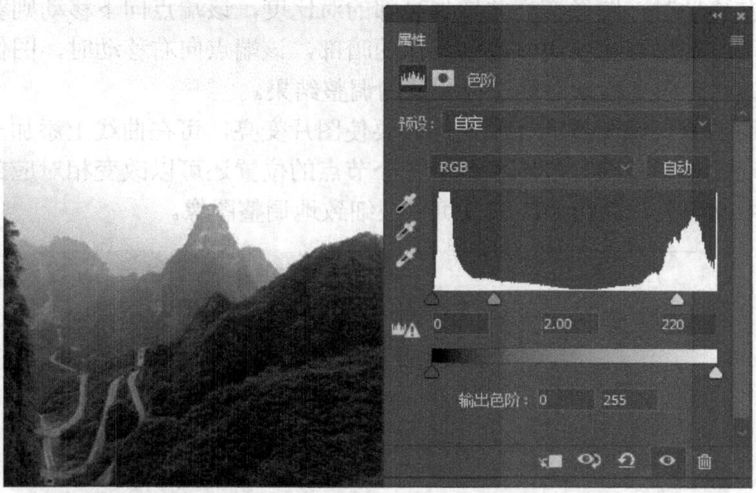

图 2-35　调整色阶

2.3.3　调整曲线

执行菜单栏中的“图像”→“调整”→“曲线”命令（快捷键〈Ctrl+M〉），会弹出“曲线”属性面板，如图 2-36 所示。曲线调整和色阶调整相似，都是调整图像色调范围，不同的是，色阶调整只能从整体的暗部、亮部或中间灰度来调整图像，而曲线调整可以调整图像的任何一个像素点的明暗度。

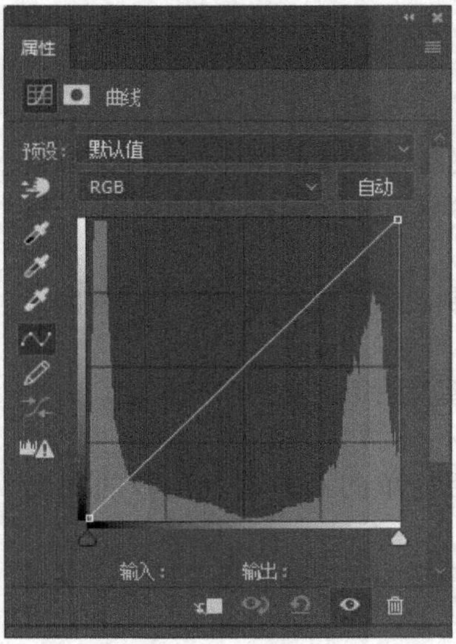

图 2-36　“曲线”属性面板

在“曲线”属性面板中，横轴表示图像原来的亮度值，纵轴表示新的亮度值，分别相当于“色阶”属性面板中的输入色阶和输出色阶。曲线右上方的端点主要用于控制图像的亮部，该端点向左移动时，图像变亮并增加亮部的对比度，该端点向下移动则获得相反的调整结果。曲线左下方的端点主要用于控制图像的暗部，该端点向右移动时，图像变暗并增加暗部的对比度，该端点向上移动时则获得相反的调整结果。

假设要使用曲线调整图像的亮度，同样要使图片变亮，可在曲线上添加一些节点并将节点向左上方移动，如图 2-37 所示。改变各个节点的位置还可以改变相对应部分的明暗、色彩和对比度。由此可见，使用曲线工具可以很细致地调整图像。

图 2-37　使用曲线调整图像

2.3.4　调整曝光度

“曝光度”命令用于调整图像的曝光效果。执行菜单栏中的“图像”→“调整”→“曝光度”命令，弹出如图 2-38 所示的“曝光度”属性面板。

- 曝光度：主要用于控制图像高光区域中的明暗程度，对阴影区域影响较小。
- 位移：主要用于调整图像阴影区域的明暗程度，对于高光区域影响较小。
- 灰度系数校正：使用简单的乘方调整图像的灰度系数。
- 吸管工具：用于调整图像的亮度值以设置黑场、灰场和白场。

使用曝光度调整图像的效果如图 2-39 所示。

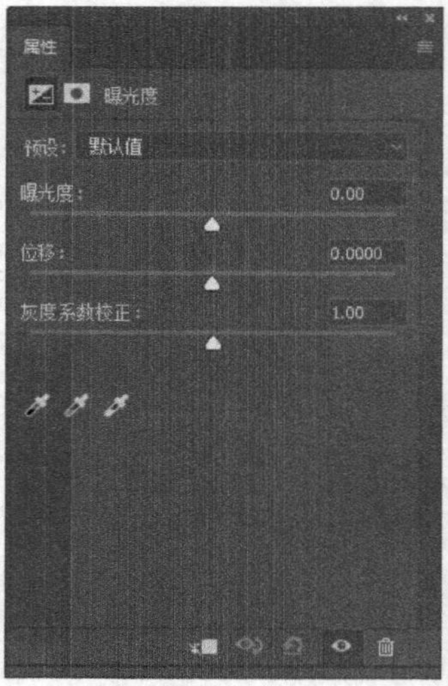

图 2-38　“曝光度”属性面板

图 2-39　使用曝光度调整图像

2.3.5 调整色相/饱和度

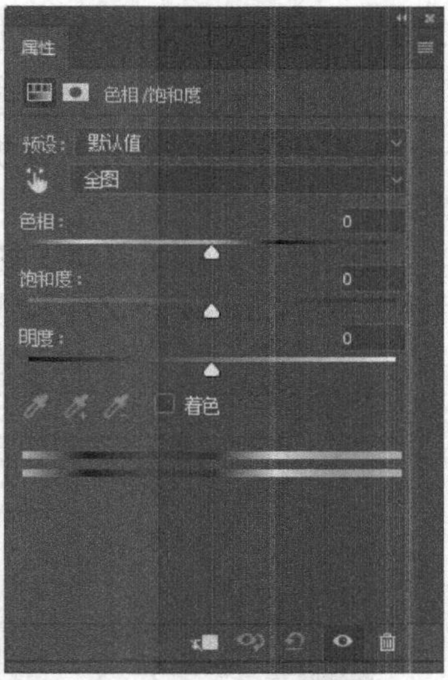

图 2-40 “色相/饱和度”属性面板

“色相/饱和度”命令用于改变图像的色相、饱和度和明度。执行菜单栏中的“图像”→“调整”→“色相/饱和度”命令（快捷键〈Ctrl+U〉），会弹出“色相/饱和度”属性面板，如图 2-40 所示。

- 色相：修改色相的效果是将图像中原来的颜色修改成对应的颜色。各种颜色修改后的对照效果会在下方的色谱中显示出来。
- 饱和度：用于控制图像色彩的浓淡程度，但对灰度像素不起作用。
- 明度：用于控制像素的明暗程度。
- 着色：勾选此复选框可将图像中的所有颜色转换为单一的颜色，调节“色相”滑块可以选择颜色。

2.3.6 调整色彩平衡

“色彩平衡”命令用于对图像的色彩平衡进行处理，可以校正图像色偏、过饱和或饱和度不足的情况，用户也可以根据自己的喜好和制作需要滑动色块进行调色。执行菜单栏中的“图像”→“调整”→“色彩平衡”命令（快捷键〈Ctrl+B〉），弹出“色彩平衡”属性面板，如图 2-41 所示。

在“色彩平衡”属性面板中，可以选择“高光”“阴影”和“中间调”来对色彩进行调节，如图 2-42 所示。用户可以根据自己需要调整的色彩范围来滑动色块调整参数，达到自己想要的效果。

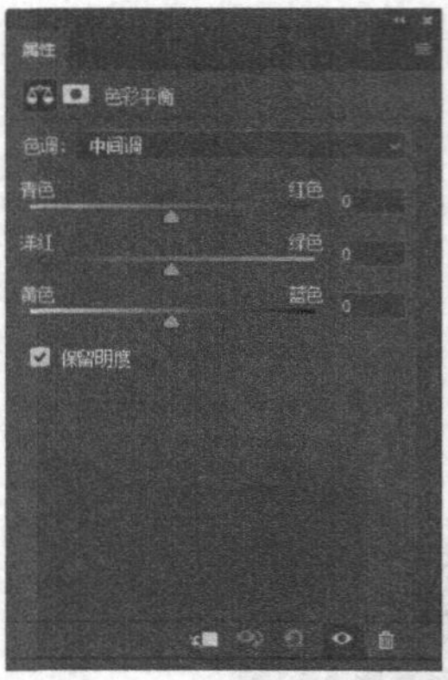

图 2-41 “色彩平衡”属性面板

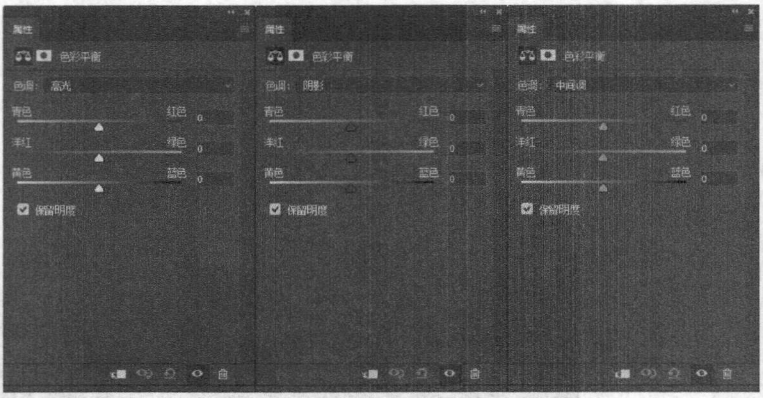

图 2-42 调整色彩平衡

2.4 后退与前进

10 后退与还原

2.4.1 撤销操作和恢复操作

若要用“编辑”菜单撤销最近的一步操作，只须执行菜单栏中的“编辑”→“还原（上一步操作）”命令或使用快捷键〈Ctrl+Z〉。当上一步操作使用了画笔工具时，“编辑”菜单如图 2-43 所示。

撤销操作后，如果要恢复操作，可以执行菜单栏中的“编辑”→“前进一步”命令或使用快捷键〈Ctrl+Shift+Z〉，如图 2-44 所示。

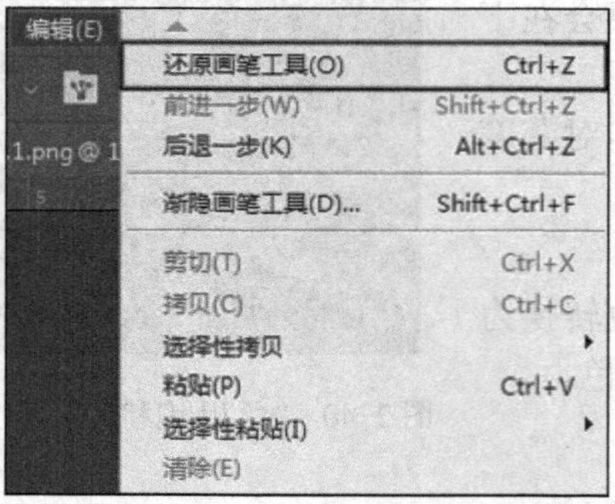

图 2-43 刚使用过画笔工具时的“编辑”菜单

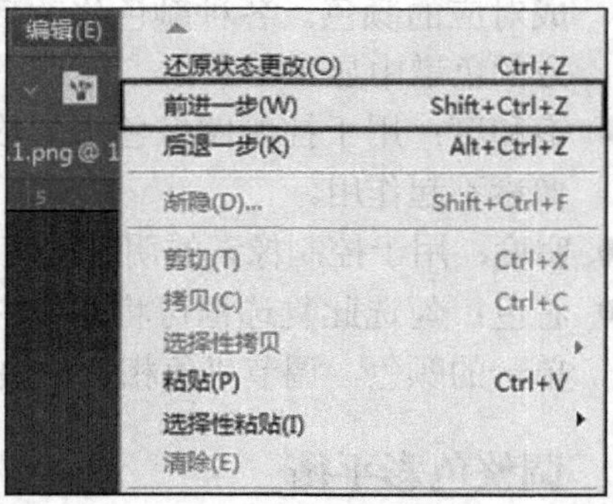

图 2-44 恢复操作

2.4.2 历史记录的撤销与恢复

“历史记录”面板可以记录图像处理的基本操作，用户可以根据记录选择还原的状态。“历史记录”面板如图 2-45 所示。

使用“历史记录”面板撤销操作比运用“编辑”菜单更直观、更方便，使用快捷键〈Ctrl+Z〉只能撤销一步操作，而使用“历史记录”面板撤销操作时，使用快捷键〈Ctrl+Alt+Z〉可以实现连续撤销操作。直接在“历史记录”面板上选择需要返回的操作步骤也可以实现多步骤撤销，如图 2-46 所示。

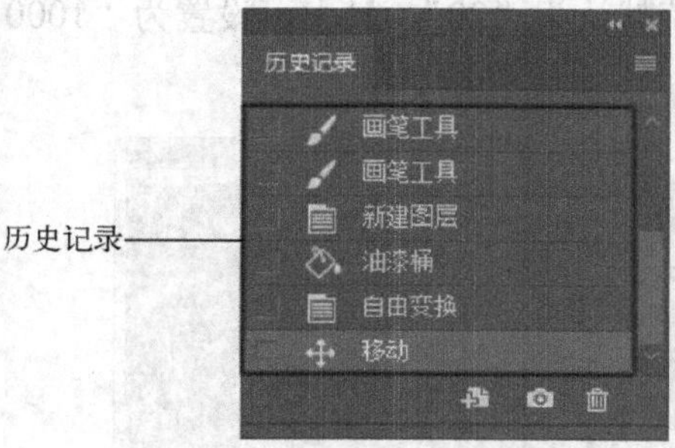

图 2-45 “历史记录”面板

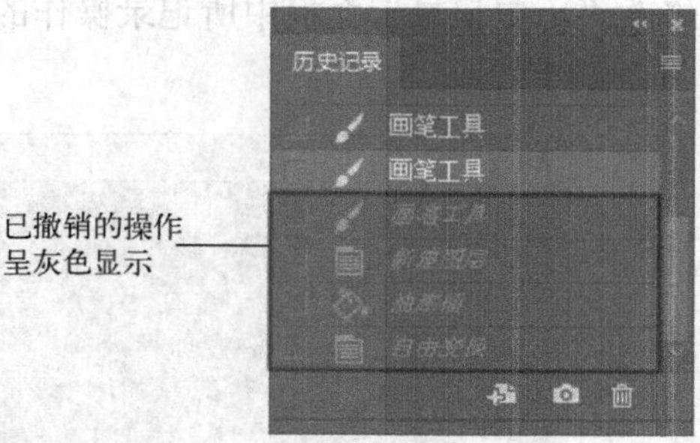

图 2-46 历史记录撤销操作

如需要恢复被撤销的操作，可使用快捷键〈Ctrl+Shift+Z〉或直接在“历史记录”面板上选择需要恢复的操作即可。

2.4.3 自定义后退步数

在使用“历史记录”面板撤销数十步操作时，会发现“历史记录”面板中列的步数不够用，在 Photoshop CC 中，用户可以根据需要修改“历史记录”面板所记录的操作步数。操作方法为：执行菜单栏中的“编辑”→“首选项”→“性能”命令，如图 2-47 所示，打开“首选项”对话框，选择“性能”选项卡。

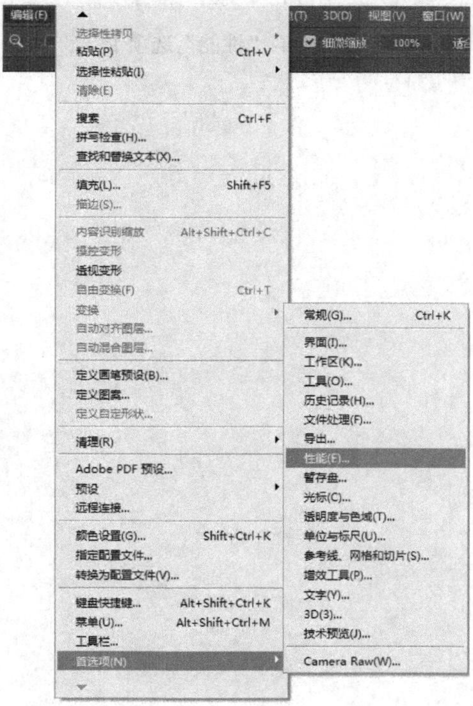

图 2-47 执行“性能”命令

在打开的“性能”选项卡中找到“历史记录状态”组合框，直接在组合框内输入数值即可修改“历史记录”面板中所记录操作的步骤，系统默认为“20”，最大可设置为“1000”，如图 2-48 所示。

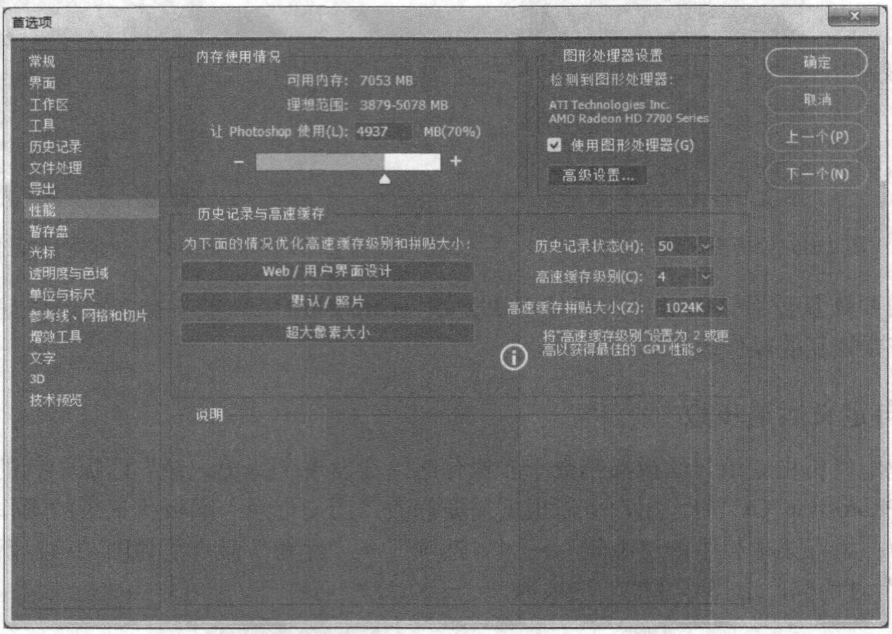

图 2-48 “性能”选项卡

第3章 文字特效

本章要点

- 文本工具基础知识
- 燃烧的文字特效
- 立体闪动文字特效

3.1 文本工具详解

3.1.1 文本输入与编辑

1）文本工具组如图 3-1 所示。

如图 3-1 所示，文本工具组中共有 4 个工具，分别是横排文字工具、直排文字工具、直排文字蒙版工具和横排文字蒙版工具。

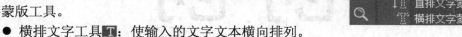

图 3-1 文本工具组

- 横排文字工具：使输入的文字文本横向排列。
- 直排文字工具：使输入的文字文本竖向排列。
- 直排文字蒙版工具：使输入的文字文本竖向排列，载入已输入文字的轮廓作为选区。
- 横排文字蒙版工具：使输入的文字文本横向排列，载入已输入文字的轮廓作为选区。

效果对照如图 3-2 所示。

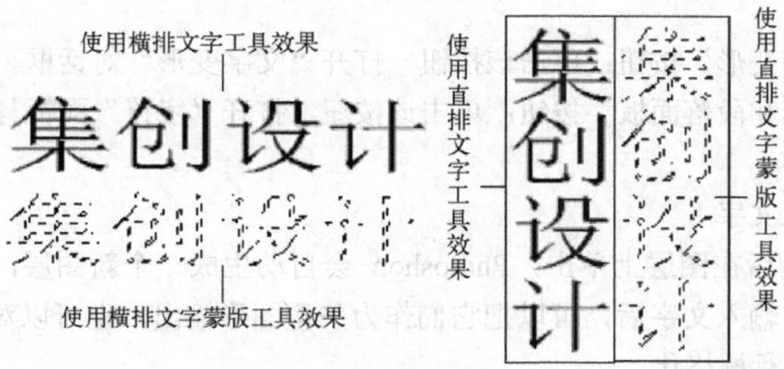

图 3-2 效果对照

2）文本工具选项栏如图 3-3 所示。

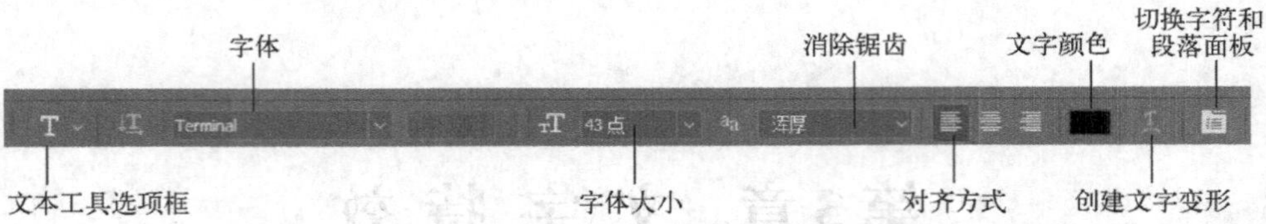

图 3-3 文本工具选项栏

- 文本工具：显示当前选中的文本工具的图标。
- 字体：在该下拉列表框中可以选择使用字体，不同的字体有不同的风格。

需要注意的是，如果选择英文字体，可能无法正确选择中文。因此输入中文时应使用中文字体。Windows 系统默认附带的中文字体有黑体、楷体、宋体等。可以为文字层中的单个字符指定字体。

- 字体大小：可以在文本框内直接输入数值设置字体的大小，显示当前输入文字所使用的字体大小。
- 清除锯齿：有 5 个选项，分别是“无”“锐利”“犀利”“浑厚”“平滑”。4 种消除锯齿方式都能起到消除锯齿的作用。使用和不使用消除锯齿的效果对比如图 3-4 所示。

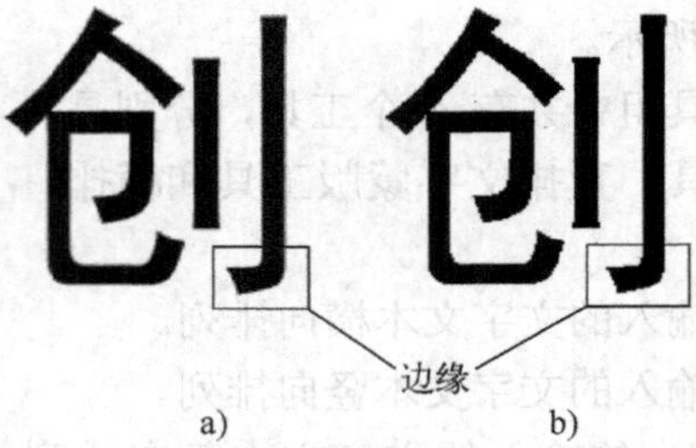

图 3-4 效果对比

a) 使用“浑厚”消除锯齿方式 b) 未使用消除锯齿方式

- 对齐方式：3 个按钮从左到右分别是左对齐文本、居中对齐文本、右对齐文本。
- 文字颜色：用于改变当前文字的颜色，单击该按钮后进入“拾色器”，可选择新的文字颜色。
- “创建文字变形”按钮：单击该按钮，打开“文字变形”对话框。
- “切换字符和段落面板”按钮：单击该按钮，打开“字符”面板与“段落”面板。

1. 文字输入

（1）如何输入文字

选择文字工具后在图层上单击，Photoshop 会自动生成一个新图层，并且把文字光标定位在这一图层中。输入文字后，可以把它们作为矢量图形输出，也可以对其进行喷涂或应用滤镜，或对文字进行栅格化。

输入文字后，屏幕上出现的文本颜色是当前的前景色或选项条上出现的颜色，可以很容易地通过按空格键、拖动鼠标等方式对文字进行编辑。同时也可以在屏幕上通过鼠标拖动改变其位置，当然也可以在文字之间进行插入等操作。

（2）修改文字图层名称

输入文字后，在“图层”面板中可以看到新生成的一个文字图层，在图层最左侧有一个字母符号“T”，表示当前的操作对象是文字图层，如图 3-5 所示。

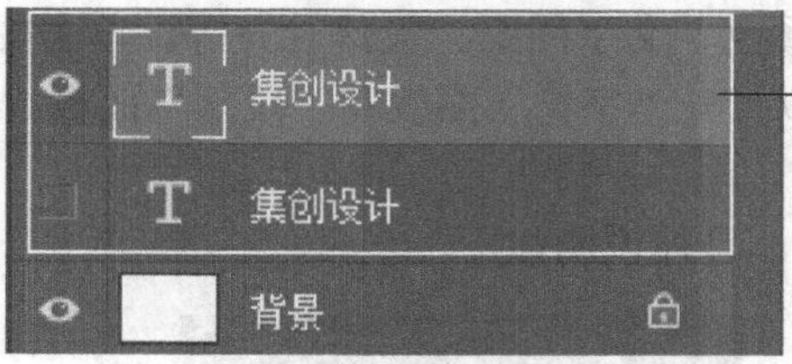

图 3-5　文字图层

想要修改文字图层的名称，只需把鼠标移动到图层字母符号“T”右边的文字区域处双击，图层显示名称输入框后，输入新的图层名称即可，如图 3-6 所示。

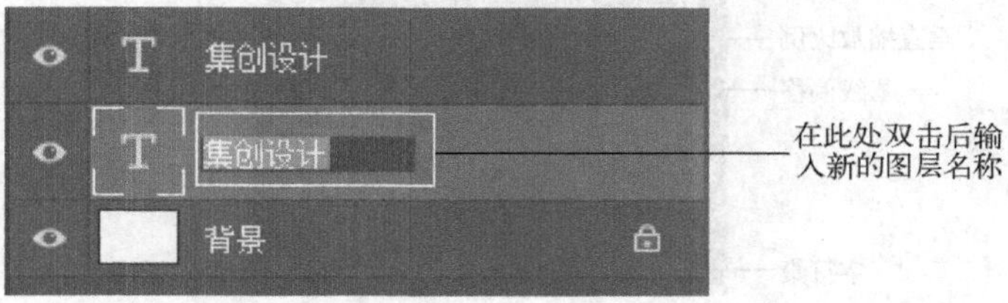

图 3-6　修改文字图层的名称

2．文字的编辑

（1）点文字和段落文字

在 Photoshop 中有两种输入文字的方式。一种是点文字输入，这种方式适用于少量文字的输入，一个字或一段字符被称为“点文字”。另一种是大段的需要换行或分段的文字，被称为“段落文字”。

点文字是不会自动换行的，可通过〈Enter〉键实现换行，使之进入下一行；而段落文字具备了自动换行的功能。

（2）创建段落文字

创建段落文字，只需要选择文字工具后，按住鼠标左键不放并且进行拖动，拖动出一个段落文字输入框，然后松开鼠标左键即可在框内输入文字，操作如图 3-7 所示。

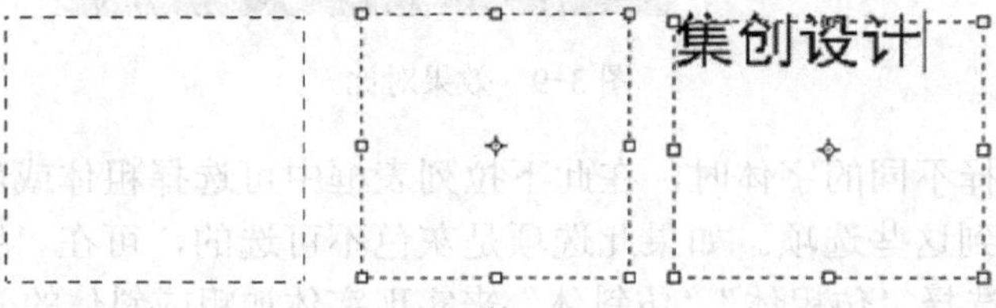

图 3-7　创建段落文字

a) 按住鼠标左键并拖动　b) 松开鼠标左键　c) 在框内输入文字

3.1.2 字符与段落

在文字输入完成后或文字编辑的过程中都可以改变文字的属性。在通常情况下，“字符”面板和“段落”面板是在一起的，通过“字符”面板和“段落”面板可以修改文字段落的各项设置，如文字的大小、颜色、文字间距、段落对齐等。单击文本工具选项栏中的“切换字符和段落面板”按钮，可以打开“字符”面板和“段落”面板。

1.“字符”面板

“字符”面板如图 3-8 所示，具体说明如下。

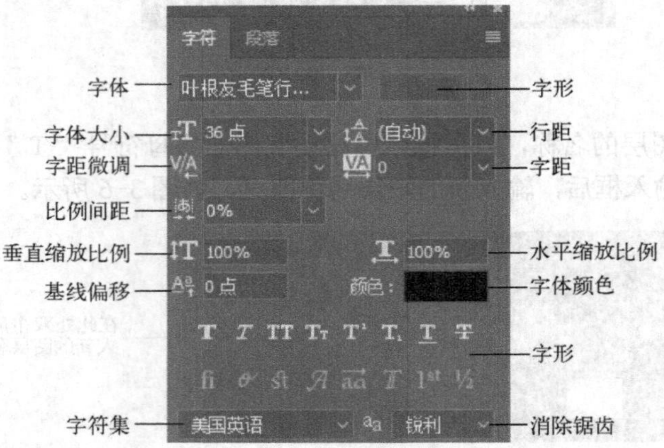

图 3-8 “字符”面板

- 字体：如需改变字体，可以在该下拉列表中选择合适的字体。
- 行距：行距是指两行文字之间的基线距离，效果对比如图 3-9 所示。

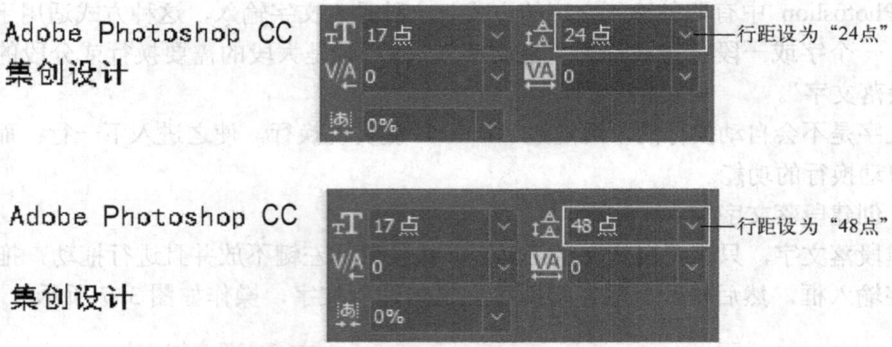

图 3-9 效果对比

- 字形：当选择不同的字体时，在此下拉列表框中可选择粗体或斜体等字形，一般英文字体常用到这些选项。如果此选项是灰色不可选的，可在“字符”面板右上角的弹出菜单中选择“仿粗体”“仿斜体”来实现字体加粗或斜体的效果。
- 垂直缩放比例：垂直缩放比例用于改变文字竖向的拉伸比例，也就是把文字拉高或压低的程度，效果对比如图 3-10 所示。

图 3-10　垂直缩放比例

- 水平缩放比例：水平缩放比例用于改变文字横向的拉伸比例，也就是把文字拉宽或缩窄的程度，效果对比如图 3-11 所示。

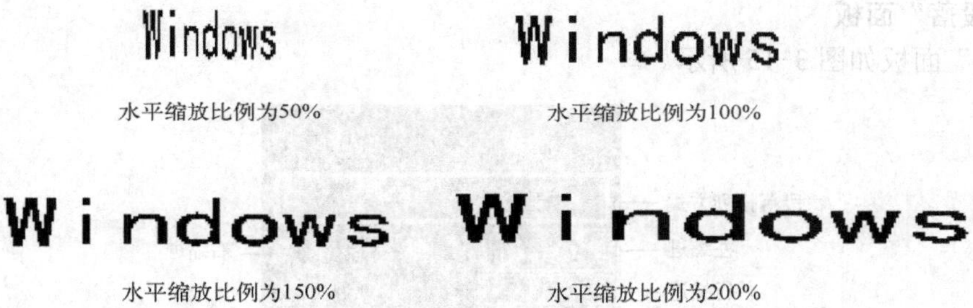

图 3-11　横向缩放比例

- 比例间距：调整比例间距是指让按指定的百分比值增大或减少字符周围的空间。因此，字符本身并不会被拉伸或挤压。
- 字距微调：字距微调用于加大或缩小两个特定字母之间的距离。
- 字距：将一行文字用文字工具拖动选中，然后在该文本框内输入数值，若输入的数值为正，则字距会变大，若输入的数值为负，则字距会变小，效果对比如图 3-12 所示。

图 3-12　字距效果

- 基线偏移：基线偏移值用于控制文字与文字之间基线的距离，可以使选择的文字根据设置的数值上下移动。设置为正值可以使文字水平上移，设置为负值可以使文字水平下移，其效果对比如图 3-13 所示。

a)　　　　　　　　b)

图 3-13　效果对比

a) 基线偏移量为-60　b) 基线偏移量为 80

- 字符集：在该下拉列表框中选择不同语种的字符集，该选项主要用于连字的设置，并可进行拼写检查。
- 字形图标：按从左到右分别是“仿粗体”“仿斜体”“全部大写字母”“小型大写字母”“上标”“下标”“下画线”“删除线”。效果对比如图 3-14 所示。

图 3-14　效果对比

2.“段落”面板

“段落”面板如图 3-15 所示。

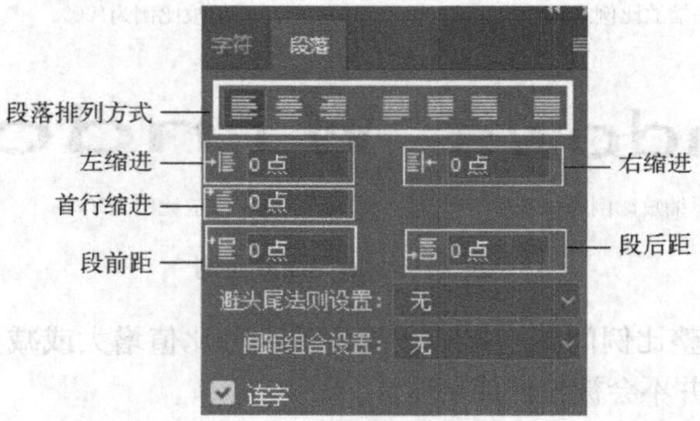

图 3-15　“段落”面板

（1）段落排列方式

Photoshop 中的“段落”面板可设置段落排列方式，如图 3-15 所示，面板中的几个图标由左到右分别是“左对齐文本”“居中对齐文本”“右对齐文本”“最后一行左对齐”“最后一行居中对齐”“最后一行右对齐”“全部对齐”。选择需要设置段落排列方式的文字，并单击上述图标，即可设定文字的段落对齐方式。

（2）段落缩进

段落缩进用于指定文字与文字块边框之间的距离或首行缩进文字块的距离。缩进只影响选中的段落，因此可以很容易地为不同的段落设置不同的缩进。

- 左缩进：即从段落左端缩进。对于直排文字，该选项控制段落顶端的缩进。
- 右缩进：即从段落右端缩进。对于直排文字，该选项控制段落底部的缩进。
- 首行缩进：即缩进段落文字的首行。对于横排文字，首行缩进与左缩进有关；对于直排文字，首行缩进与顶端缩进有关。如果需要创建首行悬挂缩进（所谓悬挂缩进，是指首行突出整个文字块的情况）应在首行缩进处输入负值，效果如图 3-16 所示。

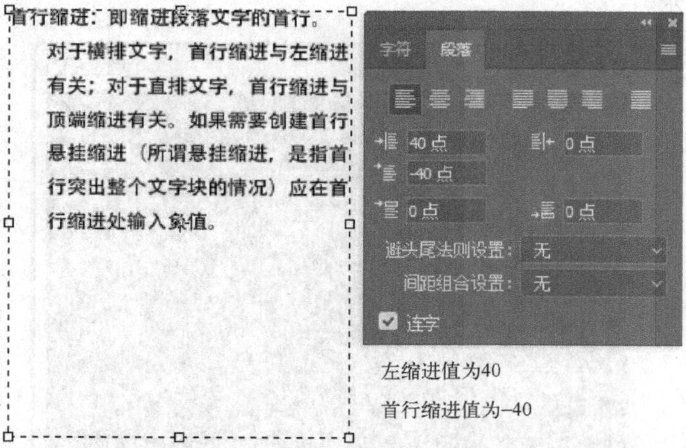

图 3-16　首行缩进

3.1.3　文字变形

对于文字图层中输入的文字可以通过变形功能进行不同形状的变化，如波浪形、弧形等。变形对于文字图层上的所有字符都有效，不能只对选中的字符执行弯曲变形。

输入文字后，把鼠标移动到“图层”面板中需要进行变形的文字图层上，单击鼠标右键，在快捷菜单中选择“文字变形”命令。或直接在文本工具选项栏中单击“创建文字变形”按钮，如图 3-17 所示，弹出“变形文字”对话框。

“变形文字”对话框中的“样式”下拉列表如图 3-18 所示。

图 3-17 “创建文字变形”按钮

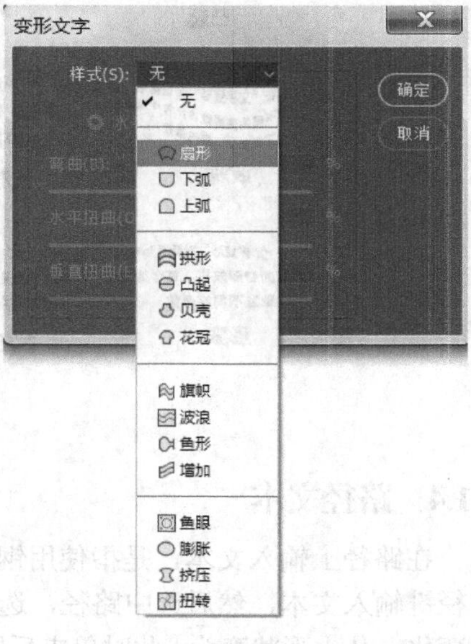

图 3-18 “样式”下拉列表

在“变形文字”对话框中选择不同的变形效果，可以针对每种变形效果设置不同的参数，如图 3-19 所示。

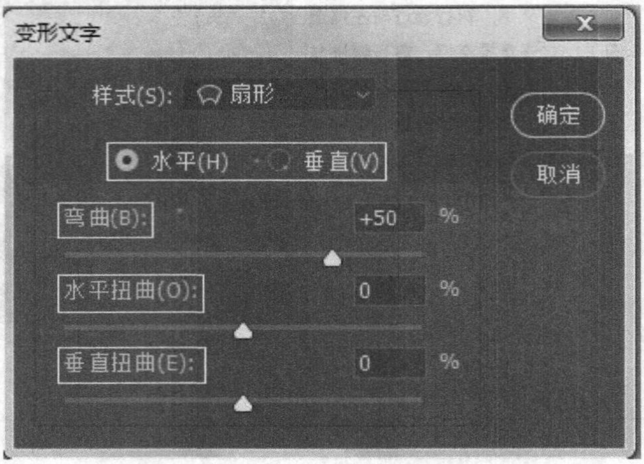

图 3-19　设置变形效果的参数

变形效果对比如图 3-20 所示。

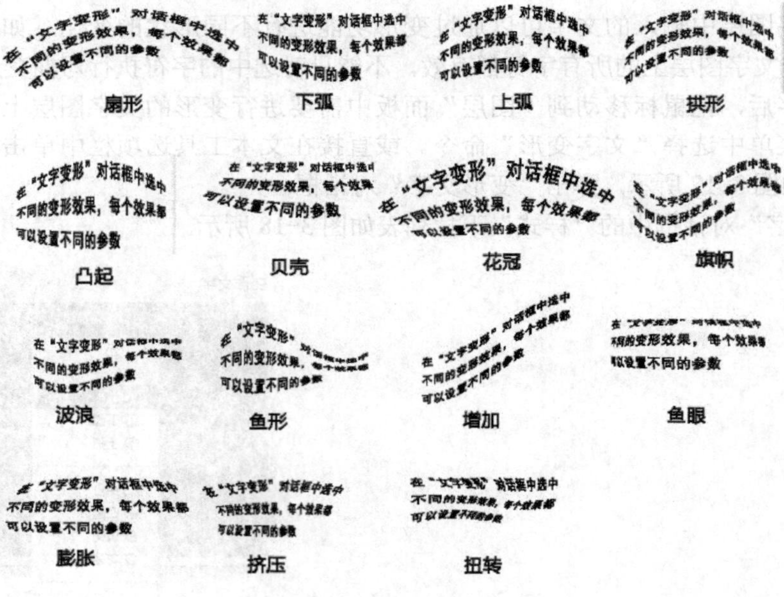

图 3-20　变形效果

3.1.4　路径文本

在路径上输入文本，是指使用钢笔工具、直线工具、形状工具等绘制路径，然后沿着该路径键输入文本，然后选中路径，选用文本输入工具，把光标移动到路径的起点，光标会发生变化，从I形状变为I此时单击后即可输入。

3.2　实例应用：打造燃烧的文字特效

26 火焰文字

3.2.1　技术分析

本实例讲解如何制作燃烧的文字特效，使用到的工具有文本工具T、风格化滤镜，并进行色相调整等，最终效果如图 3-21 所示，制作过程如图 3-22 所示。

图 3-21　最终效果

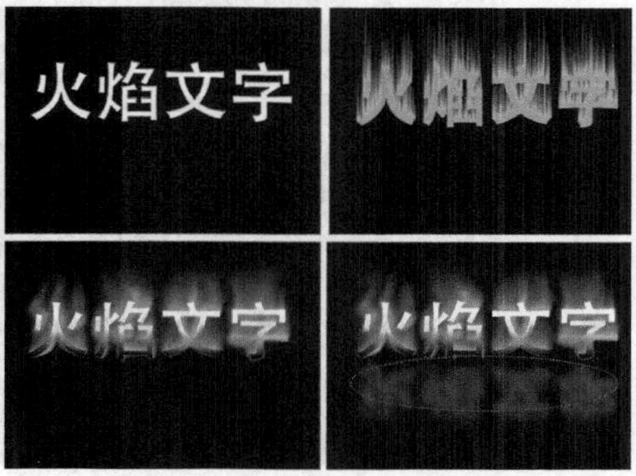

图 3-22　制作过程图

3.2.2　创建文字

1）运行 Photoshop 软件，执行“文件”→“新建”命令（快捷键〈Ctrl+N〉），弹出“新建文档”窗口，设置宽为 800 像素，高为 600 像素，单击“创建”按钮，完成文档创建，如图 3-23 所示。

图 3-23　新建文件

2）在工具箱中单击“前景色”图标，如图 3-24 所示。弹出“拾色器（前景色）”对话框，设置颜色为“#000000”（黑色），如图 3-24 所示。

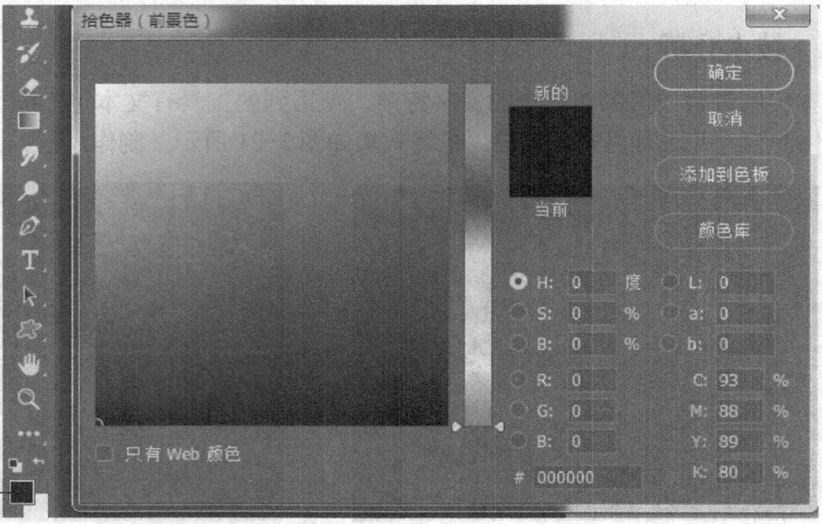

图 3-24　设置前景色

3）在工具箱中选择填充工具，在画布上单击，将背景图层填充为黑色，如图 3-25 所示。

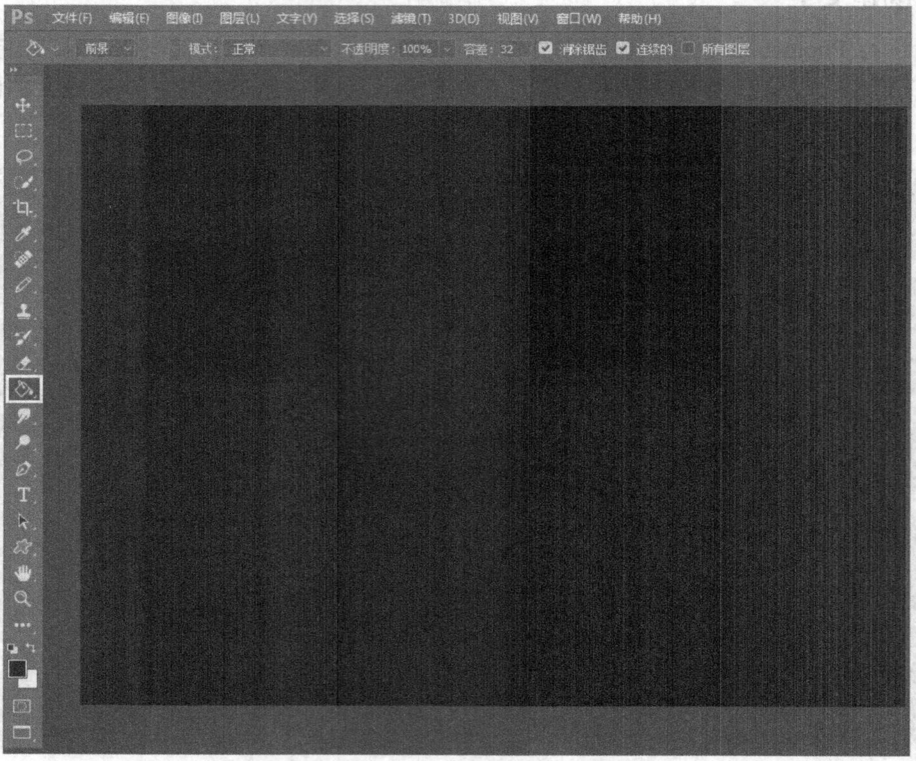

图 3-25　填充背景图层

4）选择工具箱中的横排文字工具T，然后在工具选项栏中设置字体为“Adobe 黑体 Std”，字号为 165 点，单击“设置文本颜色”图标，弹出“拾色器（文本颜色）”对话框，设置颜色为“#ffffff”（白色），并在绘图区中输入“火焰文字”，如图 3-26 所示。

图 3-26　输入文字

3.2.3　应用滤镜

1）在“图层”面板上选择文字图层，然后执行菜单命令“图层”→“栅格化”→“文字”，将其栅格化处理，如图 3-27 所示。

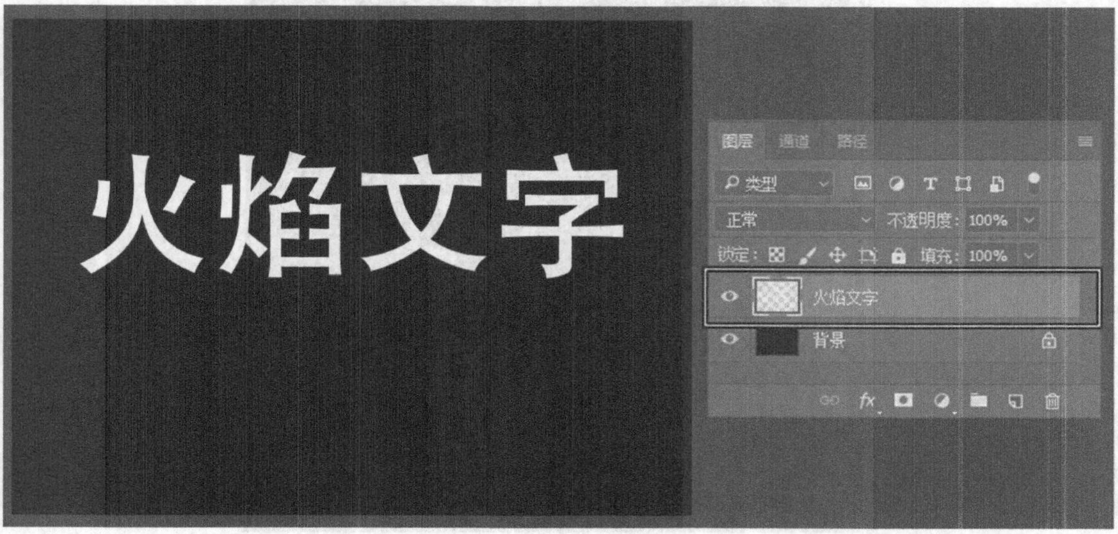

图 3-27　将文字栅格化

2）在“图层”面板上，选择图层“火焰文字”，用鼠标左键将其拖动到下方的“创建新图层”按钮上，获得“火焰文字 拷贝”图层，如图 3-28 所示。

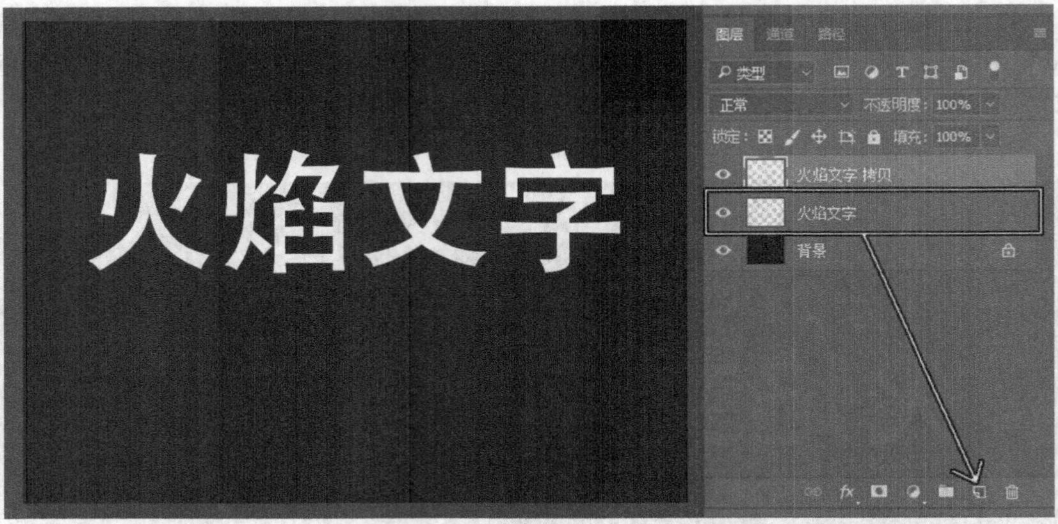

图 3-28　复制文字图层

3）执行菜单命令“图像”→“图像旋转”→“90 度（顺时针）”，效果如图 3-29 所示。

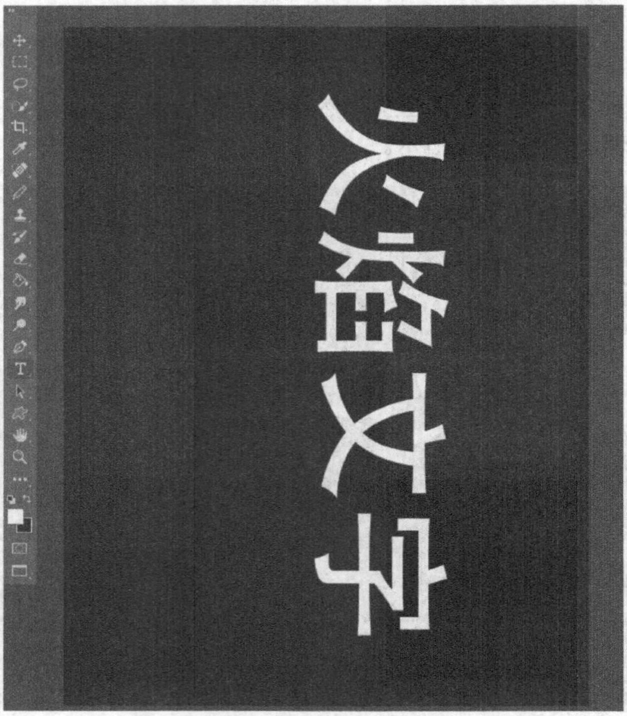

图 3-29　旋转图像

4）执行菜单命令“滤镜”→“风格化”→“风”，在“风”对话框中设置方向为“从左”，然后单击“确定”按钮，并重复使用“风”滤镜两次，如图 3-30 所示。

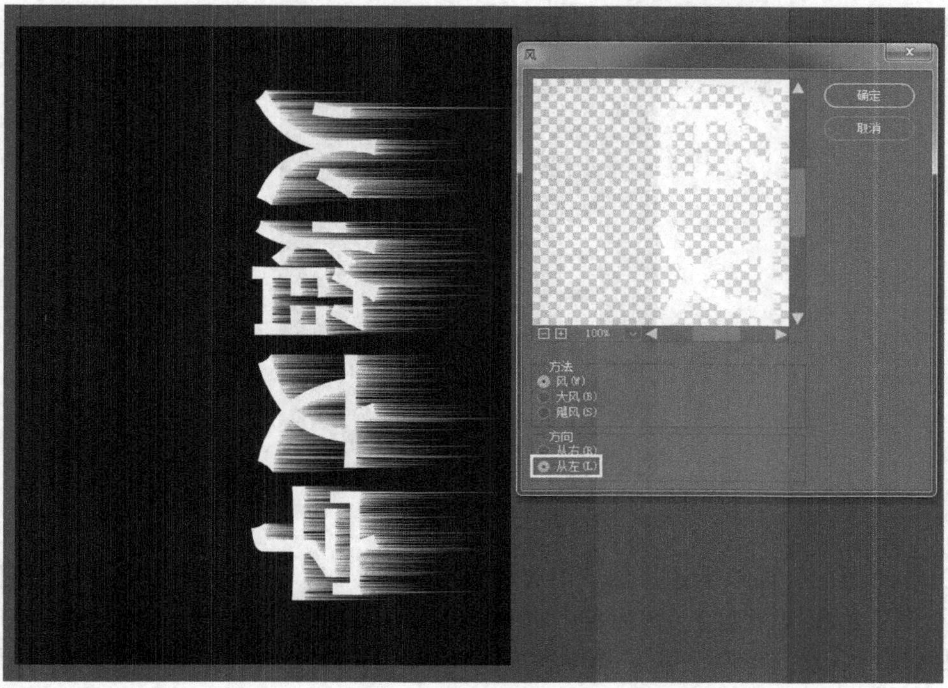

图 3-30 “风”效果

5）执行菜单命令“图像”→“图像旋转”→“90 度（逆时针）”，将文字旋转回来，如图 3-31 所示。

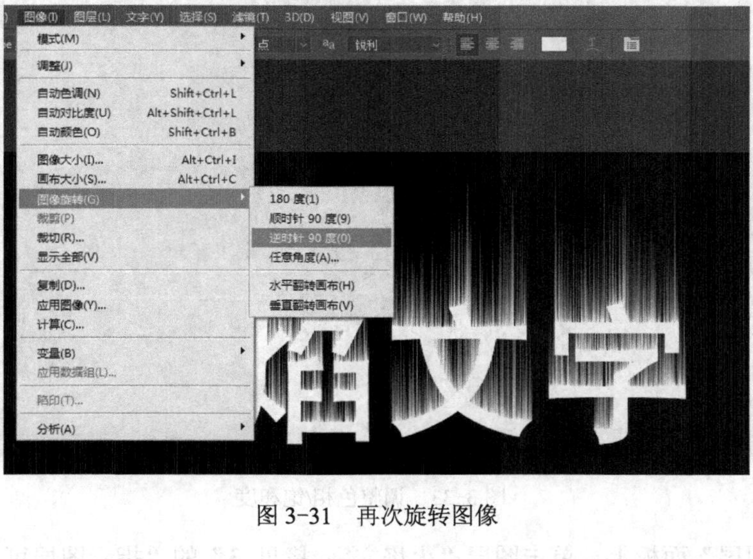

图 3-31 再次旋转图像

3.2.4 调整颜色

1）在“图层”面板上选中“火焰文字”图层，然后执行菜单命令“图层”→“新建”→“通过拷贝的图层”（快捷键〈Ctrl+J〉），并连续执行三次，获得“火焰文字 拷贝”“火焰

文字 拷贝 2”“火焰文字 拷贝 3” 3 个图层，如图 3-32 所示。

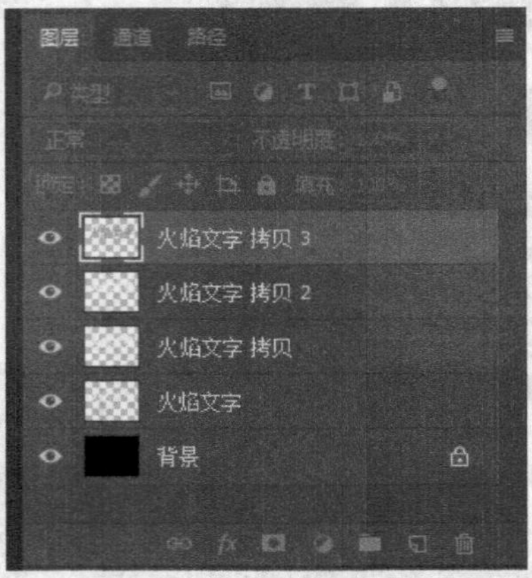

图 3-32　复制图层

2）在“图层”面板上选择图层“火焰文字 拷贝 3”，然后执行菜单命令“图像”→“调整”→“色相/饱和度”（快捷键〈Ctrl+U〉），弹出“色相/饱和度”对话框，勾选“着色”复选框，设置色相为“48”，饱和度为“100”，明度为“-56”，将图层调整为黄色，如图 3-33 所示。

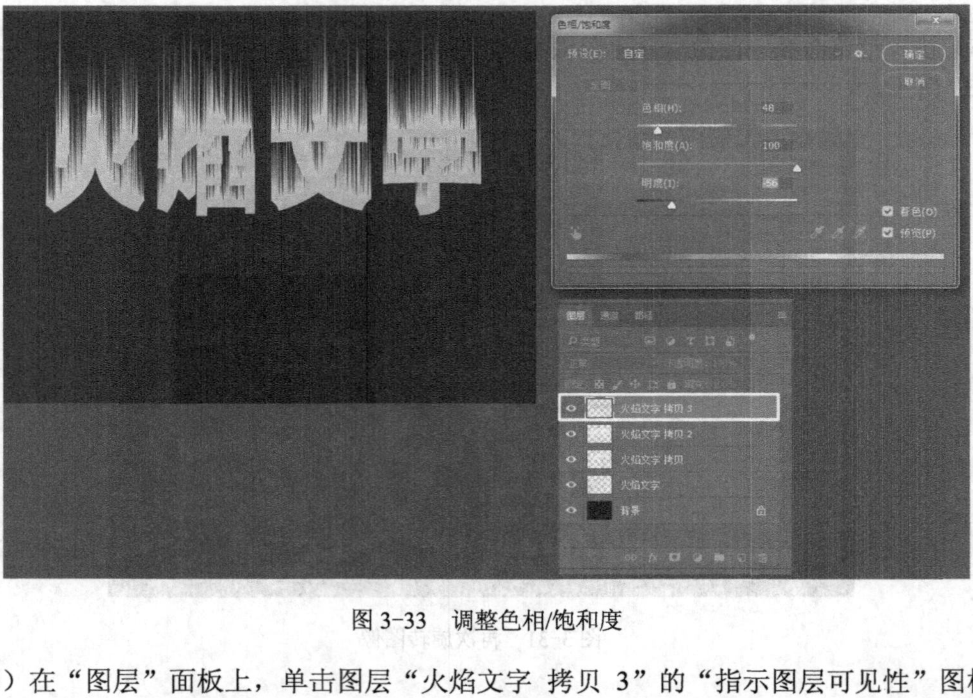

图 3-33　调整色相/饱和度

3）在“图层”面板上，单击图层“火焰文字 拷贝 3”的“指示图层可见性”图标，将其隐藏，然后选择图层“火焰文字 拷贝 2”，执行菜单命令“图像”→“调整”→“色相/饱和度”（快捷键〈Ctrl+U〉），弹出“色相/饱和度”面板，勾选“着色”复选框，设置色相为“0”，饱和度为“100”，明度为“-57”，将图层调整为红色，如图 3-34 所示。

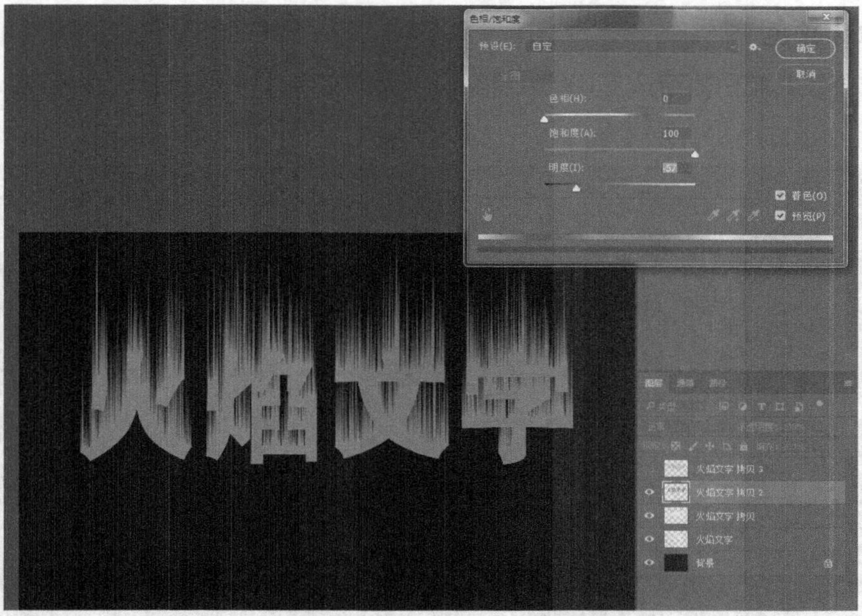

图 3-34　调整“火焰文字 拷贝 3”图层的色相

4）在“图层”面板上，单击图层“火焰文字 拷贝 2”的“指示图层可见性”图标，将其隐藏，然后选择图层“火焰文字 拷贝”，执行菜单命令“图像”→“调整”→“色相/饱和度”（快捷键〈Ctrl+U〉），弹出“色相/饱和度”面板，勾选“着色”复选框，设置色相为“222”，饱和度为“100”，明度为“-49”，将图层调整为蓝色，如图 3-35 所示。

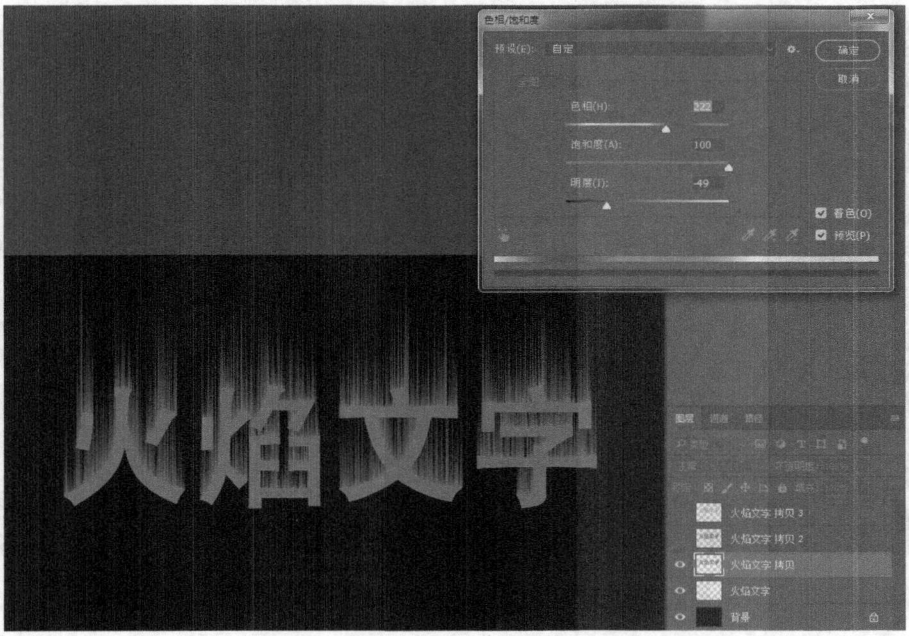

图 3-35　调整“火焰文字 拷贝 2”图层的色相

3.2.5 涂抹颜色

1）选择工具箱中的涂抹工具，将图层“火焰文字 拷贝”进行涂抹处理，如图 3-36 所示。

图 3-36 涂抹“火焰文字 拷贝”图层

2）选择工具箱中的涂抹工具，将图层“火焰文字 拷贝 2”显示出来并进行涂抹处理，如图 3-37 所示。

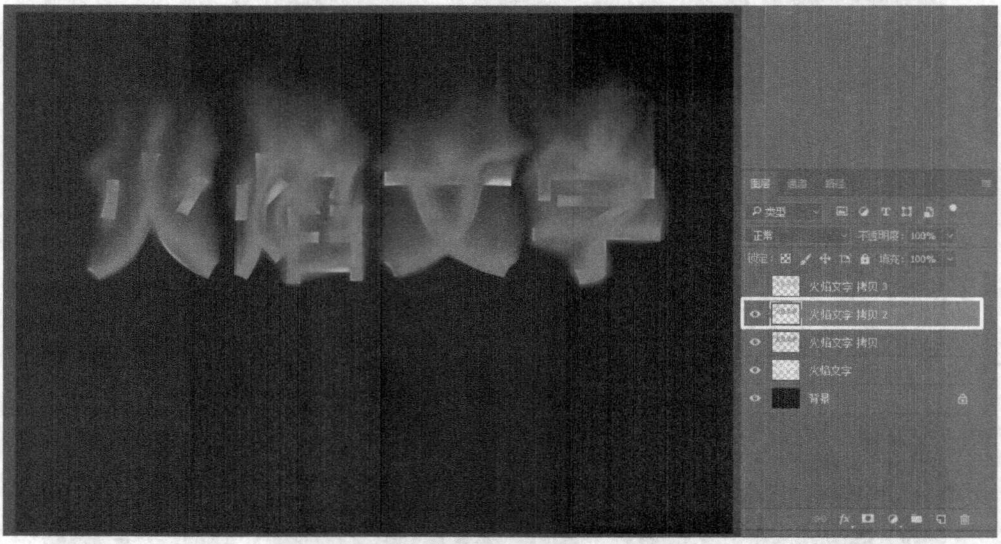

图 3-37 涂抹“火焰文字 拷贝 2”图层

3）选择工具箱中的涂抹工具，将图层“火焰文字 拷贝 3”显示出来并进行涂抹处理，如图 3-38 所示。

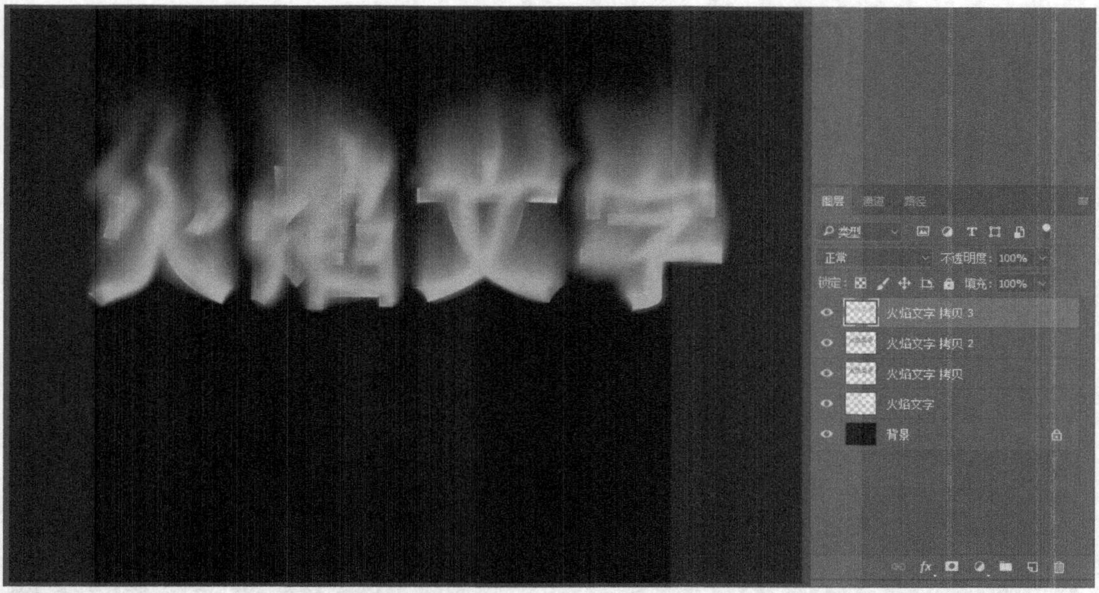

图 3-38　涂抹“火焰文字 拷贝 3”图层

4）在“图层”面板上，将图层“火焰文字”拖动到顶层，同时单击“锁定透明像素”按钮，如图 3-39 所示。

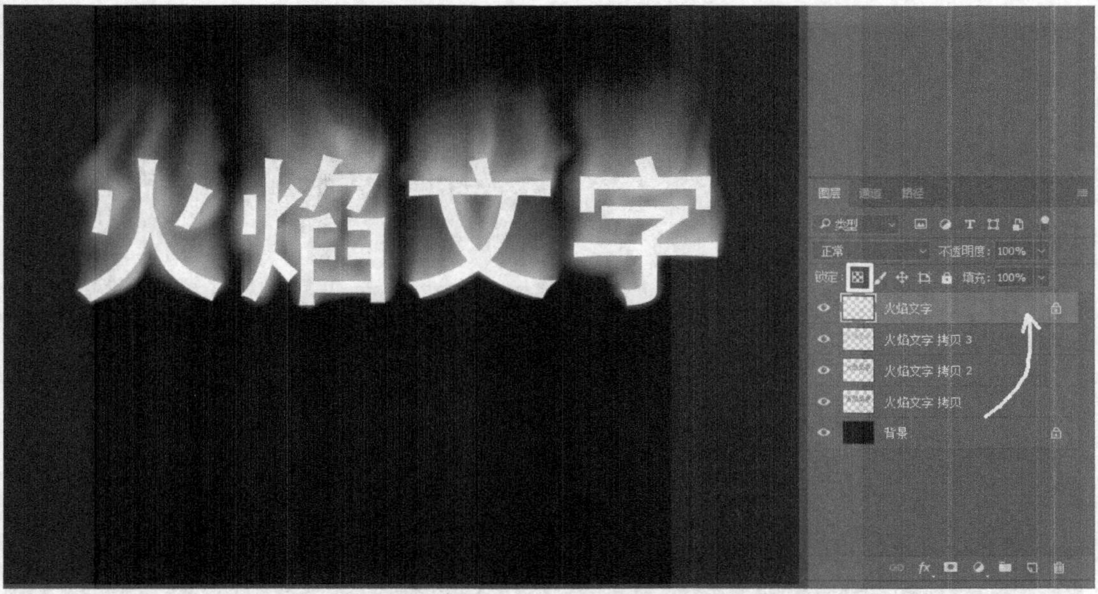

图 3-39　锁定透明像素

5）在工具箱中选择渐变工具，然后单击工具选项栏中的“点按可编辑渐变”图标，弹出“渐变编辑器”对话框，选择“黑，白渐变”，如图 3-40 所示。接着在图层“火焰文字”由上而下拖动出渐变效果，如图 3-41 所示。

图 3-40　编辑渐变

图 3-41　渐变效果

6）在“图层”面板上，设置图层“火焰文字”的混合模式为“亮光”，效果如图 3-42 所示。

图 3-42　设置亮光混合模式

7）在“图层”面板上，单击背景图层上的“指示图层可见性”图标，将背景图层隐藏，如图 3-43 所示。

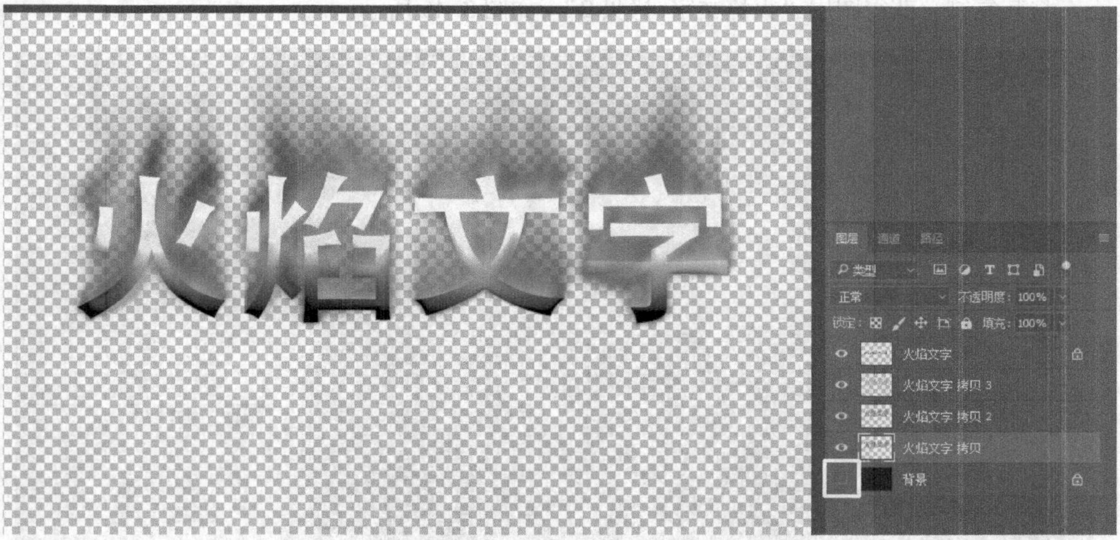

图 3-43　隐藏图层

8）执行菜单命令“图层”→“合并可见图层”（快捷键〈Shift+Ctrl+E〉），将可见图层合并，然后单击图层“背景”上的“指示图层可见性”图标将背景显示出来，如图 3-44 所示。

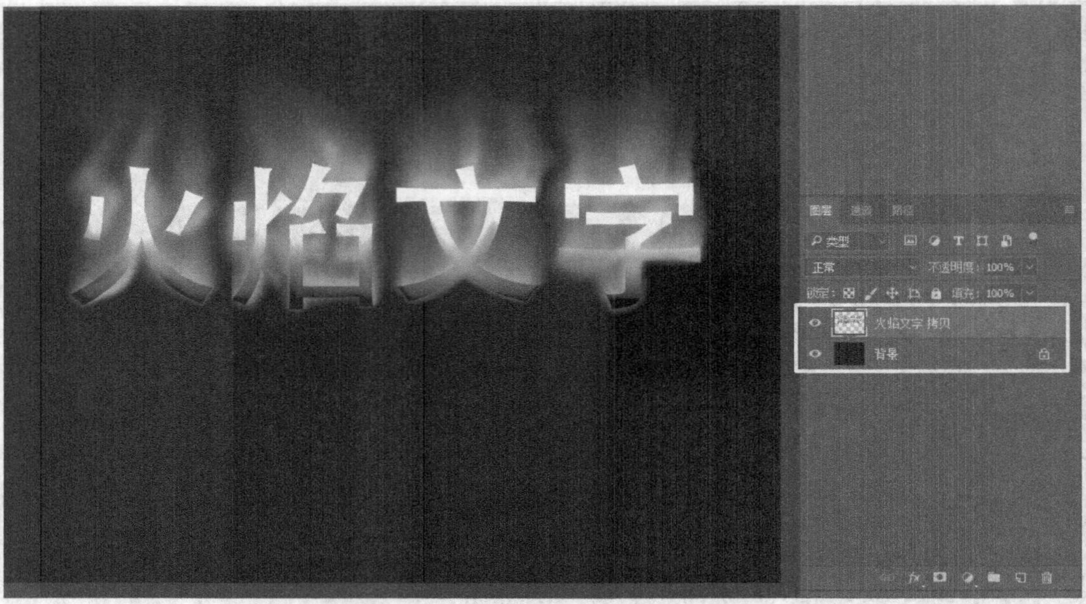

图 3-44　合并图层

3.2.6　制作倒影

1）在“图层”面板上，将“火焰文字 拷贝”图层拖到下方的“创建新图层”按钮上，将其复制，获得图层“火焰文字 拷贝 2”，如图 3-45 所示。

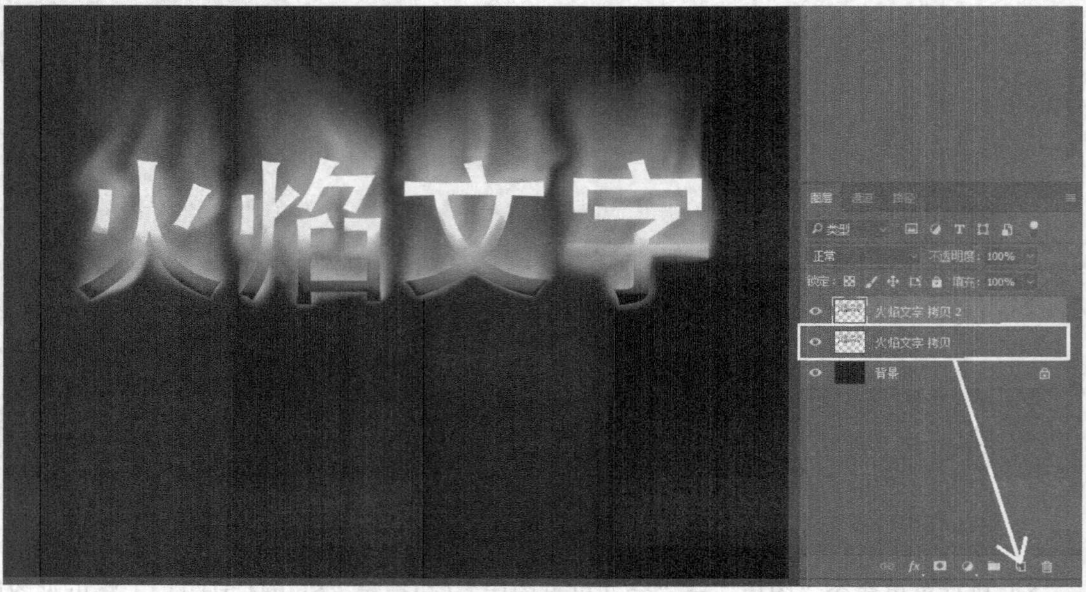

图 3-45　复制图层

2）在“图层”面板上选择图层“火焰文字 拷贝 2”，然后执行菜单命令“编辑”→

“变换”→“垂直翻转”，如图 3-46 所示。

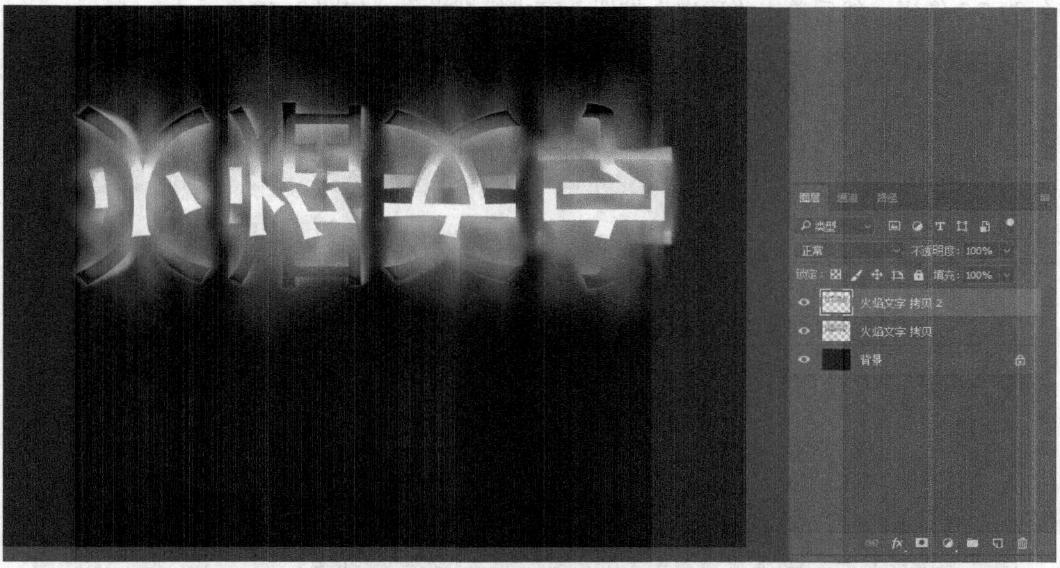

图 3-46　将图层垂直翻转

3）选择工具箱中的移动工具，按住〈Shift〉键的同时将图层“火焰文字 拷贝 2”往下方移动，效果如图 3-47 所示。

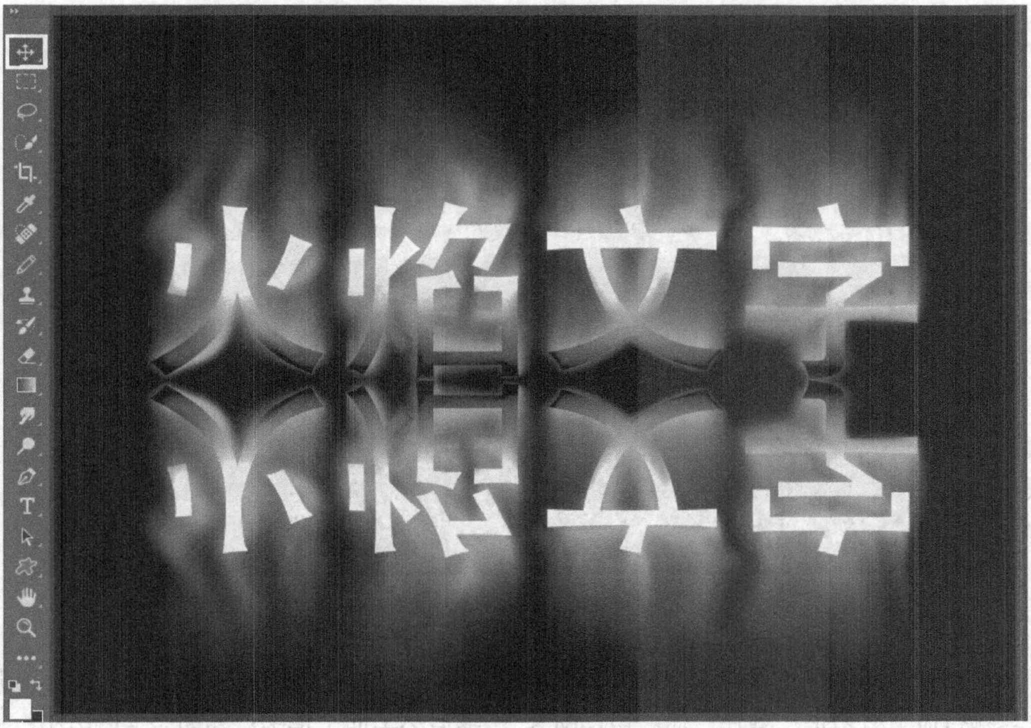

图 3-47　移动图层

4）执行菜单命令“滤镜”→“模糊”→“高斯模糊”，弹出“高斯模糊”对话框，设置半径为 7.2 像素，然后单击“确定”按钮，完成模糊操作，如图 3-48 所示。

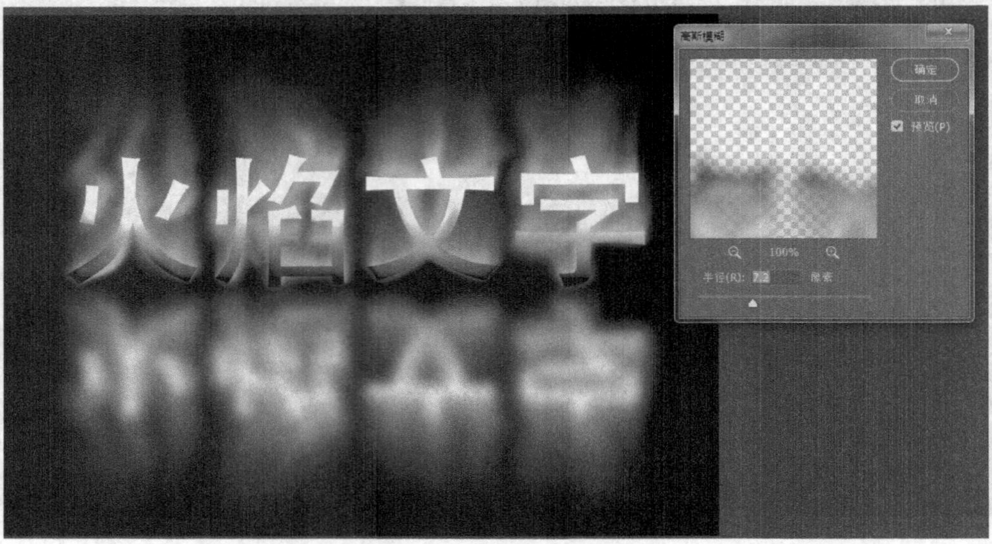

图 3-48　高斯模糊

5）在“图层”面板上，单击“添加图层蒙版”按钮，为图层“火焰文字 拷贝 2”创建一个蒙版，如图 3-49 所示。

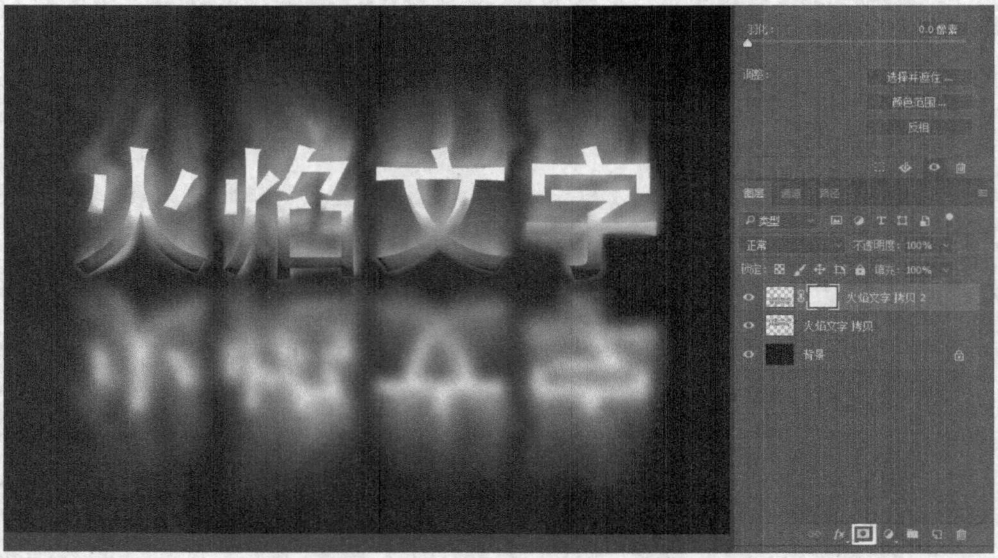

图 3-49　创建蒙版

6）选择工具箱中的渐变工具，然后单击工具箱中的“点按可编辑渐变”图标，弹出“渐变编辑器”对话框，选择“黑，白色渐变”，最后从上而下拖动，如图 3-50 所示，做出倒影效果，最终效果如图 3-51 所示。

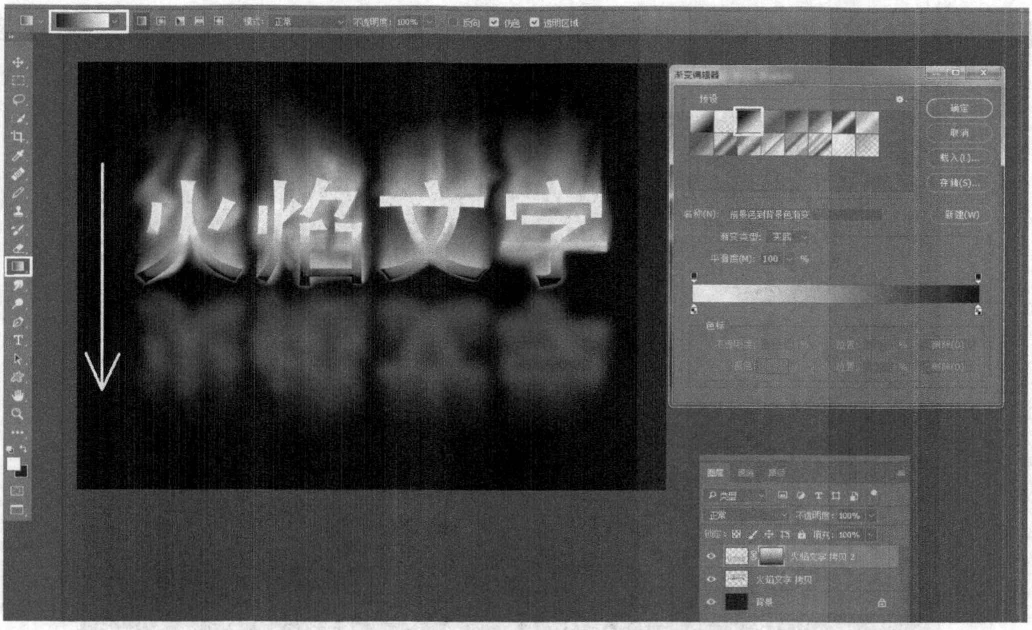

图 3-50　创建渐变效果

图 3-51　最终效果

3.3　实例应用：打造闪动立体文字特效

29 立体字制作

3.3.1　技术分析

本实例主要讲解如何制作具有立体感、闪动绚丽的文字特效。使用的工具主要有文本工具、渐变工具、模糊滤镜等，最终效果如图 3-52 所示，制作过程如图 3-53 所示。

图 3-52　案例效果

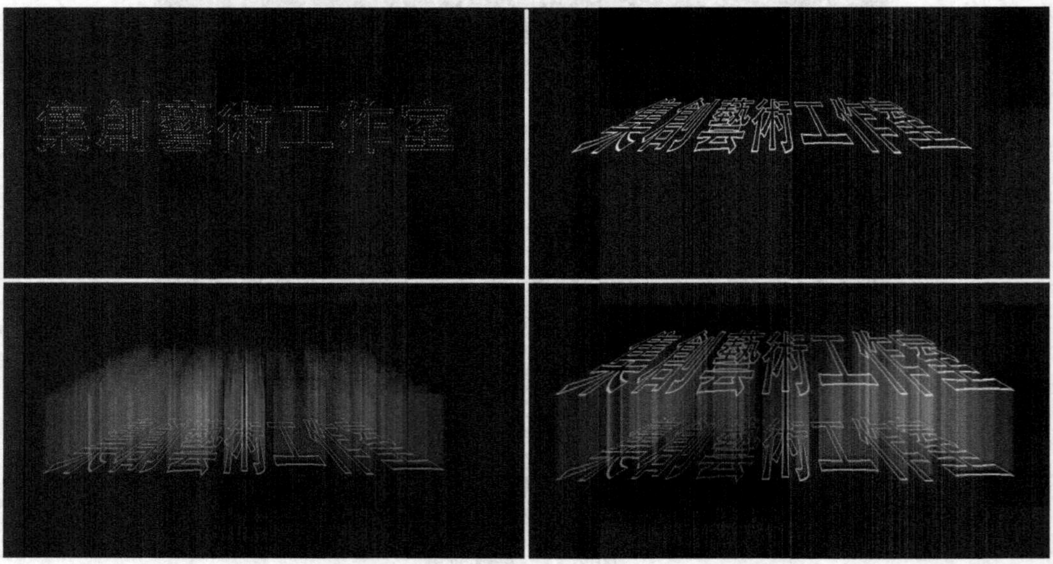

图 3-53　制作过程图

3.3.2　输入文字

1）运行 Photoshop 软件，执行菜单命令“文件”→“新建”（快捷键〈Ctrl+N〉），弹出“新建文档”对话框，设置宽度为 1900 像素，高度为 1200 像素，分辨率为 72 像素/英寸，然后单击“创建”按钮，完成文档创建，如图 3-54 所示。

图 3-54　创建新文档

2）按快捷键〈D〉，将前景色和背景色分别设置为默认的黑与白，然后选择工具箱中的油漆桶工具，在画布中单击，将其填充为黑，如图 3-55 所示。

图 3-55　填充黑色

3）选择工具箱中的横排文字蒙版工具▣，在绘图区中输入“集创艺术工作室”文字，并在工具选项栏中设置字体为黑体，字号为 202 点，如图 3-56 所示。

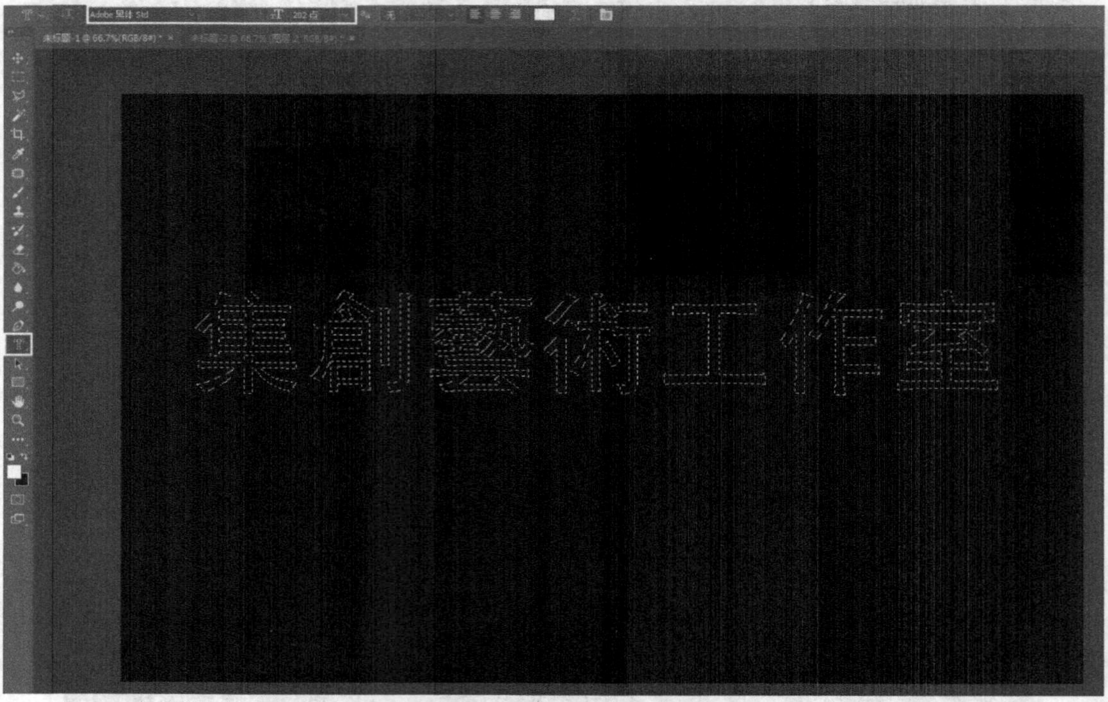

图 3-56　使用横排文字蒙版工具

4）执行菜单命令“图层”→“新建”→“图层”，弹出“新建图层”对话框，设置名称为“文字描边”，如图 3-57 所示。

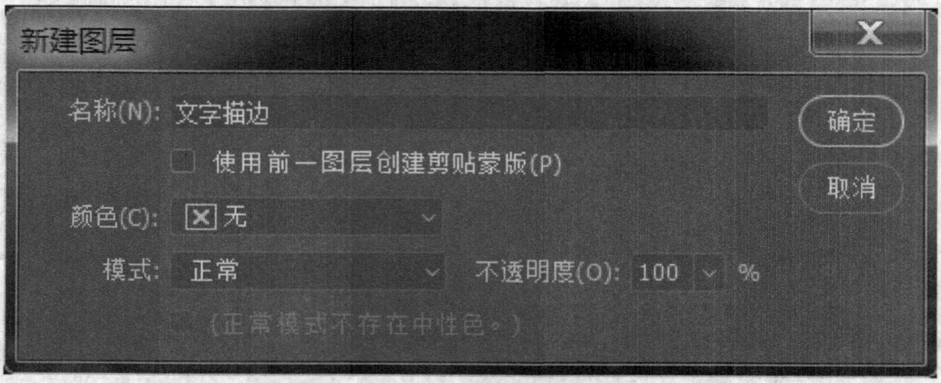

图 3-57　创建新图层

5）执行菜单命令“编辑”→“描边”，弹出“描边”对话框，设置颜色为白色，宽度为 3 像素，位置为“居外”，然后单击“确定”按钮，如图 3-58 所示。

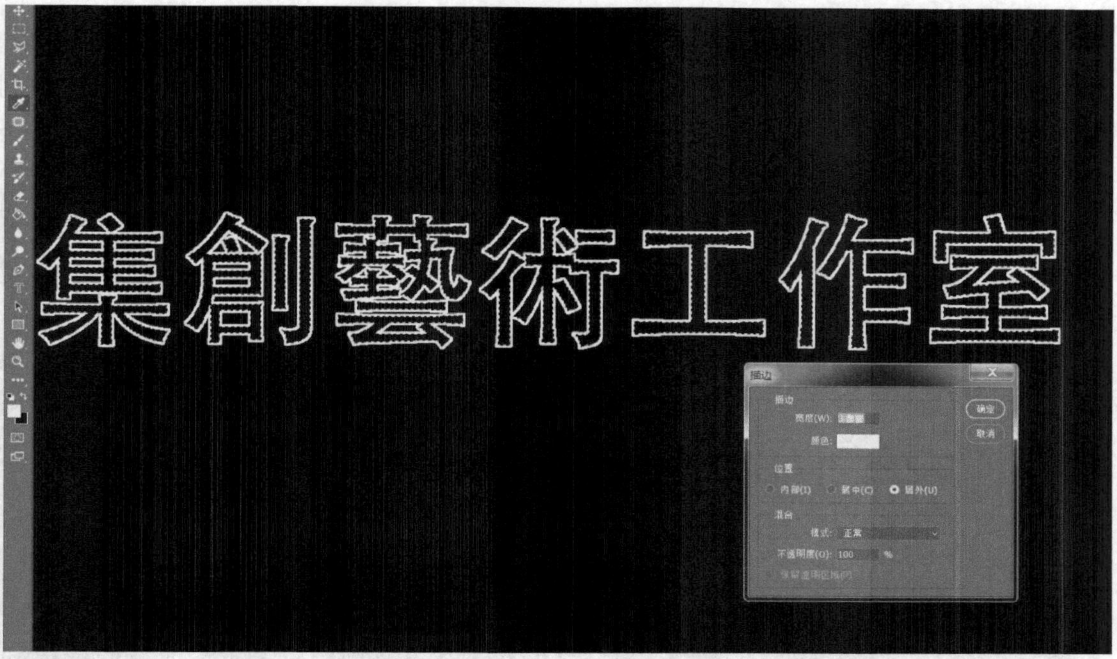

图 3-58　描边

6）在“图层”面板上选中“文字描边”图层，然后执行菜单命令“编辑”→“变换”→“透视”，将文字调整成图 3-59 所示的形状。

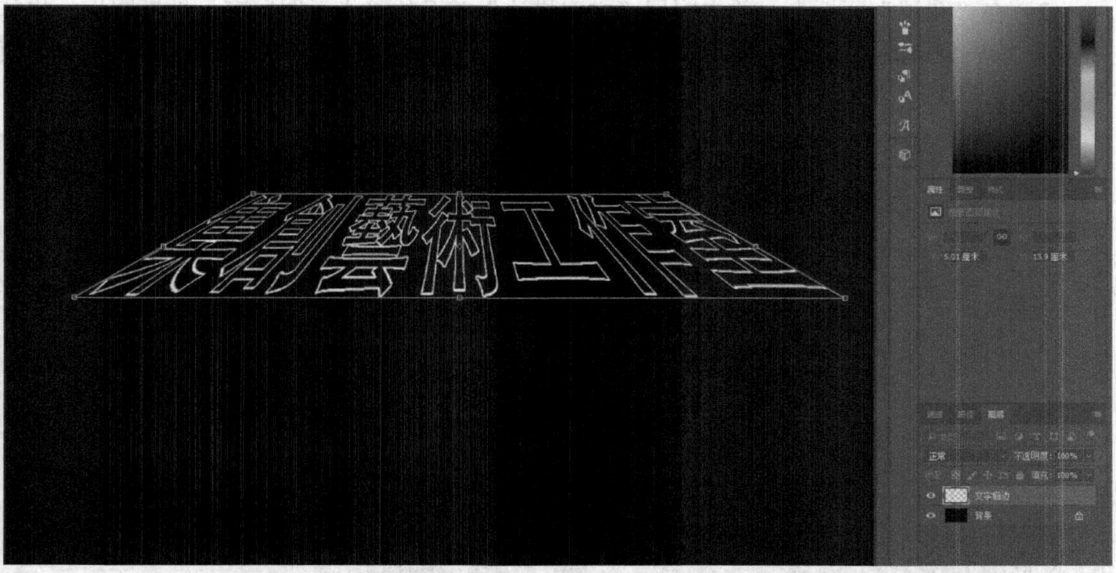

图 3-59　透视

3.3.3 精彩颜色设置

1）在“图层”面板上，选择“文字描边”图层并拖动到“创建新图层”按钮上，复制获得“文字描边 拷贝”图层，如图 3-60 所示。

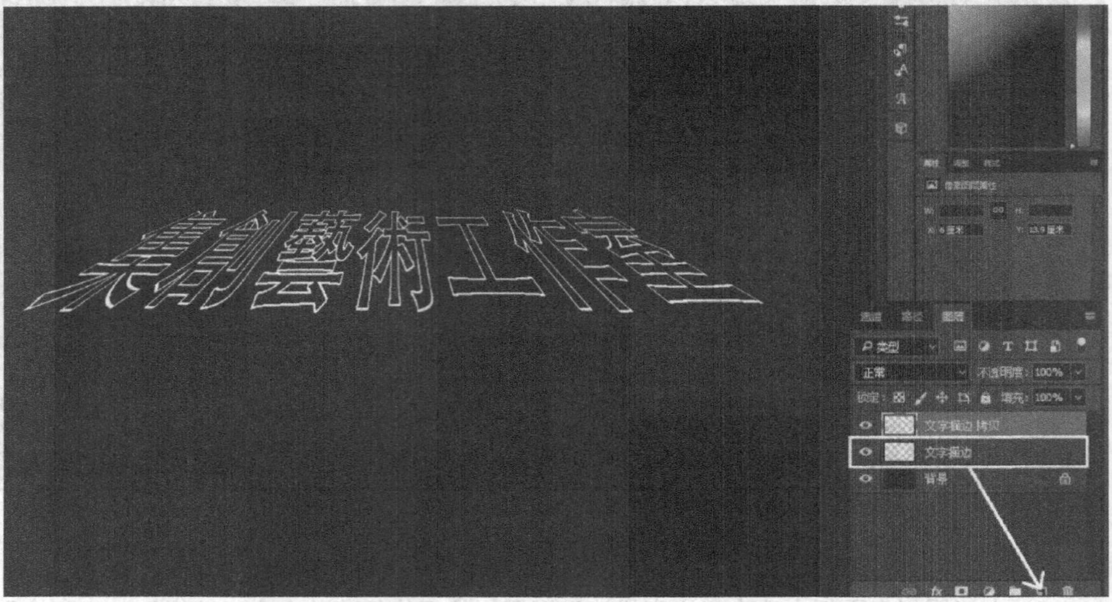

图 3-60　复制图层

2）在“图层”面板上，单击图层“文字描边”前面的“指示图层可见性”图标，将其隐藏，然后选择图层“文字描边 拷贝”，执行菜单命令“滤镜”→“模糊”→“动感模糊”，设置角度为 90 度，距离为 278 像素，如图 3-61 所示。

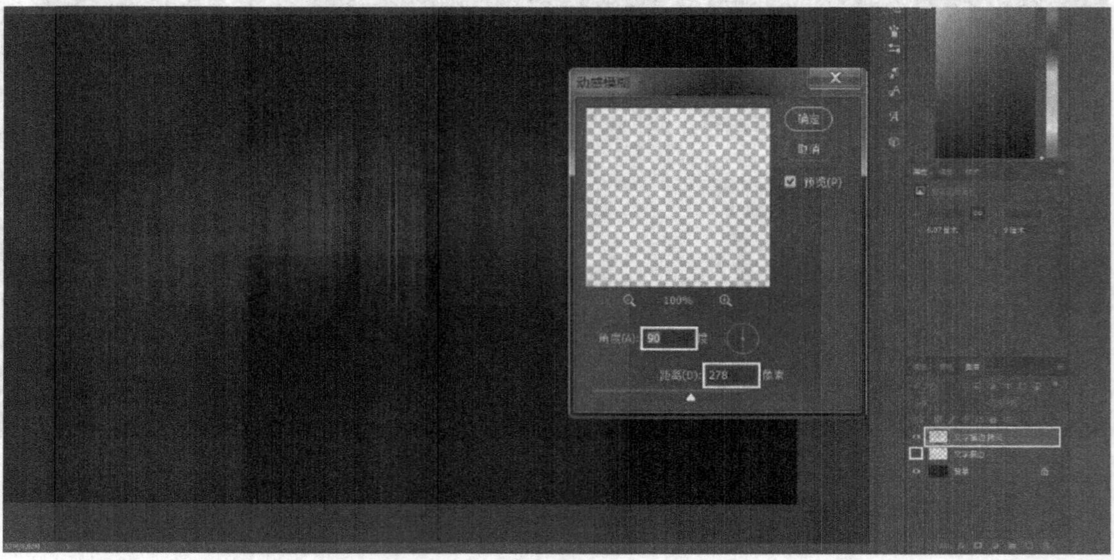

图 3-61　动感模糊

3）在“图层”面板上，将图层“文字描边 拷贝”拖动到“创建新图层”按钮上，复制获得图层“文字描边 拷贝 2”，如图 3-62 所示。

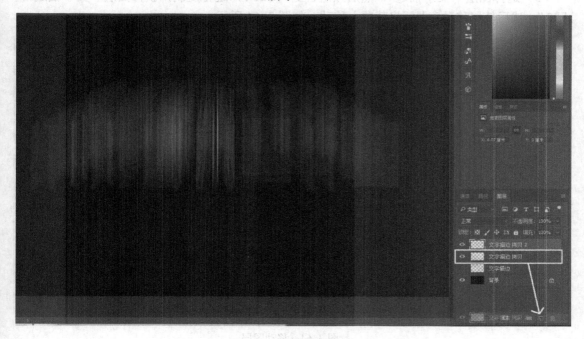

图 3-62　再次复制图层

4）在“图层”面板上单击图层“文字描边”前的“指示图层可见性”图标，将隐藏的图层显示出来，如图 3-63 所示。

图 3-63　显示图层

5）选择图层“文字描边”，然后按组合键〈Ctrl+J〉进行复制，获得图层“文字描边 拷贝 3”，然后使用移动工具将其向上移动，如图 3-64 所示。

图 3-64　移动图层

6）执行菜单命令“图层”→“新建”→“图层”，弹出“新建图层”对话框，设置名称为“渐变颜色”，然后单击“确定”按钮，如图 3-65 所示。

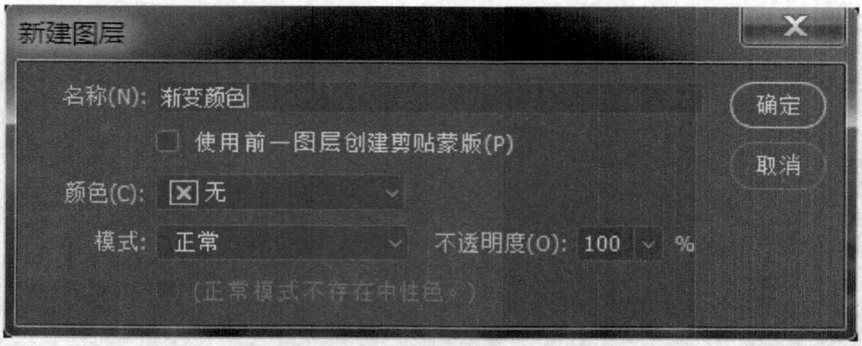

图 3-65　创建新图层

7）选择工具箱中的渐变工具，然后在工具选项栏中单击“点按可编辑渐变”图标，选择“透明彩虹渐变”，如图 3-66 所示，然后在图层“渐变颜色”上拖动出渐变效果，如图 3-67 所示。

8）选择图层“渐变颜色”，将图层混合模式设置为“叠加”，如图 3-68 所示，完成全例制作，最终效果如图 3-69 所示。

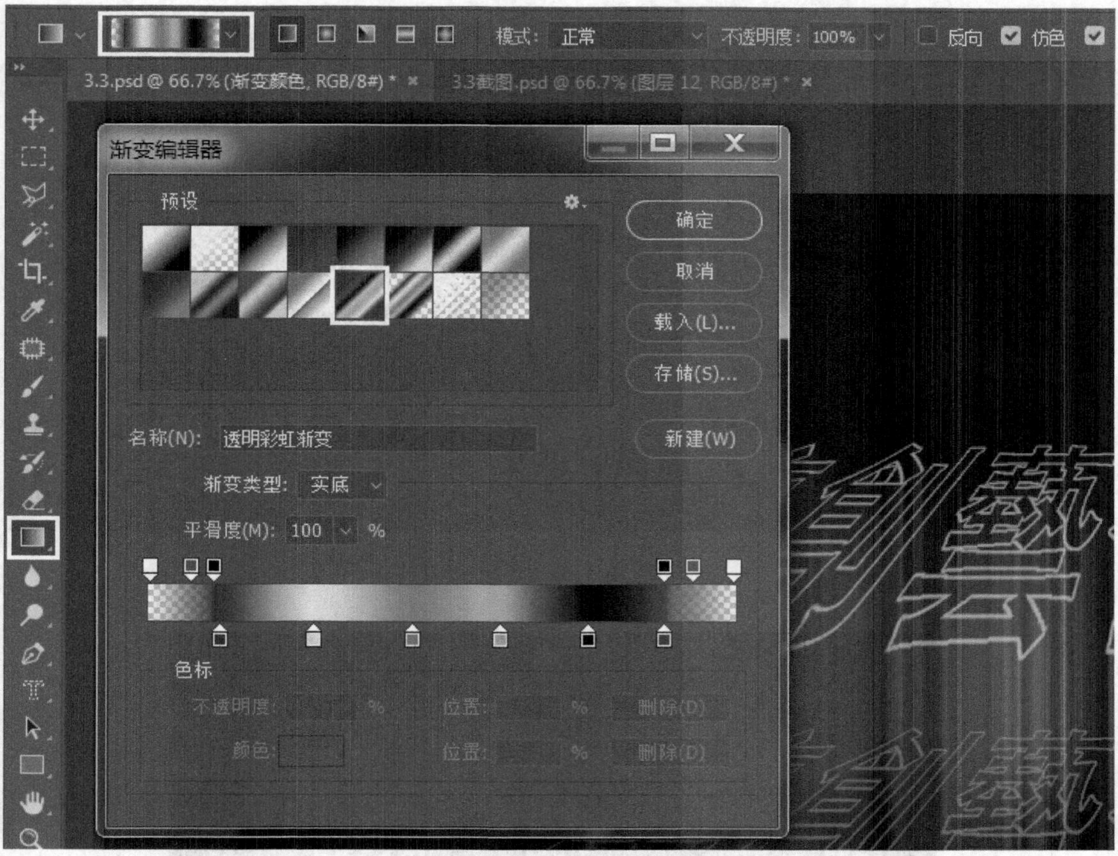

图 3-66　创建渐变效果

图 3-67　渐变效果

图 3-68　叠加

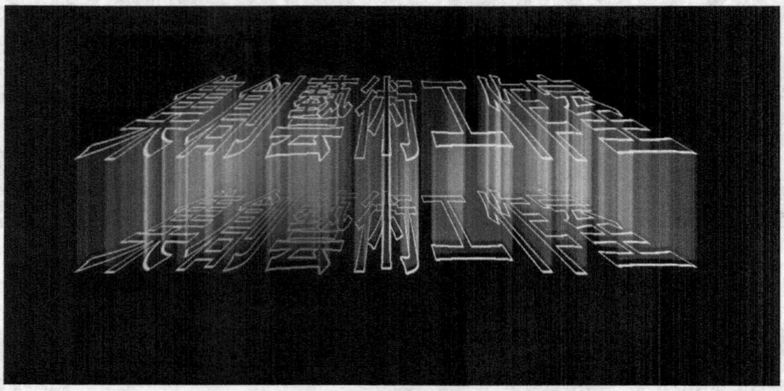

图 3-69　最终效果

第4章　图　　层

本章要点

- 图层的概念和图层管理
- 图层样式和图层蒙版
- 图层及图层样式实例应用

4.1　什么是图层

4.1.1　图层的概念

图层是 Photoshop 中非常重要的角色，通过运用图层可以简便地实现各种图像编辑和绘制。图层是构成图像的一个一个的层，就像画着各种图案的一张张透明纸，叠放在一起形成一个完整的图像。每个图层都可以独立编辑，相互之间不影响。多个图层又可以通过各种模式混合在一起，构成多姿多彩的效果。下面举例说明图层的概念。

图 4-1 是由两个图层构成的图像，第一个图层是人物，第二个是背景。对这个图像的两个图层分别进行编辑都将不会影响另外一个图层的图像。

图 4-1　人物和背景

隐藏“人物”图层，单独显示“背景”图层，如图 4-2 所示。

图 4-2　单独显示“背景”图层

隐藏“背景”图层，单独显示“人物”图层，如图 4-3 所示。两个图层都显示出来的图像如图 4-4 所示。从图 4-5 所示图层透视图中，可以清晰地看到两个图层之间的关系。

图 4-3　单独显示“背景”图层

图 4-4　显示两个图层

图 4-5　图层透视图

4.1.2　认识“图层”面板

对图层进行操作，首先要找到“图层”面板。“图层”面板是 Photoshop 中最为常用的浮动面板之一，熟练运用“图层”面板可以大大地提高使用效率。

Photoshop 中“图层”面板默认在界面右下方，如果“图层”面板未被显示出来，可以执行“窗口”→“图层”菜单命令将“图层”面板显示出来。“图层”面板的功能简介如图 4-6 所示。

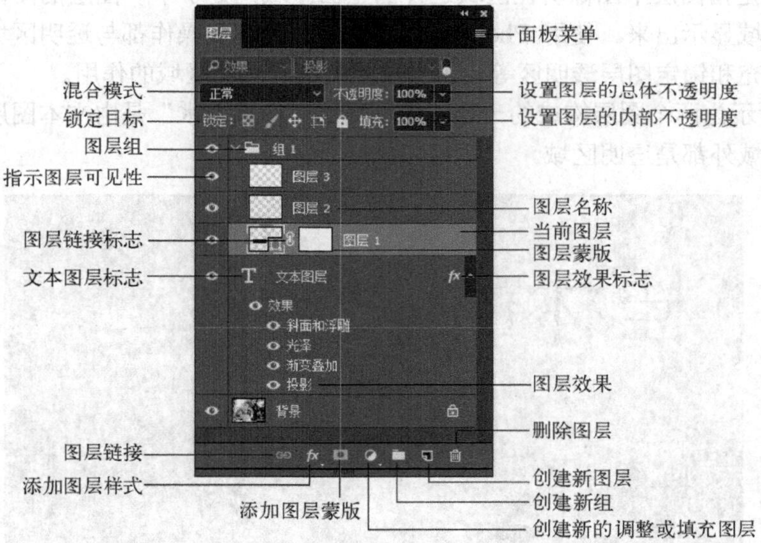

图 4-6　“图层”面板的功能简介

4.1.3　背景图层与透明区域

1．背景图层

每新建一个 Photoshop 文件时，“图层”面板中会自动创建一个背景图层。一幅图像只有一个背景，它是位于最底层的被锁定图层，用户无法更改背景图层的堆叠顺序、混合模式和不透明度。但是，可以将背景转换为常规图层。将背景转换为常规图层的方法是在“图层”面板中双击“背景”图层，在弹出的“新建图层”对话框中单击“确定”按钮，如图 4-7 所示。

图 4-7　解锁背景

2．透明区域

透明区域是指图层中图像所在区域之外的空白区域，处于下一图层的图像可以通过上一图层的透明区域显示出来。使用 Photoshop 编辑图像的许多操作都与透明区域有关，例如沿图像描边、填充和锁定图层透明区等。下面以实例演示透明区域的作用。

图 4-8 所示为两个图层构成的一个图像，图层“桂林山水”是由文本图层栅格化后得到的，除文字区域外都是透明区域。

图 4-8　两个图层构成的图像

此时如果直接使用渐变工具对图层“桂林山水”填充渐变色，整个图层都将被填充渐变色。若锁定图层“桂林山水”的不透明区域（如图 4-9 所示），再对该图层进行填充，则被填充的部分只是可显示的文字区域，如图 4-10 所示。

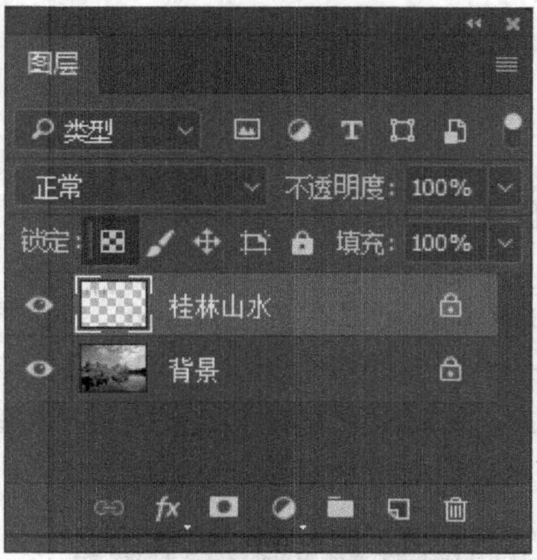

图 4-9　锁定图层的不透明区域

图 4-10　填充后的效果

4.1.4　图层管理

1．创建图层

创建普通图层的方法有以下 3 种。

- 创建一个文件后找到“图层”面板，单击右下角的“创建新图层”按钮，如图 4-11 所示。
- 执行菜单命令“图层”→“新建”→“图层”命令。
- 按快捷键〈Ctrl+Shift+N〉。

图 4-11　新建普通图层

2．复制图层

复制图层的常见方法有如下两种。

● 将需要复制的图层拖到“创建新图层”按钮上，如图 4-12 所示。

● 选中需要复制的图层，按快捷键〈Ctrl+J〉。

3．调层叠放次序

调整图层叠放次序的方法有以下两种。

● 执行“图层”→“排列”命令移动图层。

● 在“图层”面板用鼠标直接拖动图层至目标位置。

4．链接图层

首先选择需要链接的图层。如果选择的是连续的图层，可以在按住〈Shift〉键的同时分别选中要链接图层的最顶层和最底层；如果选择的是不连续的多个图层，可以按住〈Ctrl〉键选中需要链接的所有图层。选中图层后单击“图层”面板左下方的“链接图层”按钮即可链接图层，如图 4-13 所示。再次单击“链接图层”按钮则取消链接。

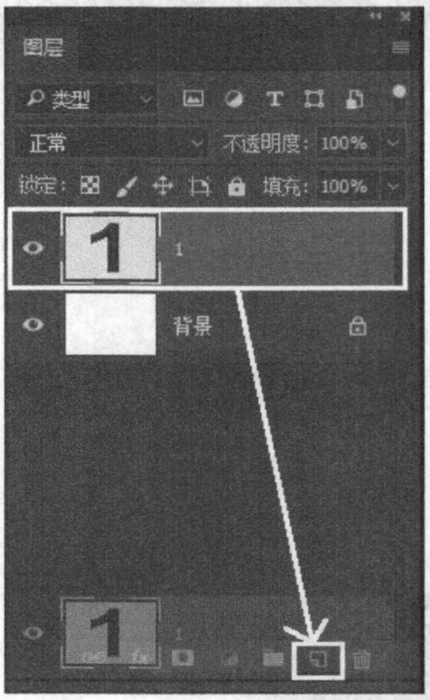

图 4-12　复制图层

图 4-13　链接图层

5．创建和删除图层组

图层组可以帮助用户组织和管理图层，对一些图层进行统一编辑和管理，在提高操作效率的同时，减少“图层”面板中的混乱。创建图层组的方法有以下两种。

● 单击“图层”面板下方的“创建新组”按钮，在“图层”面板顶层将创建一个组，把需要归为一组的所有图层拖动到这个组中即可，如图 4-14 所示。

● 同时选中需要归为一组的所有图层，按快捷键〈Ctrl+G〉。

删除图层组的方法是：用鼠标右键单击需要删除的组，在弹出的快捷菜单中选择“删除组”命令，可以选择删除组和内容或仅删除组。

6．删除图层

删除图层通常使用以下两种方法。

● 将需要删除的图层拖动至“图层”面板下方的“删除图层”按钮上，如图 4-15 所示。

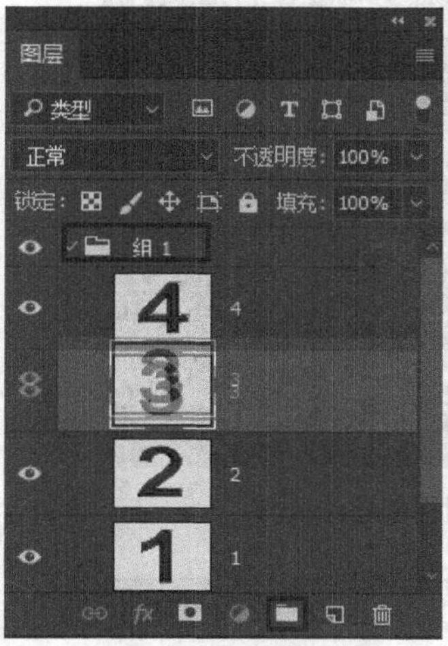

图 4-14　创建图层组

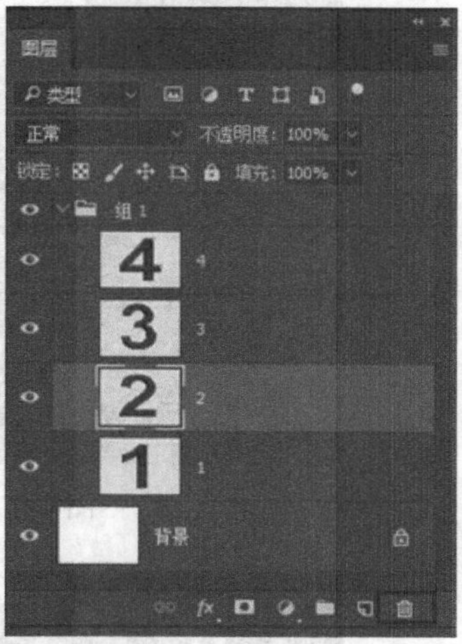

图 4-15　删除图层

● 选中需要删除的图层，然后按〈Delete〉键即可。

4.1.5　图层类型

Photoshop 中的图层分为多种类型，熟练掌握各种类型的图层才能使图像的制作更得心应手。

1．普通图层

普通图层是最为常见和常用的图层，用于实现 Photoshop 的大部分功能。通常，使用普通方式所创建的图层就是普通图层。

2．填充图层和调整图层

填充图层可以在当前图层添加颜色，可以是纯色、渐变色或图案形式的颜色。此图层的效果相当于渐变工具和油漆桶工具的操作效果。

调整图层用于调整图像的色彩，此图层的效果相当于执行“图像”→“调整”中各项菜单命令的操作效果。

填充图层和调整图层的创建方法为：单击“图层”面板下方的“创建新的填充或调整图层”按钮，在弹出的菜单中选择填充或调整的一项操作，如图 4-16 所示。选中某个选项后，在新弹出的对话框中设置效果。设置完后，如果所新建的图层类型为填充图层，单击“确定”按钮完成创建，如图 4-17 所示；如果所创建的图层类型为调整图层，关闭对话框完成创建，如图 4-18 所示。

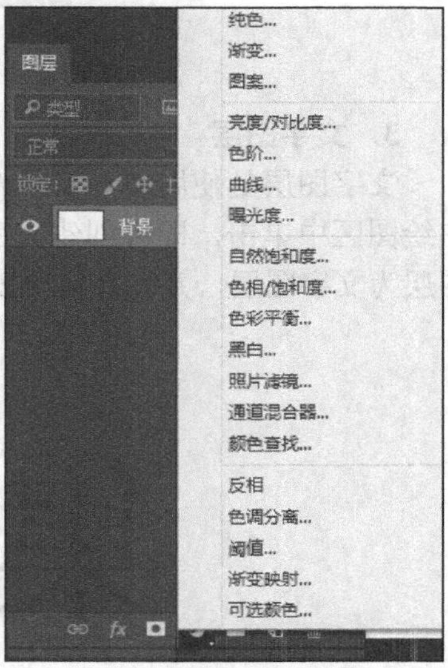

图 4-16　新建填充或调整图层

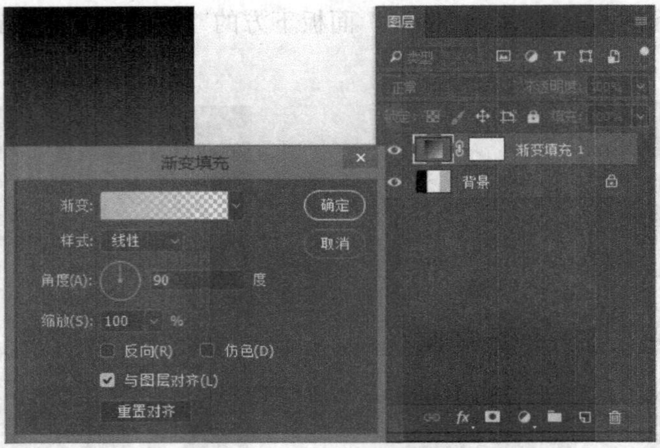

图 4-17　完成填充图层创建

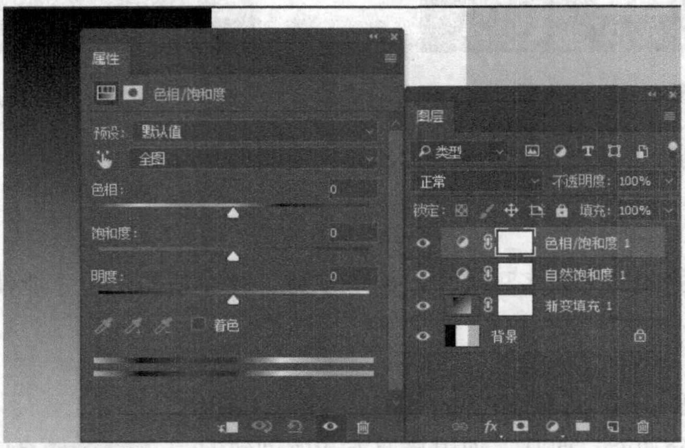

图 4-18　完成调整图层创建

3．文字图层

文字图层是使用文本工具输入文字后产生的图层。在工具箱中选择横排文字工具，然后在绘图区中单击，即可创建文字图层。在文字图层缩览图上会有一个“T”字母，表示当前图层为文字图层，并且会自动按照输入的文字命名图层，如图 4-19 所示。

图 4-19　创建文字层

使用文本工具选中文字后可以对文字进行编辑，还可以通过文本工具选项栏中的各项自定义文字的字体、大小、颜色等，如图 4-20 所示。

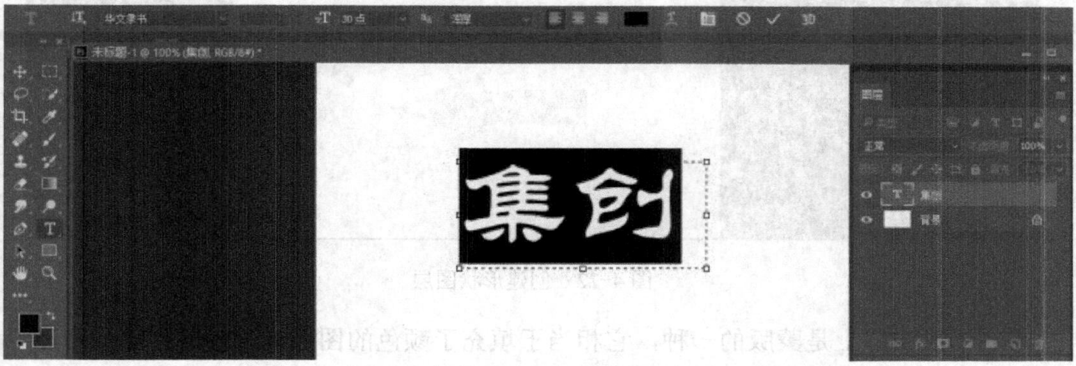

图 4-20　文本工具选项栏

有一些命令是不能对文字图层直接执行的，如“填充”“描边”等。若要对文字图层执行这些命令，首先要把文字图层转为普通图层，方法是：右键单击文字图层，在弹出的快捷菜单中选择“栅格化文字”命令，如图 4-21 所示。

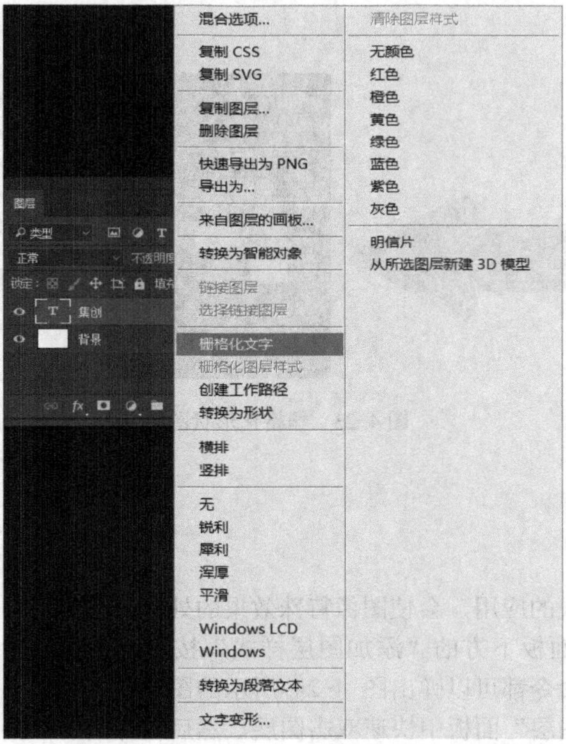

图 4-21　栅格化文字

4．形状图层

形状图层是 Photoshop 中绘制形状使用的图层。使用形状工具时选择形状工具选项栏中的“形状层”，然后在绘图区内绘制形状，就会自动生成一个形状图层，如图 4-22 所示。

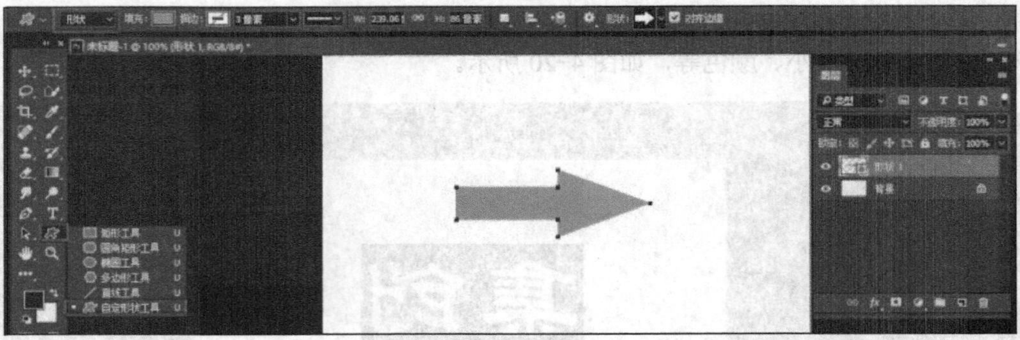

图 4-22　创建形状图层

形状图层实际上是蒙版的一种，它相当于填充了颜色的图层从蒙版区创建一个图形区域，图形区域的颜色被显示出成为绘图区的图形。用户可以像编辑一般路径那样调整其节点位置和平滑效果，也可以对图形蒙版设置相应的混合模式。和文字图层一样，“填充”“描边”等一些命令是不能直接对形状图层直接执行的，如果要进行这些编辑，首先要把形状图层转换成普通图层，方法是右键单击形状图层，在弹出的快捷菜单中选择“栅格化图层”命令，如图 4-23 所示。

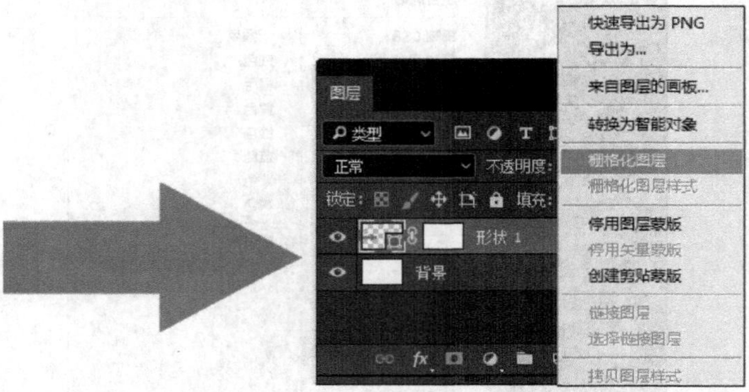

图 4-23　栅格化形状图层

4.2　图层样式

熟练掌握图层样式的应用，会使图像特殊效果的处理变得更得心应手。单击“图层”面板下方的“添加图层样式”按钮或执行“图层”→“图层样式”命令都可以弹出图 4-24 所示的图层样式列表。更简单的方法是在“图层”面板中快速双击图层，然后在弹出的“图层样式”对话框中进行设置。“图形样式”对话框如图 4-24 所示。

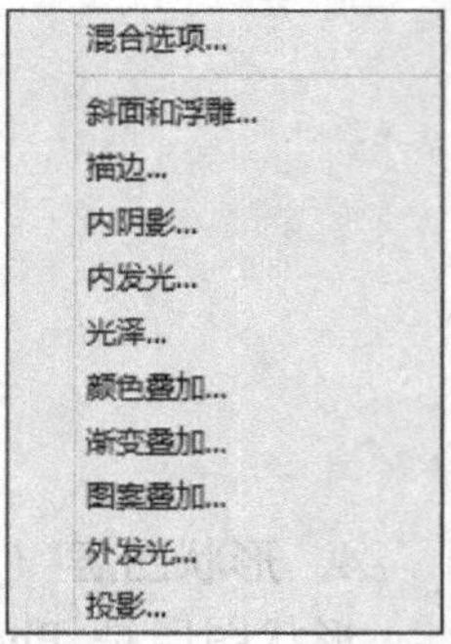

图 4-24　图层样式列表

“图层样式”对话框的左侧是各种样式，勾选任意样式可以给图层添加该样式效果。“图层样式”对话框“混合选项”选项组、“高级混合”选项组中的各种参数用于调整图层的混合模式和填充不透明度等。

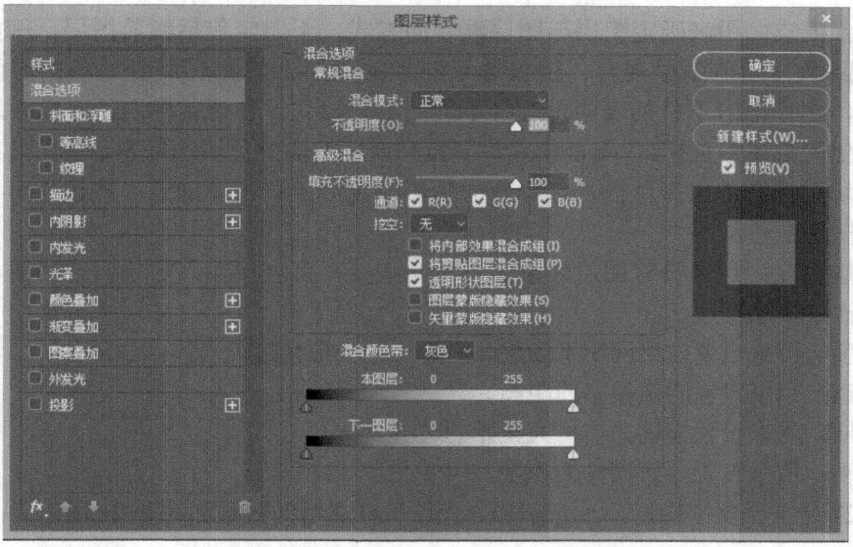

图 4-25 “图层样式”对话框

4.2.1 “投影”与“内阴影”样式

1.“投影”样式

双击图层，弹出“图层样式”对话框，勾选“投影”复选框，可以看到图 4-26 所示的界面。勾选“投影”样式后，会在图层的后面创建一个有一定偏移量的“影子”。这个“影子”的轮廓是依照层的内容创建的，用户可以通过更改设置调整投影样式。

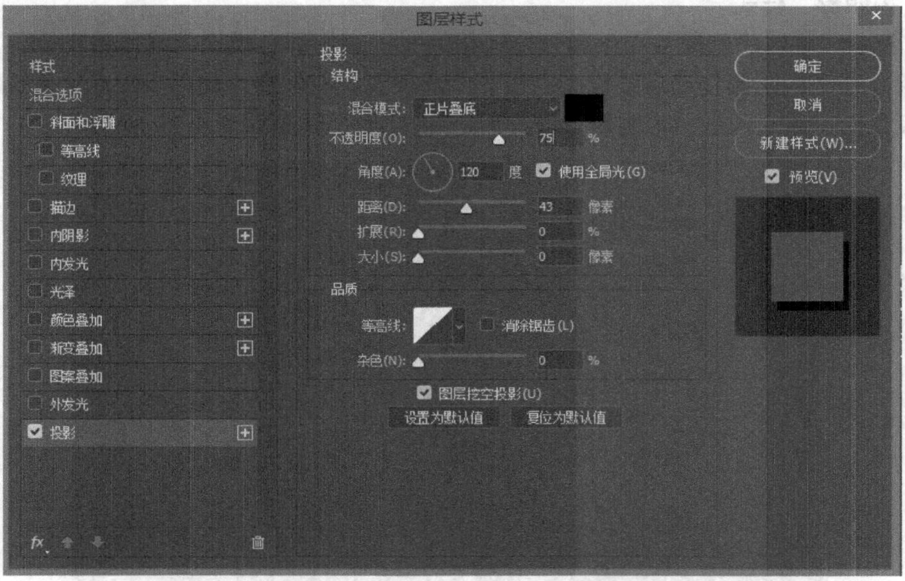

图 4-26 “投影”选项设置

“投影”界面中主要选项的说明如下。

● 混合模式：用来确定图层与图层混合的方式，不一定包括当前图层。例如，可以让内阴影与当前图层混合，但投影只与当前图层下的图层混合。单击右侧的下拉按钮，在弹出的下拉列表中可选择不同的混合模式。在通常情况下，软件默认的模式产生的效果最理想。“混合模式”下拉列表框右侧的色块图标表示阴影的颜色。单击色块图标会弹出调色板，选择新的阴影颜色后，单击“确定”按钮就可以更换成新的阴影颜色。
● 不透明度：用来设置图层效果的不透明程度，可直接输入数字，或用鼠标拖动滑块来改变不透明度。
● 角度：用来设置效果应用于图层时所采用的光照角度。
● 距离：用来设置阴影偏移的距离。
● 扩展：用来设置模糊之前扩大投影的边界。
● 大小：用来设置阴影模糊的程度。

图 4-27 是一个文字图层，给它添加“投影”样式后的效果如图 4-28 所示。

图 4-27 文字层

图 4-28 “投影”样式效果

2. “内阴影”样式

“内阴影”样式的效果与“投影”样式相类似，它们都是模拟光线照射在物体上产生的光影效果。在“内阴影”选项设置或“投影”选项设置时勾选“使用全局光”复选框，会使光照角度保持一致。勾选“内阴影”样式后，“内阴影”界面如图 4-29 所示。

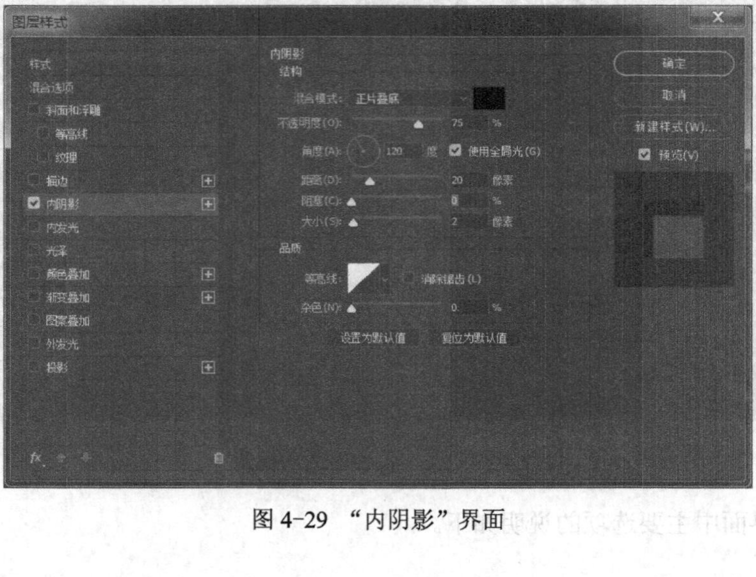

图 4-29 “内阴影”界面

● 阻塞：模糊之前收缩内阴影的边界。“内阴影”样式和“投影”样式很相似，不同的是，“内阴影”样式是在图像的内部添加阴影，“投影”样式是在图像的外部添加阴影，表现出的立体感不同。给文字添加“内阴影”样式后的效果如图 4-30 所示。

图 4-30 “内阴影”样式效果

4.2.2 “外发光”与“内发光”样式

1. “外发光”与“内发光”样式

“外发光”和“内发光”样式就是给图像的外侧或内侧添加发光的效果。“外发光”界面和“内发光”界面如图 4-31 和图 4-32 所示。

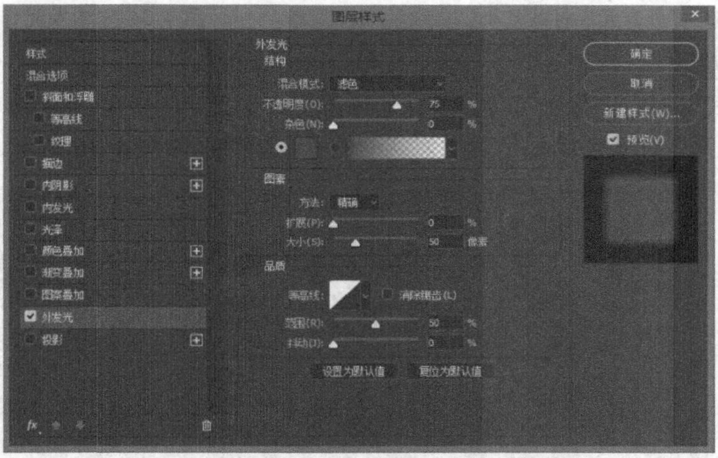

图 4-31 “外发光”界面

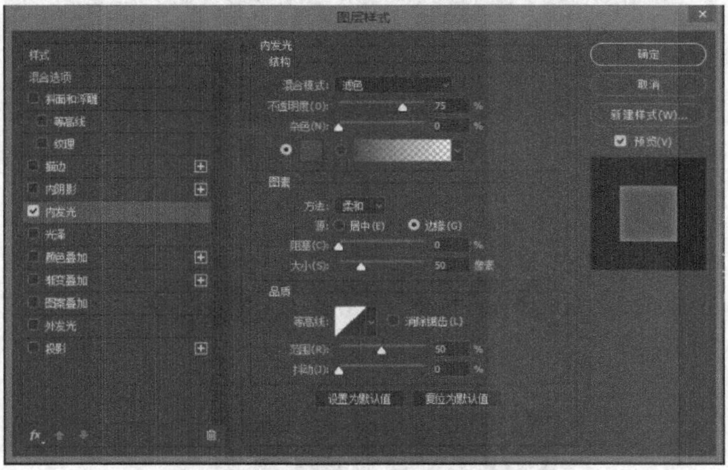

图 4-32 “内发光”界面

“外发光”界面和“内发光”界面中的主要选项说明如下。

● 方法：指柔化蒙版的方法。在下拉列表中可选择“柔和”或“精确”两个选项。

● 范围：控制发光的范围。

● 抖动：使渐变的颜色和透明度自由随机化。

“外发光”效果和“内发光”效果如图 4-33 和图 4-34 所示。

图 4-33 “外发光”样式效果

图 4-34 “内发光”样式效果

2.“光泽”样式

“光泽”样式可以在图像上填色，并在边缘部分产生柔化的效果。“光泽”界面如图 4-35 所示。添加“光泽”样式后图像呈现类似绸缎的平滑效果，如图 4-36 所示。

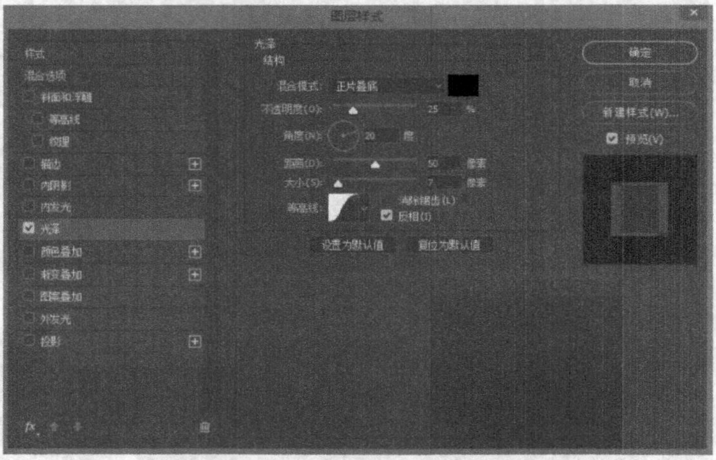

图 4-35 “光泽”界面

图 4-36 “光泽”样式效果

4.2.3 “斜面和浮雕”样式

“斜面和浮雕”样式可以在图像上产生立体效果，让图像看起来有立体感。它集“内阴影”和“内发光”样式的效果于一身，是设计中常运用到的样式。“斜面和浮雕”界面如图 4-37 所示。

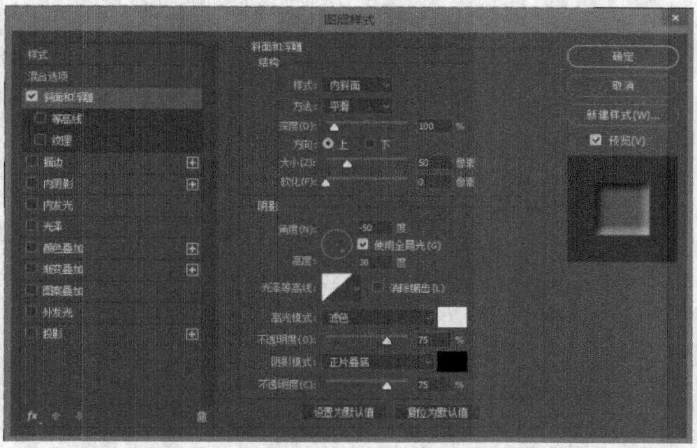

图 4-37 “斜面和浮雕”界面

“斜面和浮雕”界面中的主要选项，说明如下。

- 深度：指定斜面深度，此深度是一个比值，它还指定图层的深度。
- 方向：“上”和“下”单选按钮用来改变高光和阴影的位置。
- 软化：模糊“阴影”以免效果过于刻意。
- 高度：用来设置立体光源的高度。
- 光泽等高线：创建类似金属表面的光泽，并在遮蔽斜面或浮雕后应用。
- 高光模式：“阴影”选项组中的“高光模式”下拉列表框用来设置高光部分的作用模式、高光部分的颜色和透明度。
- 阴影模式：用来设置阴影部分的作用模式、颜色和透明度。

在“样式”下拉列表中共有 5 种模式供选择，分别为“外斜面”“内斜面”“浮雕效果”“枕状浮雕”和“描边浮雕”。

图 4-38 是给图像添加“斜面和浮雕”样式后的效果。

图 4-38 “斜面和浮雕”样式效果

将各种样式效果合起来完成一个设计元素后，为了方便其他图像使用相同的图层效果，可以将其保存在“样式”面板中随时调用。保存的方法是单击“图层样式”对话框的“新建样式”按钮。单击左上角的“样式”会出现已保存的样式，如图 4-39 所示。执行“窗口”→“样式”菜单命令同样也可以调用已保存的样式。

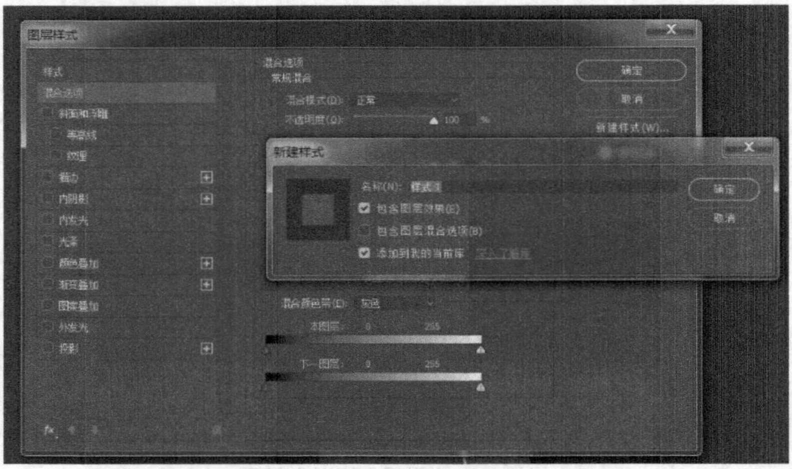

图 4-39　保存样式

4.2.4　图层蒙版

28 绘制精美的手镯

图层蒙版可以理解为在当前图层上面覆盖一层玻璃片，这种玻璃片的颜色分透明的和黑色不透明的两种，透过前者可以显示图层，透过后者的图像被隐藏。用户可以用各种绘图工具在蒙版上涂色，涂黑色的地方蒙版变为透明，可看到当前图层的图像；涂灰色则使蒙版变为半透明，透明程度由涂色的灰度深浅决定。

单击“图层”面板下方的“添加图层蒙版”按钮，可以创建图层蒙版，如图 4-40 所示。

下面用一个实例来说明图层蒙版的作用。图 4-41 是由两个图层组成的空中楼阁图像，两个图层的图像过渡很不自然，画面显得很不协调，这个时候就可以通过给图层“楼阁”添加蒙版来解决这个问题。

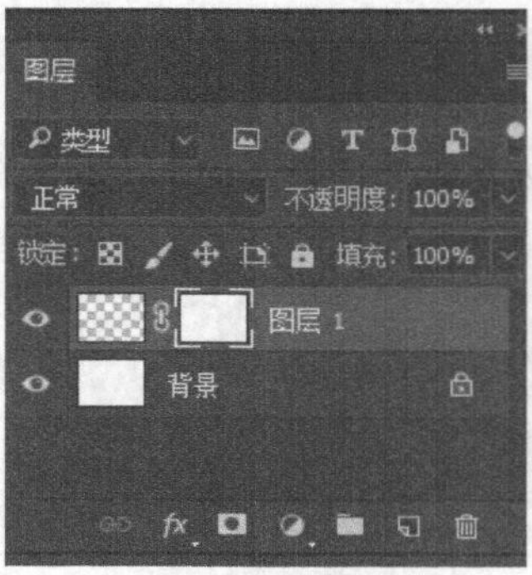

图 4-40　创建图层蒙版

图 4-41　楼阁和天空

给图层“楼阁”添加一个蒙版，然后选择渐变工具为图层蒙版添加渐变色，使楼阁的下方和背景显得更加协调，如图 4-42 所示。

图 4-42　使用蒙版

4.3　案例应用：打造绚丽的霓虹灯效果

4.3.1　技术分析

本实例的学习重点是对图层样式的调整，以及栅格化文字、滤镜等功能的运用。

本节以制作绚丽的霓虹灯效果为例，调整色阶、色相/饱和度，对文字进行栅格化，再使用软件的滤镜功能，制作出光，运用图层样式制作出灯的效果，最终打造出绚丽的霓虹灯效果。最终效果如图 4-43 所示，制作过程如图 4-44 所示。

图 4-43　最终效果

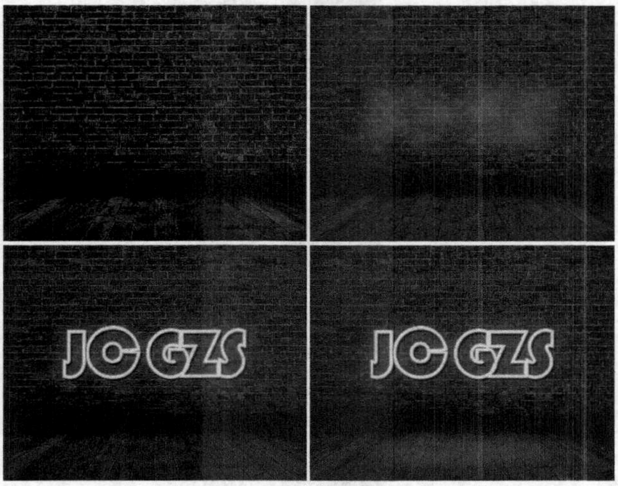

图 4-44　制作过程图

4.3.2　调整背景图

1）运行 Adobe Photoshop CC 软件，执行菜单命令“文件”→“打开”（快捷键

〈Crtl+O〉)，打开“4.3.2 砖墙”素材，如图 4-45 所示。

图 4-45　打开素材

2）执行菜单命令“图层”→“新建调整图层”→“色阶”，如图 4-46 所示，弹出“新建图层”对话框，然后单击“确定”按钮，如图 4-47 所示。

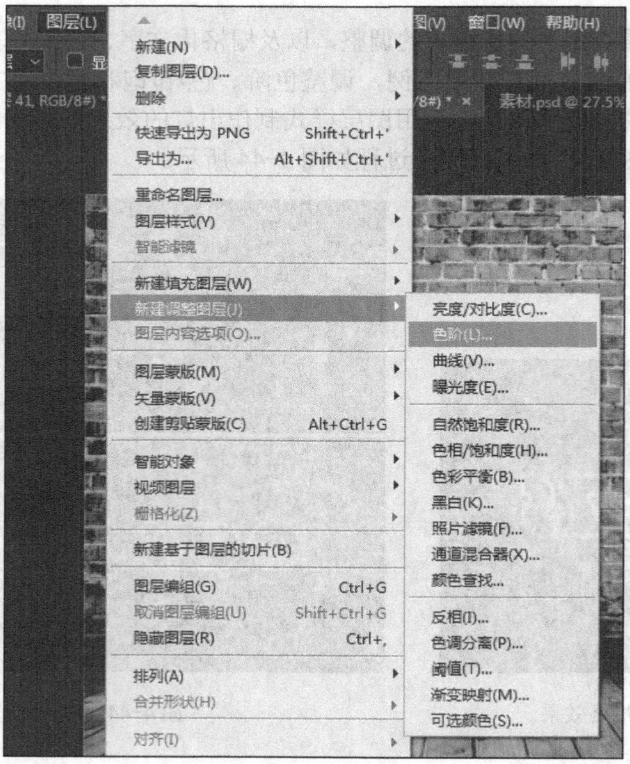

图 4-46　新建色阶

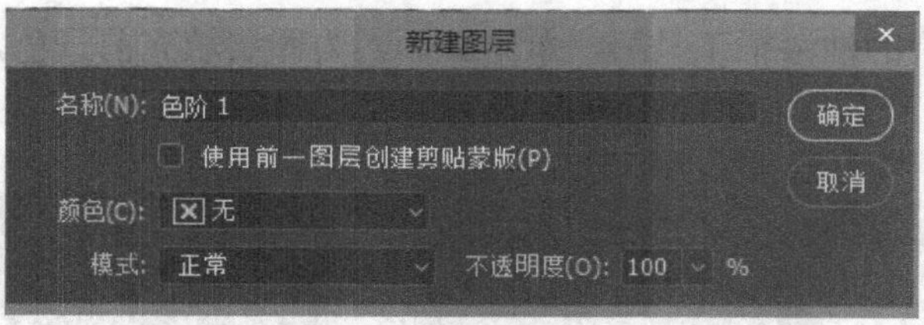

图 4-47　确定

3）设置色阶参数分别为 134、0.81、255，输入色阶最小为 0，最大为 126，如图 4-48 所示，效果如图 4-49 所示。

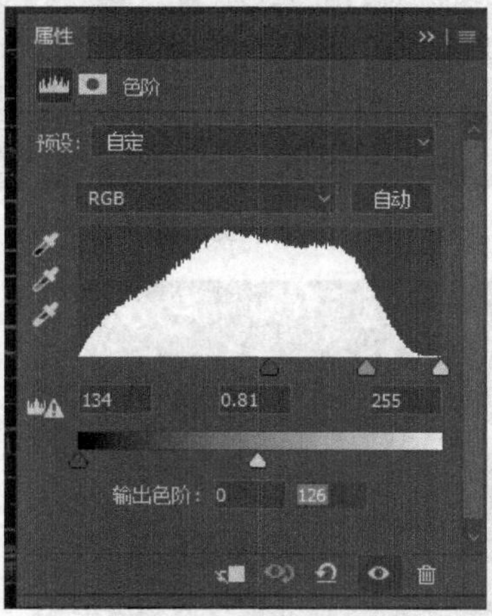

图 4-48　调整色阶

图 4-49　色阶效果

4）执行菜单命令“图层”→“新建调整图层”→“色相/饱和度”，弹出“新建图层”对话框，单击“确定”按钮，再在“色相/饱和度”属性面板中设置各项参数，如图 4-50 所示，效果如图 4-51 所示。

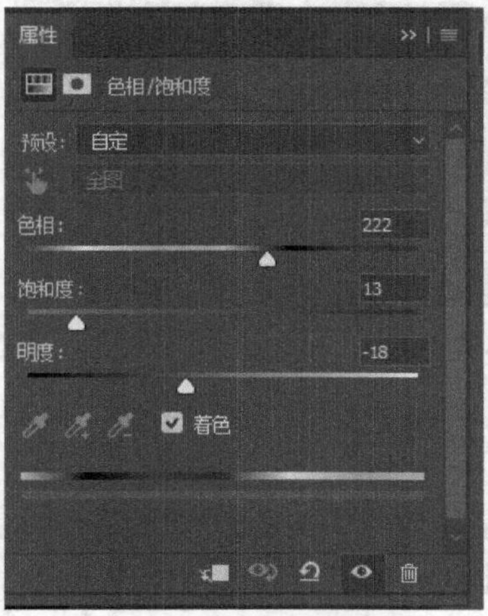

图 4-50　调整“色相/饱和度”

图 4-51　色相/饱和度效果

5）执行快捷键〈Ctrl+Shift+N〉创建新图层，然后单击工具箱中的前景色图标，打开“拾色器（前景色）”对话框，将颜色设置为“#515245”，单击“确定”按钮。

6）运用工具箱中的油漆桶工具，单击画面，为图层填充前景色，如图 4-53 所示。设置其图层不透明度为 15%，效果如图 4-54 所示。

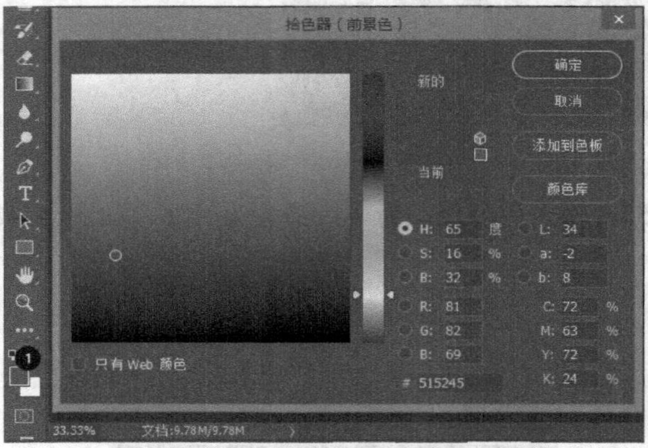

图 4-52　设置前景色

图 4-53　填充颜色

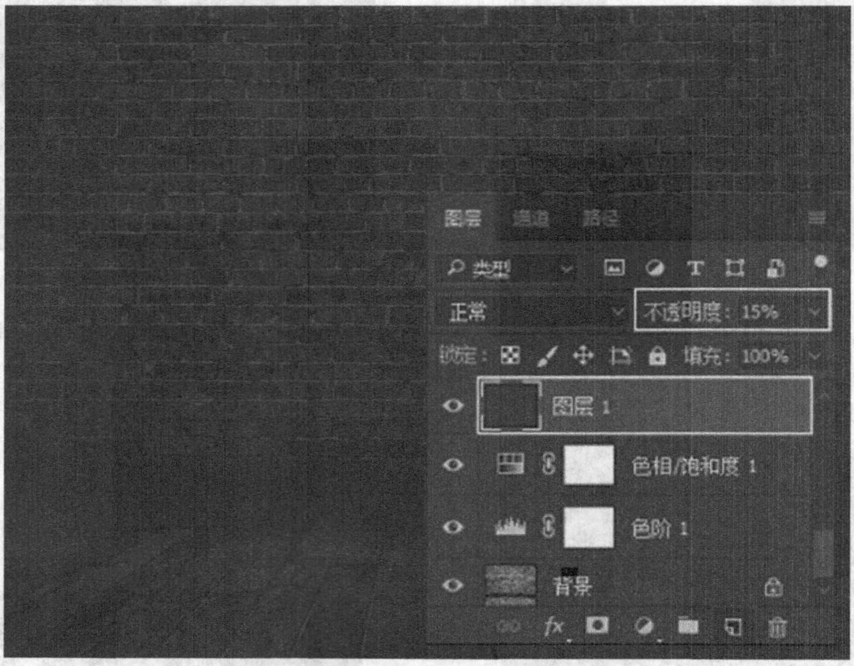

图 4-54　设置图层不透明度

4.3.3　设置文字图层样式

1）选择工具箱中的横排文字工具，设置文字字体为“华文彩云”，设置字体大小为 250 点，单击画面，输入大写字母“JCGZS”，然后设置前景色文字的颜色为“#9efaf2”。用鼠标右键单击文字图层，在弹出的快捷菜单中选择“栅格化文字”命令，效果如图 4-55 所示。

2）拖动“JCGZS”图层至“创建新图层”按钮上，执行两次，复制得到两个图层，如图 4-56 所示。

图 4-55　设置字体颜色

3）单击“JCGZS”图层，执行菜单命令“滤镜”→“模糊”→“高斯模糊”，弹出“高斯模糊”对话框，设置半径为 50 像素，单击“确定”按钮，效果如图 4-57 所示。

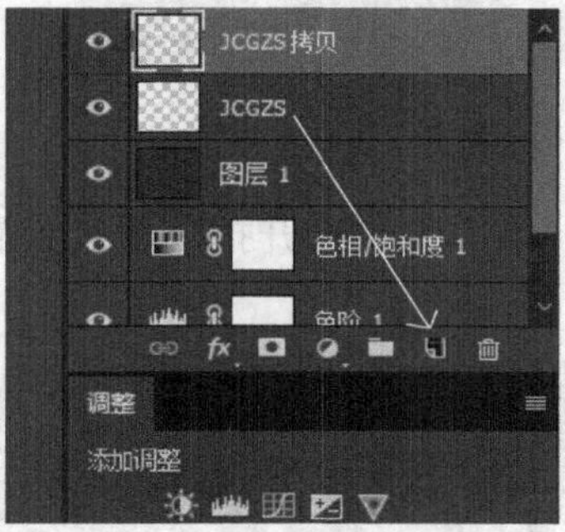

图 4-56　复制图层

图 4-57　高斯模糊效果

4）单击“JCGZS 拷贝”图层，执行菜单命令“图层”→“图层样式”→“混合选项”，参数设置如下：混合模式为“正常”，不透明度为 80%，如图 4-58 所示。勾选“斜面和浮雕”样式，设置样式为“内斜面”，方法为“平滑”，深度为 1%，方向为“下”，大小为 0 像素，软化为 5 像素，阴影角度为 125 度，如图 4-59 所示。

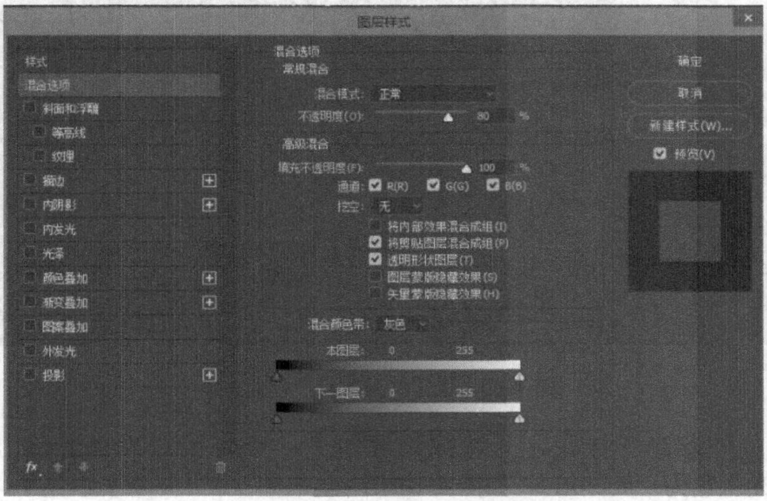

图 4-58　设置混合选项参数

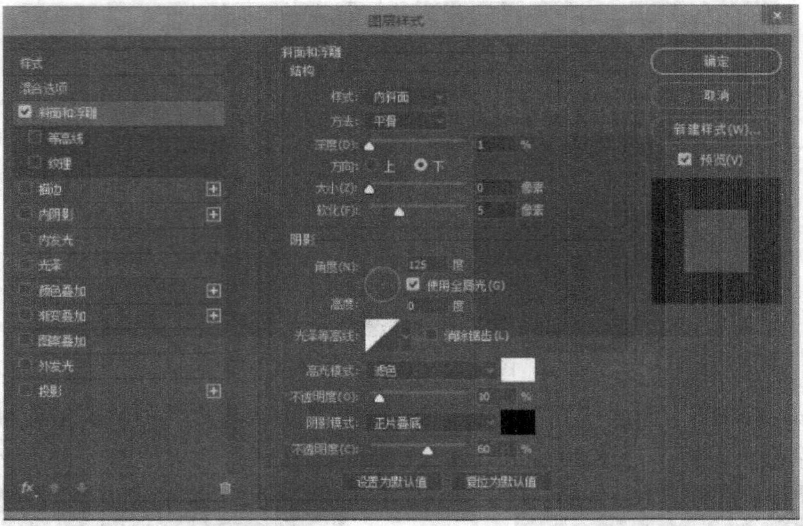

图 4-59　设置“斜面和浮雕”样式参数

5）勾选“内发光”样式，然后设置内发光颜色，单击色块打开拾色器，设置颜色为“#ffffbe”，如图 4-60 所示。

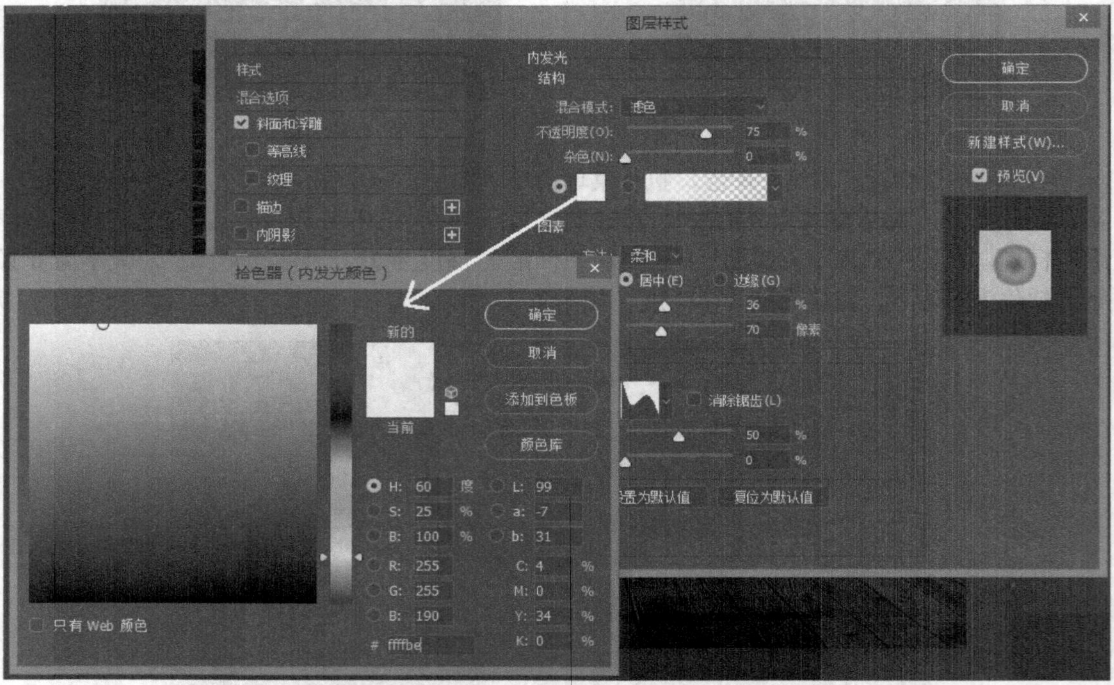

图 4-60　设置“内发光”样式参数

6）勾选“外发光”样式，其参数设置如下：混合模式为“滤色”，不透明度为“75%”，外发光颜色为“#befbff”，如图 4-61 所示。

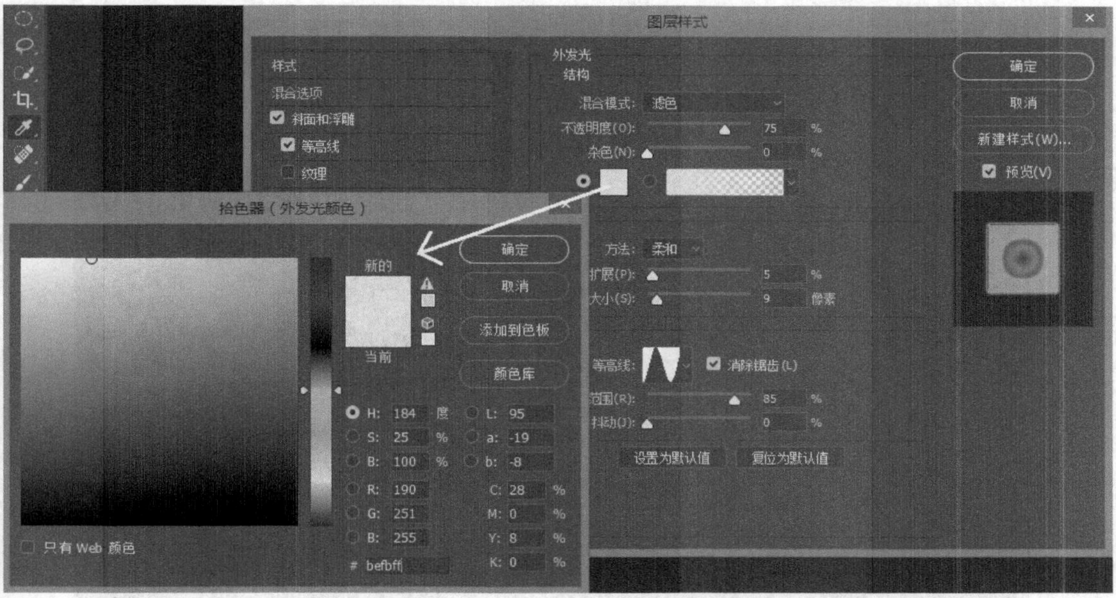

图 4-61　设置“外发光”样式参数

7）勾选“投影”样式，设置混合模式为设置“正片叠底”，颜色为“#076360”，角度为 125 度，如图 4-62 所示。

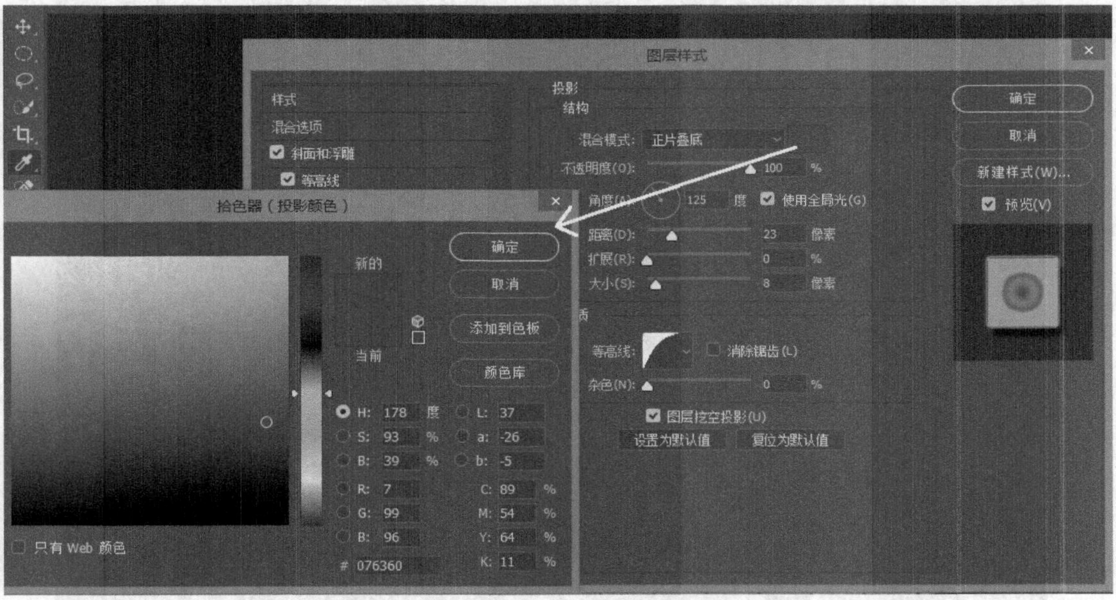

图 4-62　设置“投影”样式参数

8）在“图层”面板上双击“JCGZS 拷贝 2”图层，弹出“图层样式”对话框，设置斜面与浮雕样式为“内斜面”，方法为“平滑”，深度为 75%，大小为 18 像素，软化为 0 像素，阴影角度为 125 度，如图 4-63 所示。

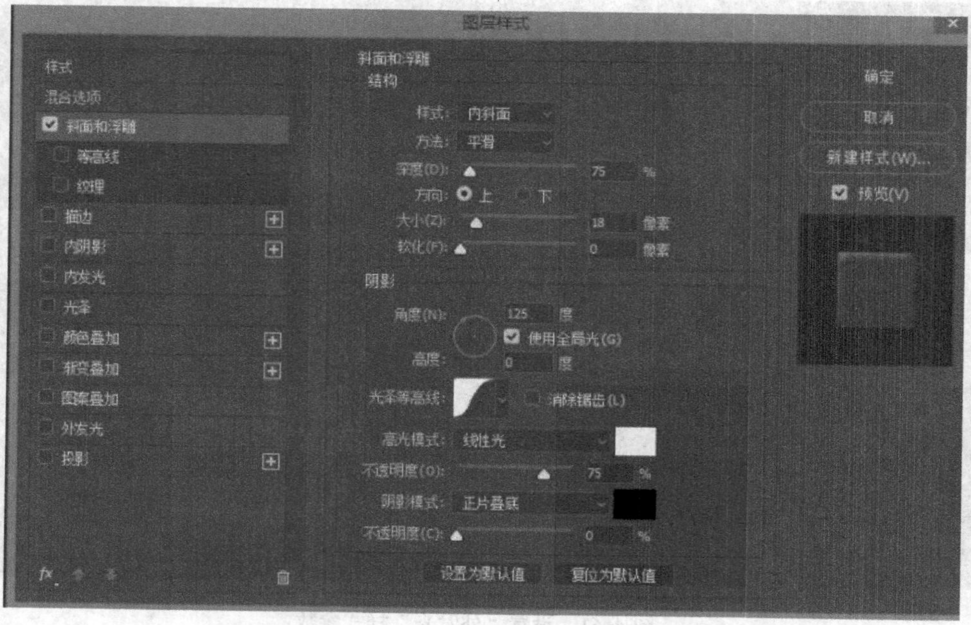

图 4-63 设置“斜面和浮雕”样式参数 2

9）勾选“等高线”样式，设置其范围 80%，如图 4-64 所示。

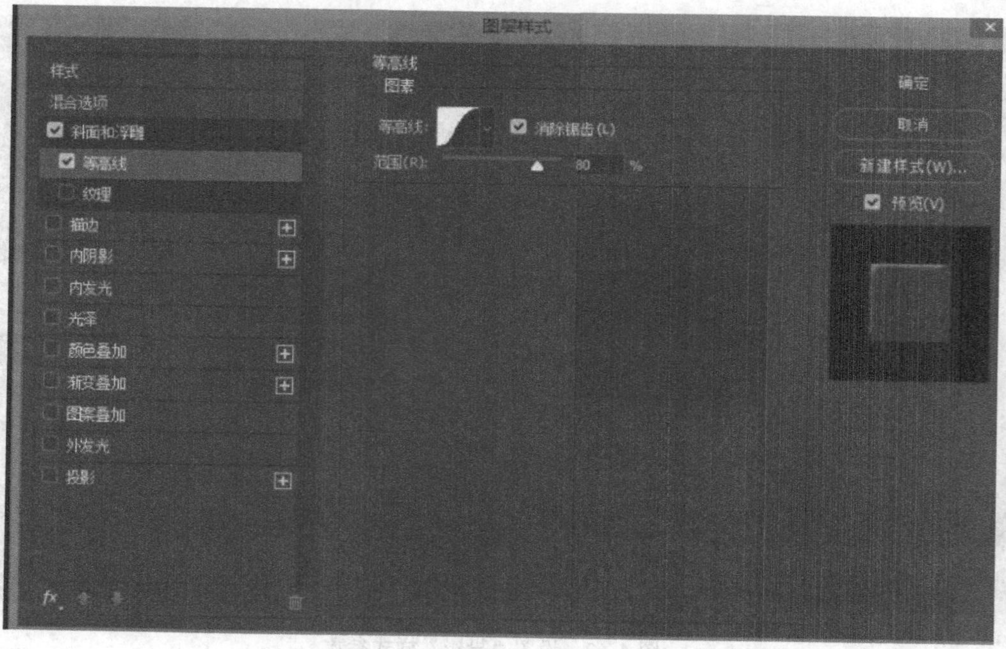

图 4-64 设置“等高线”样式参数

10）勾选“内阴影”样式，设置混合模式为“滤色”，颜色为“#73e4f6”，不透明度为75%，角度为125度，如图4-65所示。

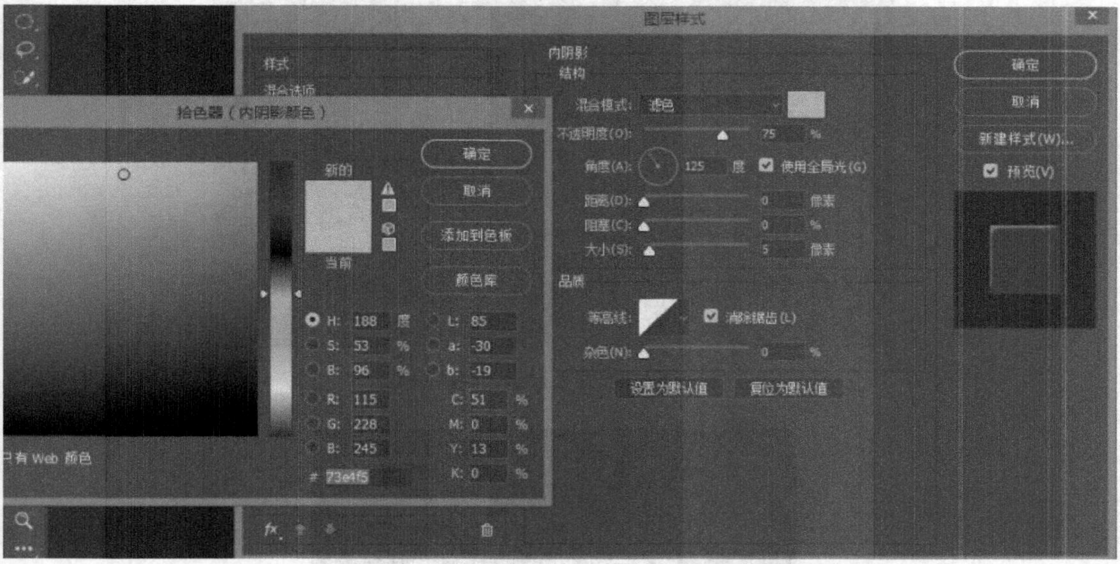

图4-65　设置“内阴影”样式参数

11）勾选“外发光”设置混合模式为“滤色”，不透明度为35%，颜色为“#d2f8f8”，如图4-66所示。

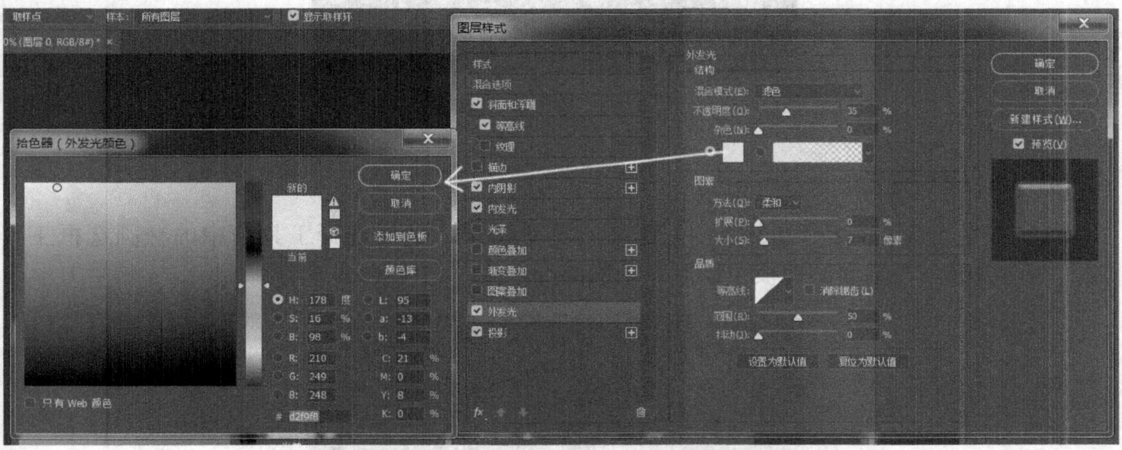

图4-66　设置“外发光”样式参数

12）勾选“投影”样式，设置其混合模式为“正片叠底”，不透明度为50%，角度为125度，距离为18像素，扩展为0%，大小为10像素，如图4-67所示，单击“确定”后，效果如图4-68所示。

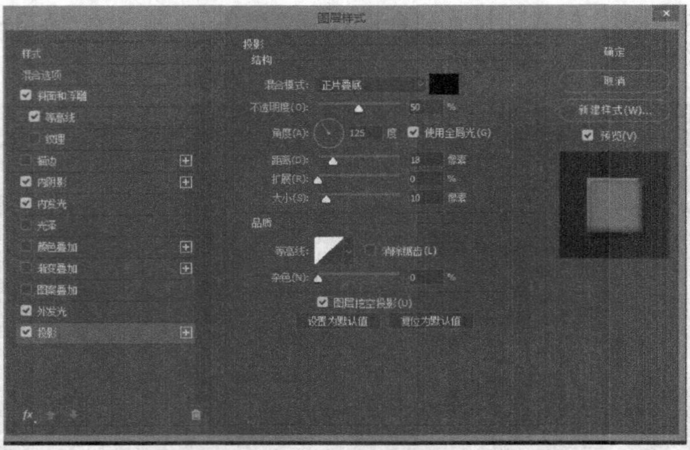

图 4-67　设置“投影”样式参数

图 4-68　图层样式效果

4.3.4　制作环境光

1）按组合键〈Ctrl+Shift+N〉创建新的透明图层，然后选择工具箱中的椭圆选框工具，拖动鼠标，在画面的地板上绘制一个椭圆形选区，如图 4-69 所示。

图 4-69　椭圆形选区

2）在椭圆形选区中单击鼠标右键，在快捷菜单中选择“羽化”命令，弹出“羽化选区”对话框，设置羽化半径为 15 像素，单击“确定”按钮。在工具箱中单击前景色图标，弹出“拾色器（前景色）”对话框，设置前景色为“#8bf5ec”。选择工具箱中的油漆桶工具，单击椭圆选区，为选区填充前景色，设置其图层的不透明度为 15%，如图 4-70 所示。

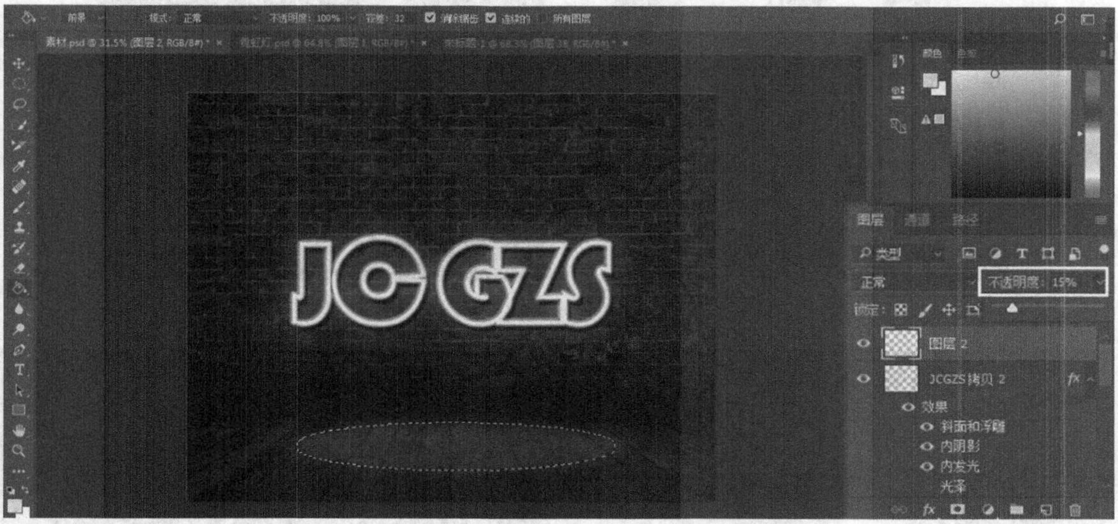

图 4-70　羽化选区

3）执行菜单命令“滤镜”→“模糊”→“高斯模糊”，弹出“高斯模糊”对话框，设置半径为 50 像素，单击“确定”按钮完成操作，最终效果如图 4-71 所示。

图 4-71　最终效果

4.4　实例应用：天气的转换——下雨效果制作

4.4.1　技术分析

在商业摄影、商业设计过程中，经常需要使用到不同天气的图片。有时因为时间紧急，在晴朗的天气下急需要使用下雨的场景，此时 Photoshop 的强大功能就体现出来了。本例应用了图层混合模式、蒙版图层、色阶、滤镜等功能，打造出下雨场景的效果，制作前后的效果对比如图 4-72 所示，制作过程如图 4-73 所示。

图 4-72　效果对比

图 4-73　制作过程图

4.4.2　乌云合成

1）执行菜单命令“文件”→“打开”（快捷键〈Ctrl+O〉），打开素材“4.4 素材 01”，如图 4-74 所示。

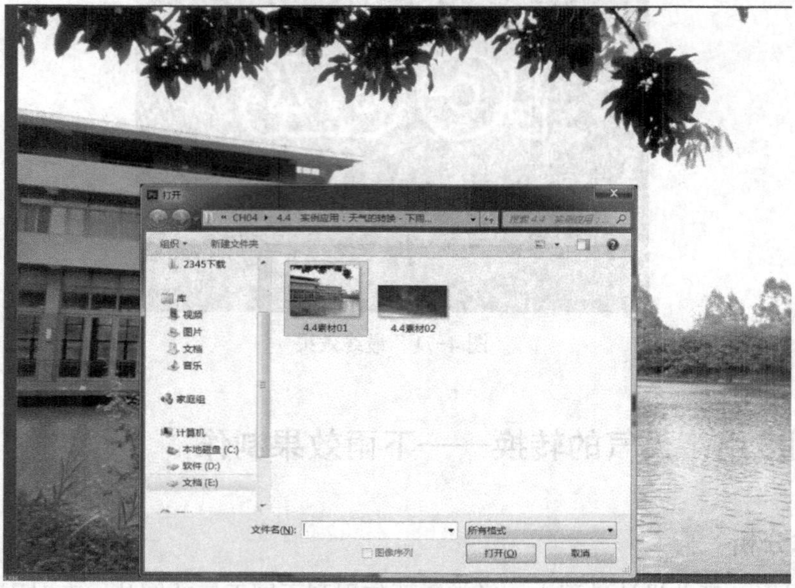

图 4-74　打开素材

2）执行菜单命令“文件”→“置入嵌入的智能对象”，将“4.4 素材 01”素材置入画面，如图 4-75 所示。

图 4-75　置入素材

3）置入素材后，拖动乌云素材四周将其放大，如图 4-5 所示，然后在工具选项栏中单击“确定”按钮，如图 4-76 所示。

图 4-76　变换素材

4）在“图层”面板上选择图层“4.4 素材 02”，然后单击下方的“添加图层蒙版”按钮▣，为其创建蒙版，如图 4-77 所示。

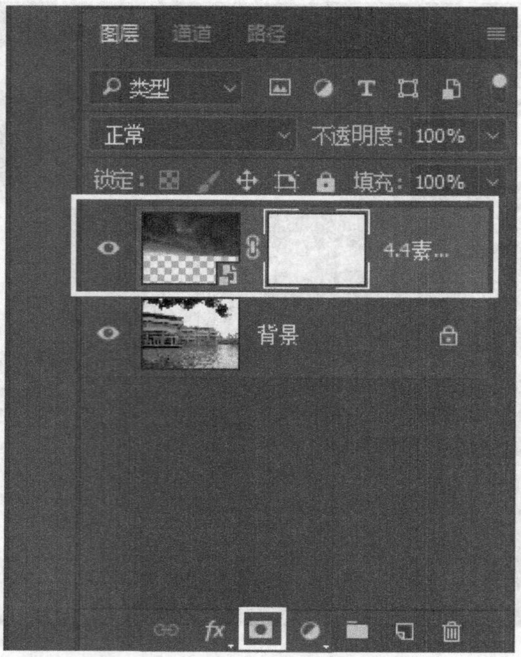

图 4-77　创建蒙版

5）在工具箱中选择渐变工具▣，然后在工具选项栏中设置为线性渐变▣，并选择为“黑，白渐变”，然后在蒙版图层上按图 4-78 所示的箭头方向拖动，设置出蒙版效果。

图 4-78　设置渐变效果

6）在选中图层“背景”的状态下，执行菜单命令“图像”→“调整”→“亮度 / 对比度”，弹出“亮度/对比度”对话框，设置亮度为-150，对比度为 61，如图 4-79 所示。

图 4-79　设置亮度/对比度

4.4.3　打造下雨效果

1）执行菜单命令“图层”→“新建”→“图层”（快捷键〈Shift+Ctrl+N〉），弹出“新建图层”对话框，设置名称为“下雨”，颜色为“无”，然后单击“确定”按钮，完成图层创建，如图 4-80 所示。

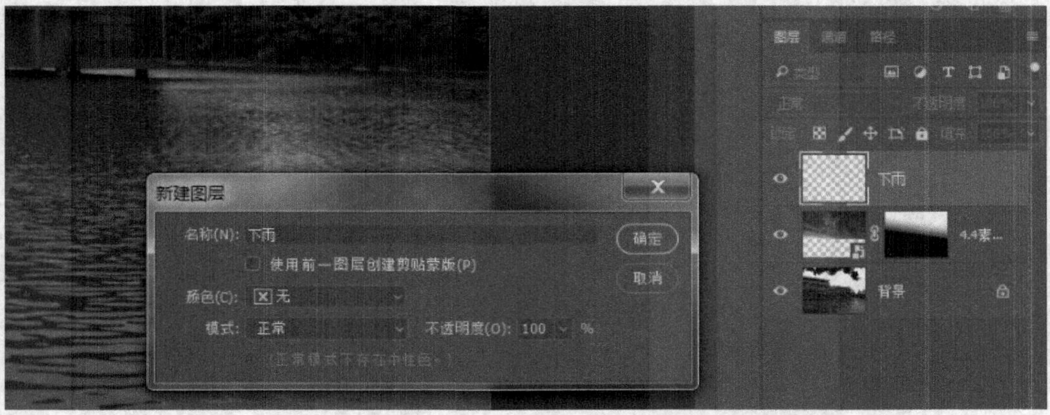

图 4-80　创建新图层

2）在工具箱中单击前景色图标，弹出“拾色器（前景色）”对话框，设置颜色为“#4b4b4b”，然后按快捷键〈Alt+Del〉将图层“下雨”进行填充，如图 4-81 所示。

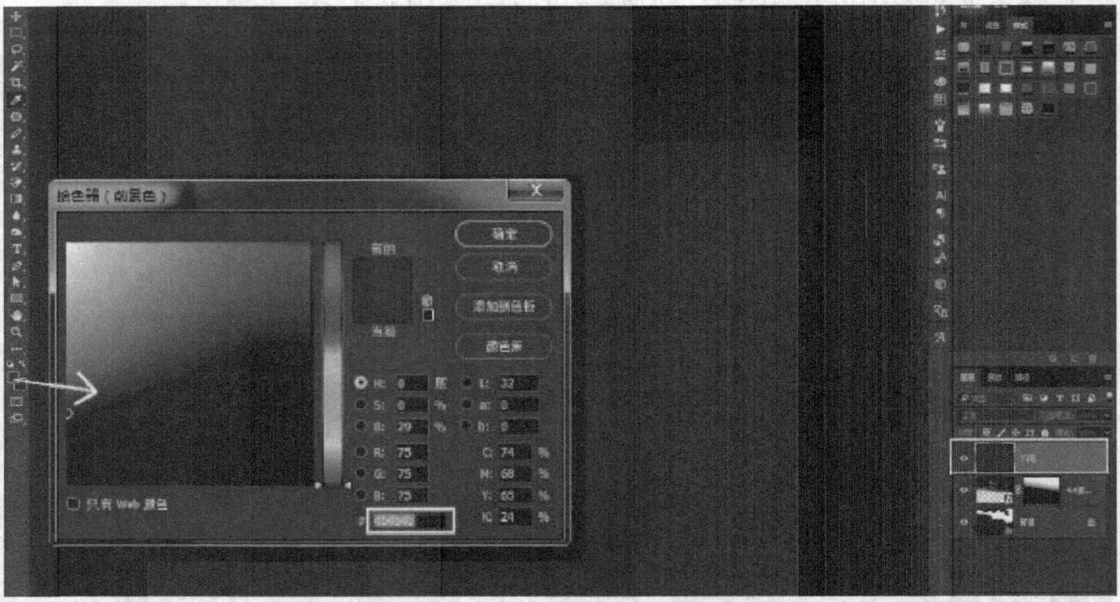

图 4-81　填充

3）选择图层“下雨”，然后执行菜单命令“滤镜”→“像素化”→“点状化”，弹出“点状化”对话框并设置单元格大小为 30，如图 4-82 所示。

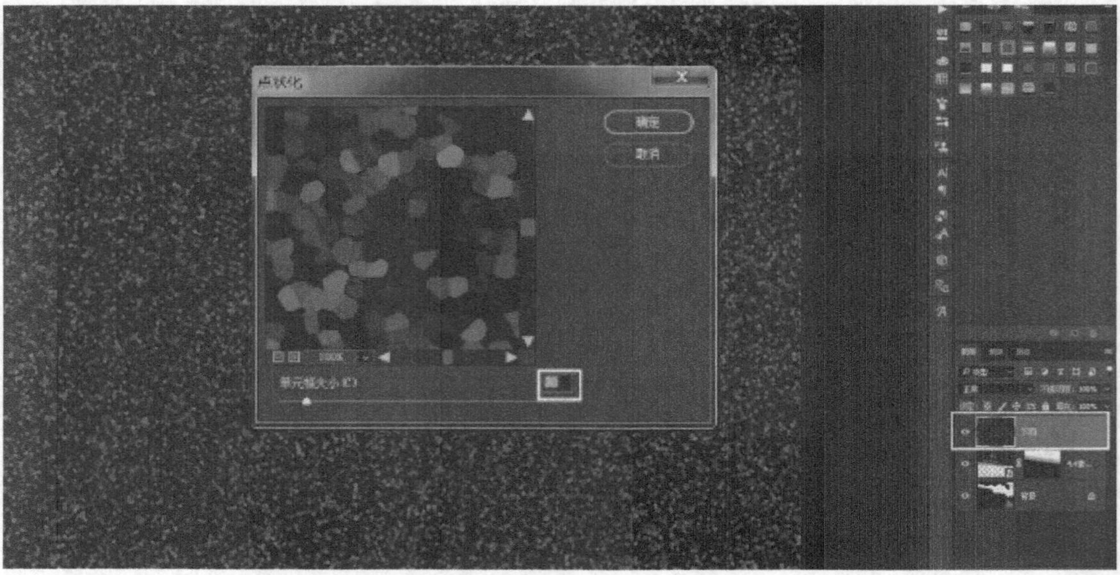

图 4-82　点状化

4）选择图层“下雨”，执行菜单命令“图像”→“调整”→“阈值”，在弹出的对话框中设置阈值色阶为 92，如图 4-83 所示。

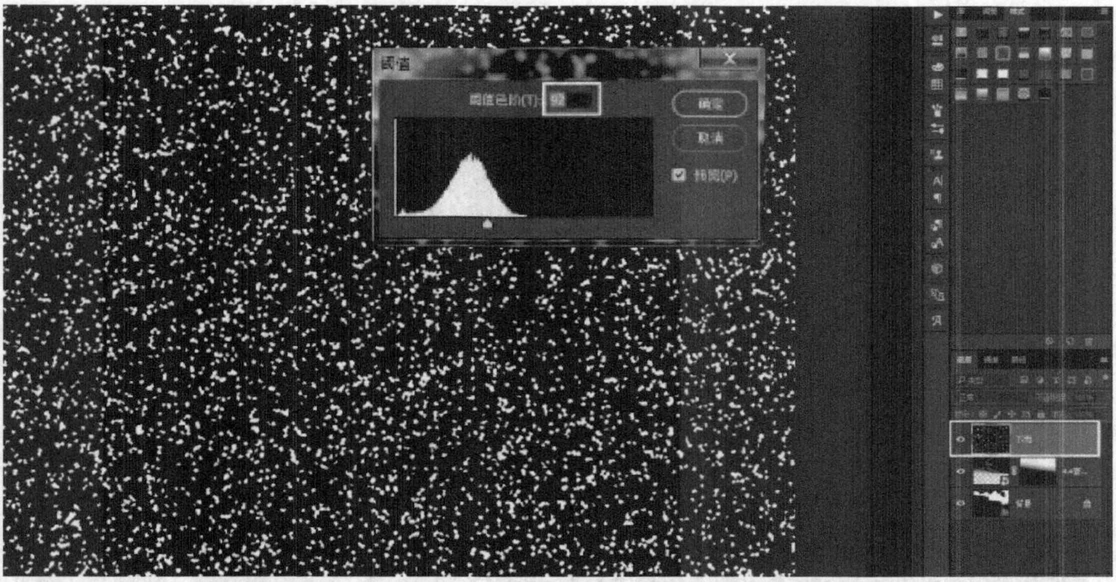

图 4-83　设置阈值

5）在“图层”面板上，将图层“下雨”的混合模式设置为“滤色”，如图 4-84 所示。

图 4-84　设置滤色混合模式

6）选择图层“下雨”，然后执行菜单命令“滤镜”→“模糊”→“动感模糊”，在弹出的对话框中设置角度为 78 度，距离为 302 像素，如图 4-85 所示。

7）选择图层“下雨”，然后执行菜单命令“图像”→“调整”→“曲线”（快捷键〈Ctrl+M〉），在弹出的“曲线”对话框中调节锚点，如图 4-86 所示。

图 4-85　动感模糊

图 4-86　调整曲线

8）选择图层“下雨”，然后执行菜单命令“图像”→“调整”→“色阶”（快捷键〈Ctrl+L〉），在弹出的“色阶”对话框中分别调节参数为 6、0.70、160，如图 4-87 所示。

9）选择图层“下雨”，然后按组合键〈Ctrl+T〉进行自由变换，并参考图 4-88 所示的箭头方向进行放大变换，按〈Enter〉键确认操作，完成本例制作，最终效果如图 4-89 所示。

图 4-87　调整色阶

图 4-88　变换图层

图 4-89　最终效果

第 5 章　选区技术应用

本章要点

- 选区技术详解，包括对选区工具的介绍
- 选区图像的编辑，包括剪切、复制、粘贴
- 选区案例应用

5.1　选区工具

11 选区的概念

12 椭圆选框和矩形选框工具

13 选区相加相减与相交

14 羽化选区

5.1.1　选区工具详解

在 Photoshop 中，常用的基本选区工具包括椭圆选框工具、矩形选框工具、单行选框工具、单列选框工具、套索工具、多边形套索工具、磁性多边形套索工具、魔棒工具和快速选择工具等。

- 椭圆选框工具：需要创建圆形的选区时可以使用椭圆选框工具。
- 矩形选框工具：需要创建矩形的选区时可以使用矩形选框工具。
- 单行选框工具：需要选择一个像素的行时可以使用单行选框工具。
- 单列选框工具：需要选择一个像素的列时可以使用单列选框工具。
- 套索工具：可以用来选择不规则的图像区域。
- 多边形套索工具：可以绘制选区边框的直边线段，建立多边形选区。
- 磁性多边形套索工具：适用于快速选择与背景对比强烈，它可以沿着图像的边缘生成选择区域。
- 魔棒工具：可以选择颜色相同或相近的区域，配合使用该工具选项栏中的“容差”选项和其他选项。
- 快速选择工具：可以快速地选择想要的对象来生成选区。

15 多边形选框工具

16 磁性套索工具

17 快速选择工具

5.1.2　选区编辑

“编辑”菜单中的“剪切”“拷贝”是针对选区图像而设定的图像编辑命令。如果图像中没有选区，这两个命令将不可使用，会处于灰色显示状态。

下面简单介绍选区的“剪切”与“粘贴”命令、“拷贝”与“粘贴”命令。

进行图像的剪切与复制的前提是必须拥有选区，因为“剪切”和“拷贝”命令所针对的是选区内的所有像素，所以在操作前应为需要复制的图

19 选区内容的复制、剪切与粘贴

像绘制选区，如图 5-1 所示。

图 5-1　绘制选区

1．“拷贝”命令与“复制”命令

Photoshop 软件自带一个剪贴板，无论是剪切图像还是复制图像都会将剪切或复制的图像放在其中，执行“粘贴”命令后，会从剪贴板中调出图像。

制作选区后执行“剪切”与“粘贴”命令，剪切的像素会被粘贴在一个新建的图层上，并且出现在画布的中心位置，如图 5-2 所示。

图 5-2　执行“剪切”与“粘贴”命令后

制作选区后执行“拷贝”与“粘贴”命令，复制的像素会被粘贴在一个新建的图层上，并且出现在原本所在位置，如图 5-3 所示。

图 5-3　执行“拷贝”与“粘贴”命令后

23 选区反选

提示：如果将剪切操作用于背景图层，那么剪切后的空白区会用前景色来填充；如果将剪切操作用于其他普通图层，当前操作将与背景层和背景色无关。

2．编辑选区图像

（1）选区图像自由变换的概念

选区图像的自由变换操作与图像的自由变换操作完全相同，只是操作对象不同。选区图像的自由变换主要针对的是选区内的所有像素。“编辑”菜单中的“自由变换”命令如图 5-4 所示。

20 选区的填充

21 选区渐变填充

22 选区的描边

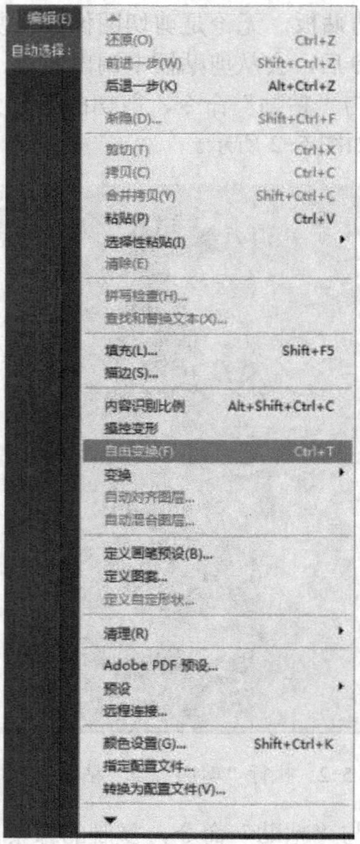

图 5-4　“编辑”菜单中的“自由变换”命令

执行选区图像的自由变换之前，必须先绘制选区，所作用的效果只针对选区内的像素，效果对比如图 5-5 所示。

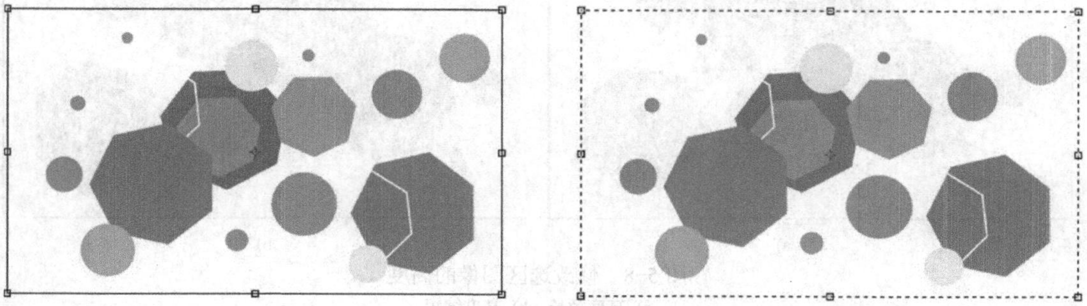

a)　　　　　　　　　　　　　　　　b)

图 5-5　效果对比

a) 图像自由变换　b) 选区图像自由变换

（2）选区图像自由变换的类型

在设计中需要对图像的某些区域进行变换修改时，必须先绘制选区，再执行“自由变换”命令。在进行选区图像自由变换时，在图像控制框周围会出现 8 个控制点，如图 5-6 所示。

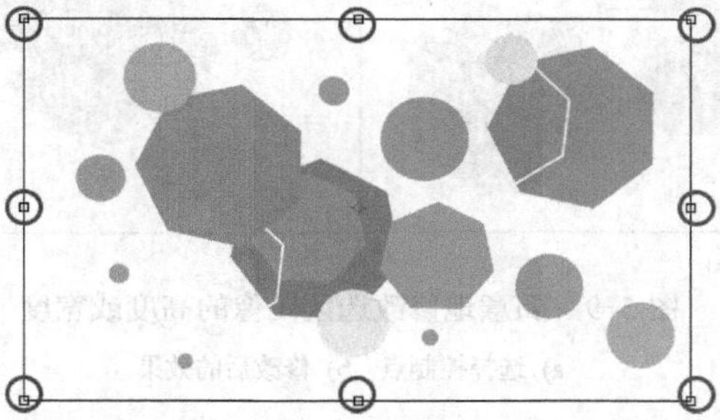

图 5-6　8 个控制点

控制左右两侧的控制点能修改选区图像的宽度，效果如图 5-7 所示。

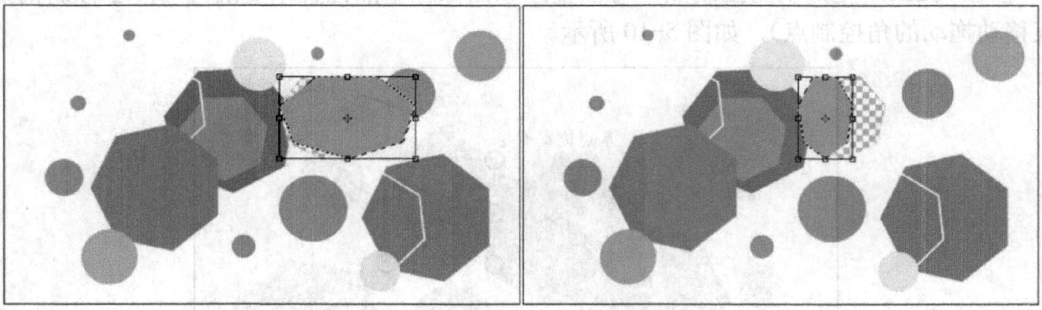

a)　　　　　　　　　　　　　　　　b)

图 5-7　修改选区图像的宽度

a) 宽度变大　b) 宽度变小

控制上下两侧的控制点能修改选区图像的高度，效果如图 5-8 所示。

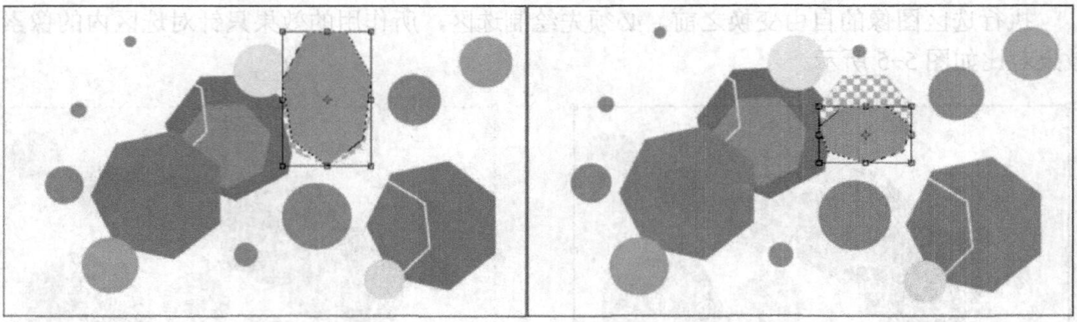

a)　　　　　　　　　　　　b)

图 5-8　修改选区图像的高度

a) 高度拉长　b) 高度缩短

通过控制角控制点，可以以角控制点为基点随意地修改选区图像的高度或宽度，如图 5-9 所示。

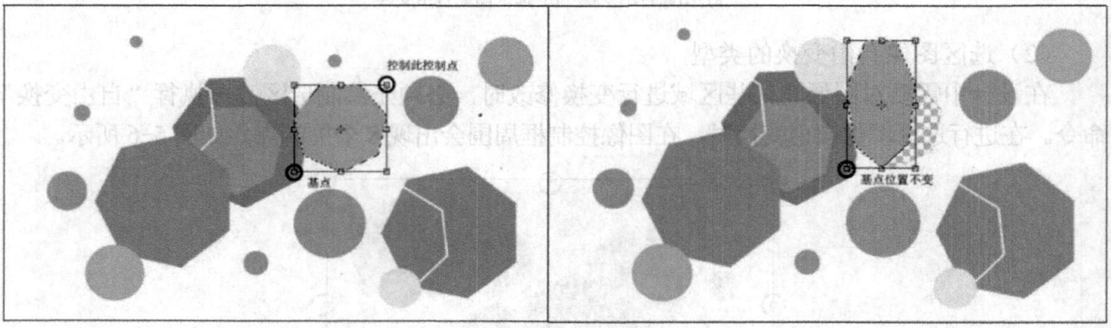

a)　　　　　　　　　　　　b)

图 5-9　随意地修改选区图像的高度或宽度

a) 选择控制点　b) 修改后的效果

（3）使用快捷键控制选区图像的自由变换

使用快捷键控制不同的控制点可以得到不同的效果。

按住〈Ctrl〉键拖动角控制点，可以使区域图像在基点位置不变的同时产生倾斜的效果（仅移动拖动的角控制点），如图 5-10 所示。

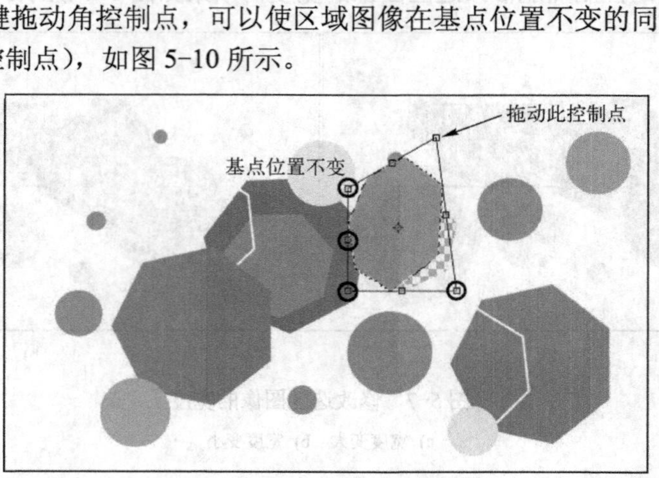

图 5-10　图像倾斜的效果

按住〈Shift〉键拖动边角点，可以在保持基点位置不变的同时等比例放大或缩小选区图像，如图 5-11 所示。

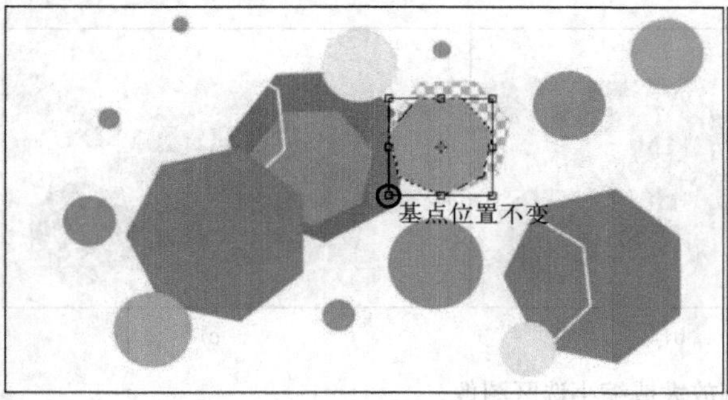

a)

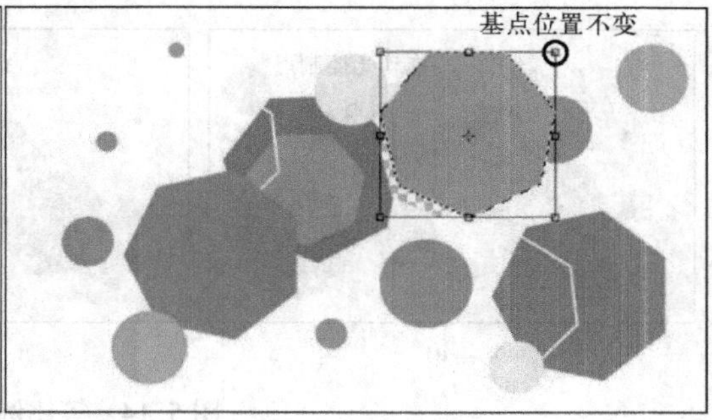

b)

图 5-11　等比例放大或缩小选区图像

a) 等比例缩小　b) 等比例放大

按住〈Ctrl〉键拖动边控制点，可以使图像在基点位置不变的同时产生挤压或拉伸效果（平行移动拖动边控制点所在的整条边），效果如图 5-12 所示。

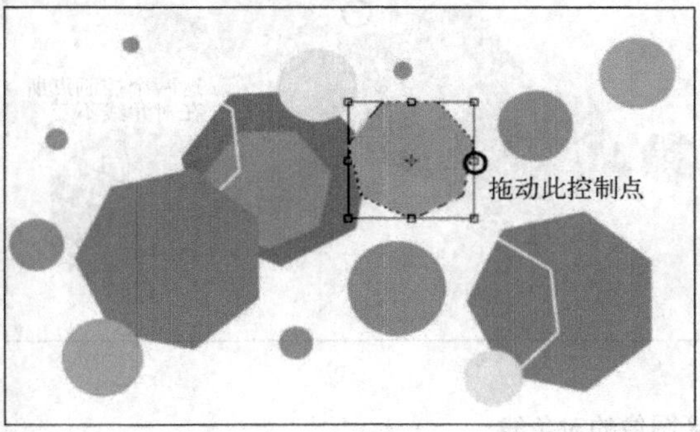

a)

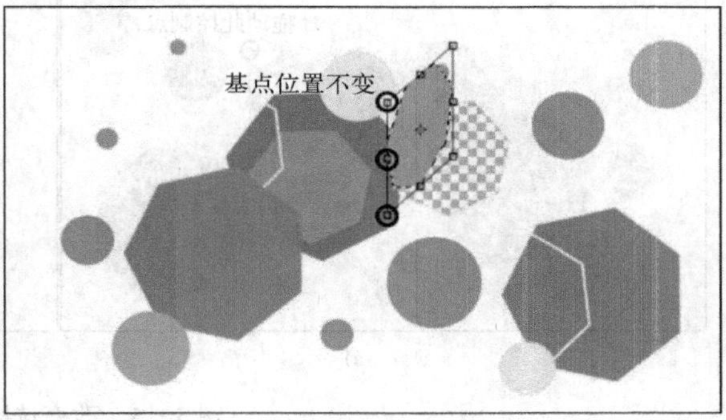

b)

图 5-12　图像挤压的效果

a) 选择控制点　b) 修改后效果

按住〈Alt〉键拖动边控制点，可以使图像保持高度不变的同时，以选区图像中心点为基点，从两侧同时修改选区图像宽度，如图 5-13 所示。

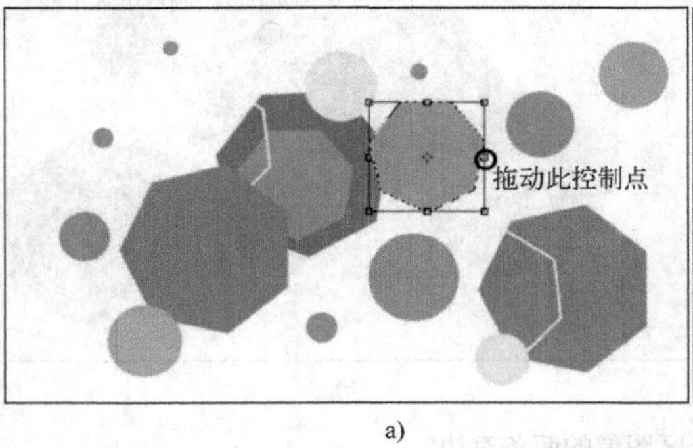

a)

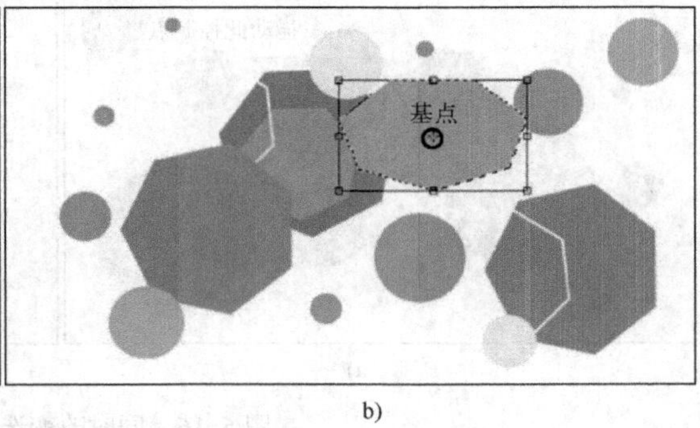

b)

图 5-13　从两侧同时修改选区图像的宽度

a) 选择控制点　b) 宽度变大

按住〈Shift+Alt〉组合键拖动角控制点，可以以区域图像中心点为基点，等比例放大或缩小图像，即同时改变宽度和高度，拖动此控制点效果如图 5-14 所示。

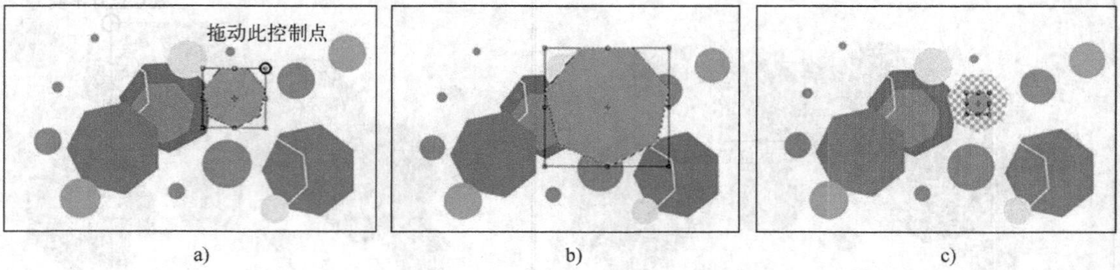

图 5-14　等比例放大或缩小选区图像

a) 选择控制点　b) 等比例放大　c) 等比例缩小

按住〈Ctrl+Alt〉组合键拖动角控制点，可以保持一条对角线不变的同时，以图像中心点为基点，改变选区图像的另一条对角线，如图 5-15 所示。

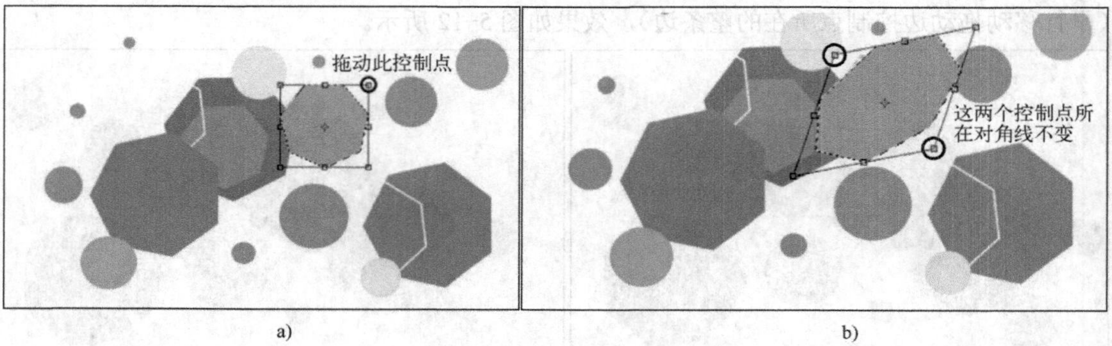

图 5-15　改变选区图像的对角线

a) 选择控制点　b) 对角线拉长

按住〈Ctrl+Alt〉组合键拖动左或右中心控制点，可以以图像中心点为基点，保持上、下两个边控制点位置不变的同时，修改图像对角线的大小的方式修改图像，效果如图 5-16 所示。

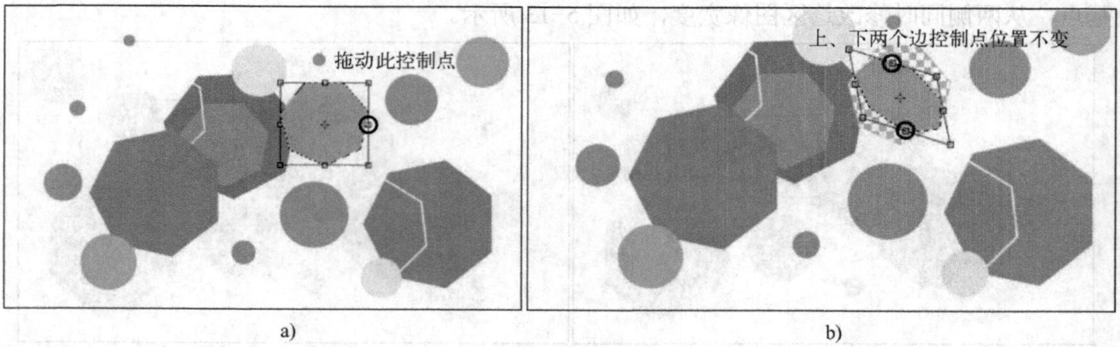

图 5-16　同时改变选区图像的两条对边

a) 选择控制点　b) 修改后效果

（4）选区图像的变形

要对选区图像进行变形操作，执行“编辑”→“变换”→“变形”菜单命令，如图 5-17 所示，执行“变形”命令后的效果如图 5-18 所示。

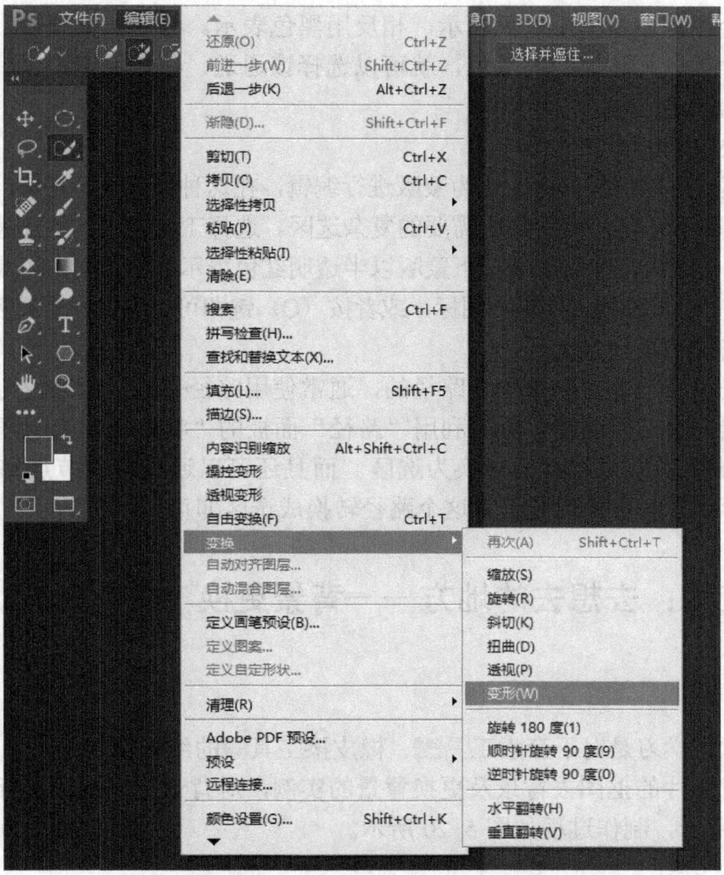

图 5-17　选区图像的变形

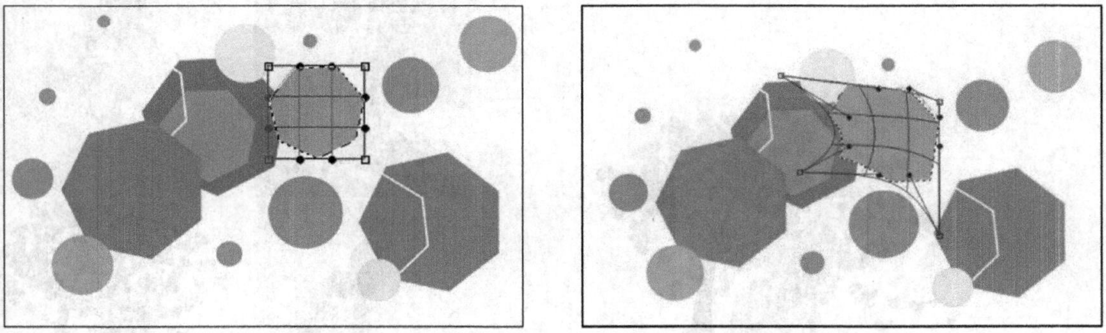

a)　　b)

图 5-18　变形效果

a) 变形操作控制点　b) 任意拖动控制点对图像进行变形

5.1.3 其他选区创建方法

（1）利用通道技术创建选区

利用通道创建选区，是根据颜色通道的原理，图像中有某个颜色通道的颜色，那么会在该通道中用白色表示，相反用黑色表示。因此，如果要创建选区的部分接近某通道中的颜色，就可以选择该通道，在该通道中选择白色部分就能创建选区。

18 色彩范围选择

（2）利用快速蒙版工具创建选区

快速蒙版模式可以将任何选区作为蒙版进行编辑，在这种模式下，任何一种工具或滤镜都可对蒙版进行编辑操作，从而得到所需要的复杂选区。选择工具箱中的快速蒙版模式即可为图像建立一个暂时的蒙版，在默认情况下蒙版以半透明红色表示，使用绘图工具可直接在图像上描绘编辑，单击“以标准模式编辑”图标，或者按〈Q〉键即可将编辑好的蒙版转为选区。

（3）利用路径工具创建选区

路径工具是以手绘的方法来创建路径的，通常使用路径来选择边缘较为平滑或较为规则的图像。先绘出一个工作路径，然后利用“路径”面板的“将路径作为选区载入”按钮，或按住〈Ctrl+Enter〉键即可将路径转换为选区。而且还可以通过增减节点和调整节点的位置来调整路径的形状，满意之后，再将这个路径转换成选区即可。

5.2 实例应用：去想去的地方——背景更换

24 利用选区
更换人物背景

5.2.1 技术分析

本实例的重点学习是对于套索工具、橡皮擦工具的结合使用。

本节通过对图片的抠图去背景及更换背景的实例，对背景更换制作进行分析讲解。最终效果如图 5-19 所示，制作过程如图 5-20 所示。

图 5-19 最终效果

图 5-20 制作过程图

5.2.2 抠图去背景

1）启动 Adobe Photoshop CC 软件，执行菜单命令“文件”→“打开”（快捷键〈Ctrl+O〉），找到图片的位置，单击“打开”按钮，打开原图片，如图 5-21 所示。

图 5-21 打开原图片

2）在工具箱中右击套索工具，选择“磁性套索工具”。在工具选项栏中，羽化值设置为 0 像素，宽度设置为 10 像素，对比度设置为 10%，频率设置为 100，如图 5-22 所示，抠图过程如图 5-23 所示。

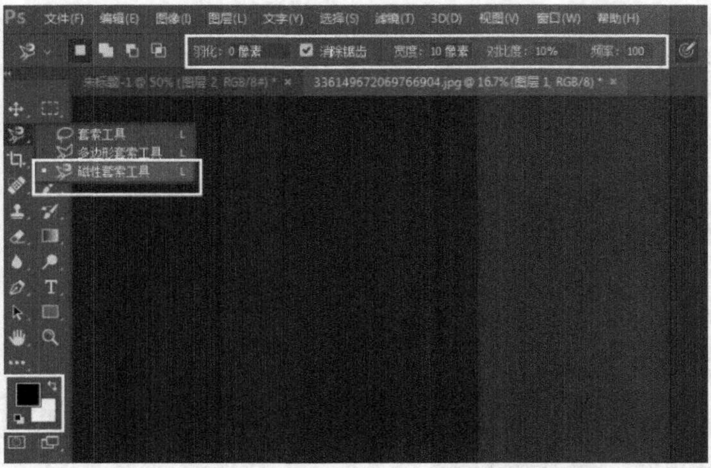

图 5-22 设置磁性套索工具选项

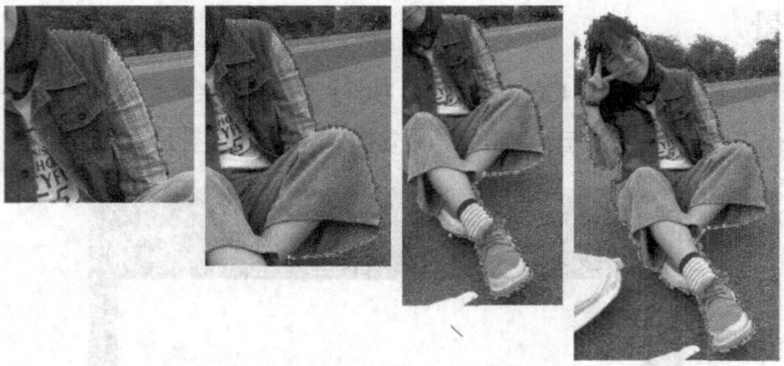

图 5-23　抠图过程图

3）在套索路径形成封闭路径时，路径形状转换成选区，如图 5-24 所示。

4）使用套索工具框选人物时，若人物少选或多选，可使用橡皮擦工具，使用〈[〉〈]〉键可调节橡皮擦的大小，然后单击工具箱中的“默认前景色和背景色”图标，将前景色设置为黑色，如图 5-25 所示。

图 5-24　路径转换成选区

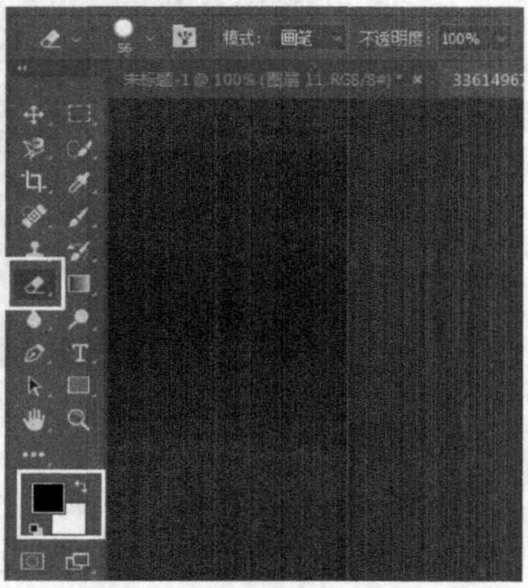

图 5-25　设置前景色

5）执行菜单命令“选择”→“反选”（快捷键〈Shift+Ctrl+I〉），如图 5-26 所示。然后删除背景，完成抠图去背景操作，如图 5-27 所示。

图 5-26　反选

图 5-27　完成抠图

5.2.3 导入素材

1）完成抠图后，使用裁剪工具，用鼠标往两侧拖动，效果如图 5-28 所示。

图 5-28

2）执行菜单命令“文件”→“置入嵌入的智能对象”，找到背景素材位置，单击“置入”按钮，如图 5-29 所示，效果如图 5-30 所示。

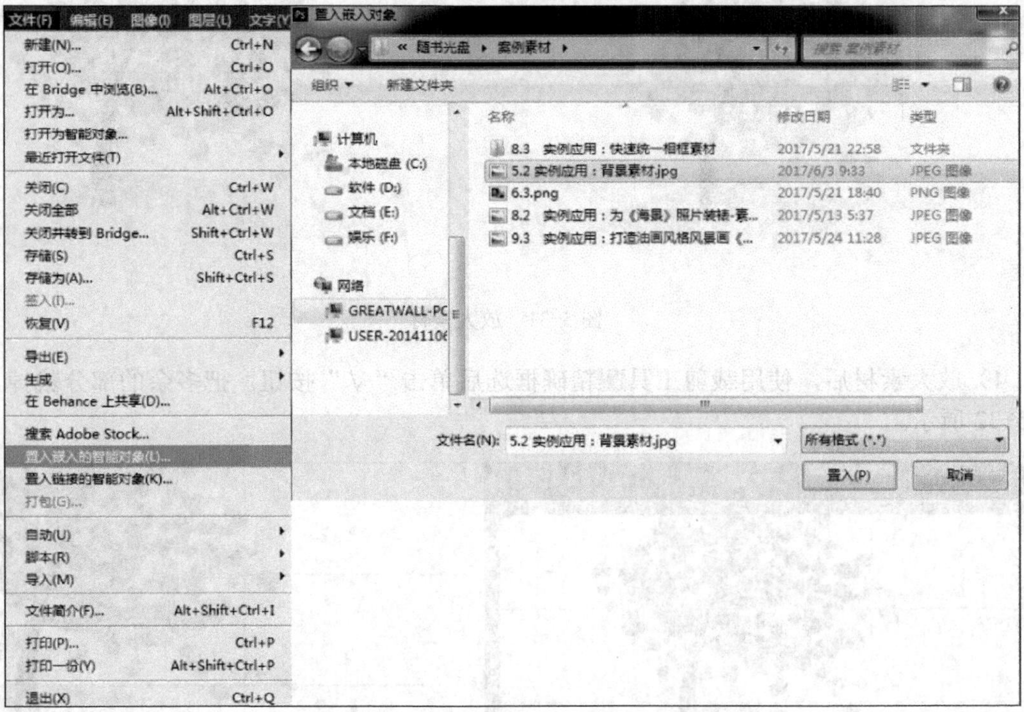

图 5-29 置入背景素材

3）置入素材后使用裁剪工具放大素材，然后单击“√”按钮，如图 5-31 所示。

图 5-30　置入背景素材

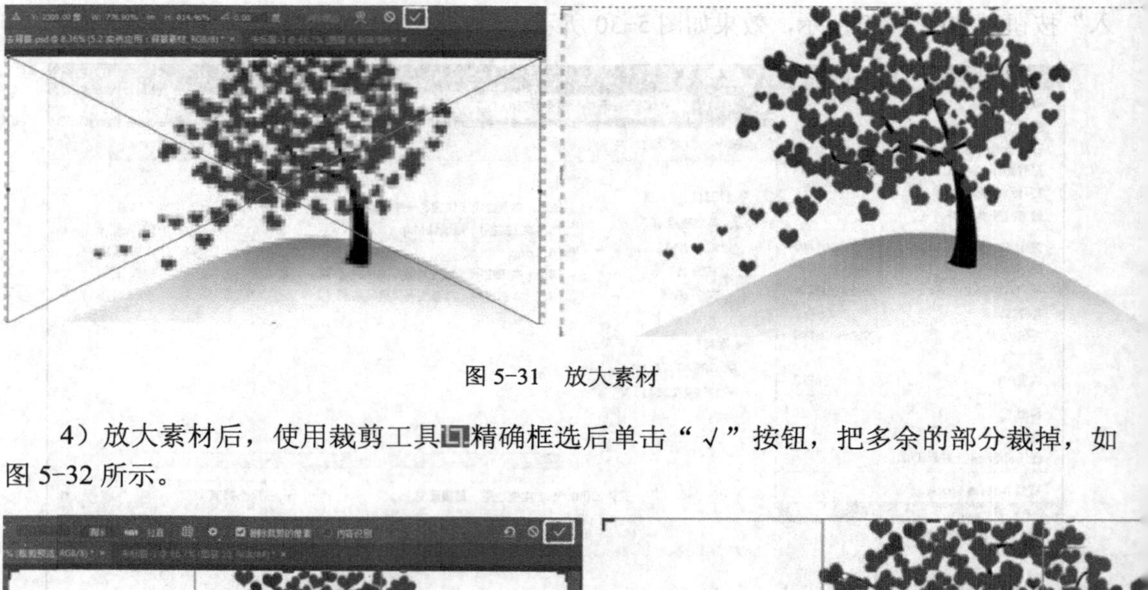

图 5-31　放大素材

4）放大素材后，使用裁剪工具精确框选后单击“ √ ”按钮，把多余的部分裁掉，如图 5-32 所示。

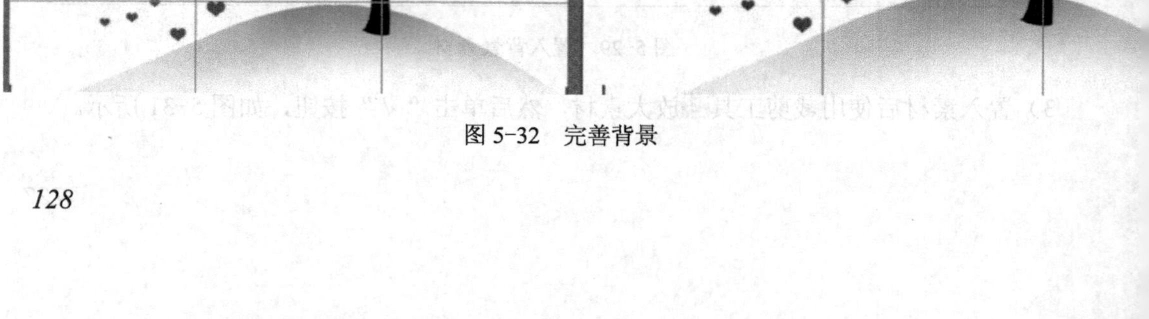

图 5-32　完善背景

5）在“图层”面板中用鼠标拖动把人物图层放在最上方，如图 5-33 所示。调整后单击人物图层，使用快捷键〈Ctrl+T〉调整人物的大小与位置，完成背景的更换，最终效果如图 5-34 所示。

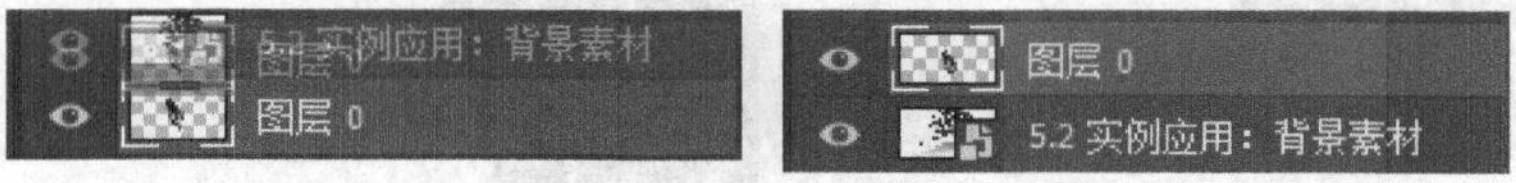

图 5-33　调整图层顺序

图 5-34　最终效果

25 利用选区合成照片

5.3　实例应用：《山水情》插画绘制

5.3.1　技术分析

《山水情》插画主要是表现水墨画的风格。本例中，利用 Photoshop CC 滤镜库、涂抹工具、渐变工具等的使用，绘制出一张水墨画风格的《山水情》作品，最终效果如图 5-35 所示，制作过程如图 5-36 所示。

图 5-35　最终效果

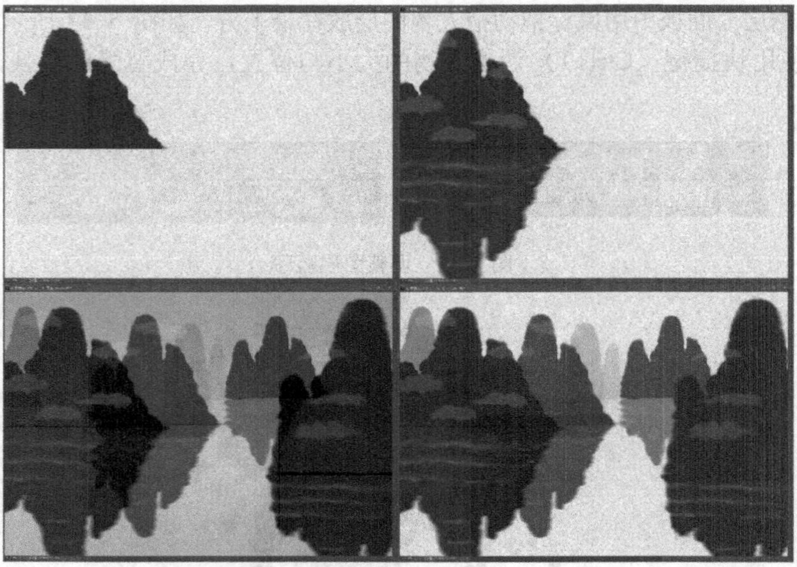

图 5-36　制作过程图

5.3.2　滤镜操作

1）打开软件，执行菜单命令“文件”→“新建”（快捷键〈Ctrl+N〉），新建一个文件，并在“新建文档”对话框中设置参数，把文件命名为“山水情”，设置宽度为 297mm，高度为 210mm，分辨率为 300dpi，单击“创建”按钮，如图 5-37 所示。

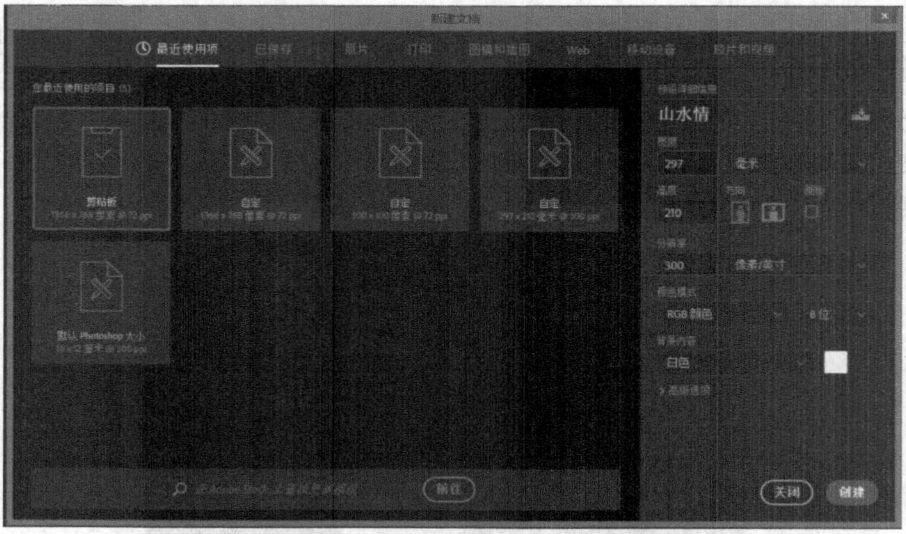

图 5-37　“新建文档”对话框

2）执行菜单命令“滤镜”→“滤镜库”，选择“纹理”组→“纹理化”滤镜后，在右侧的“纹理”下拉列表框中选择“砂岩”，适当调节缩放比例以及凸现效果，光照选择“上”，最后单击“确定”按钮，如图 5-38 所示。

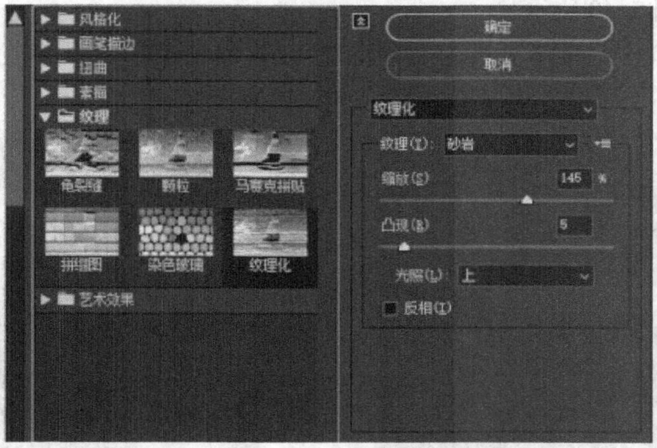

图 5-38　在“滤镜库”对话框中设置滤镜效果

3）执行菜单命令“图层”→“新建”→“新建图层”（快捷键〈Shift+Ctrl+N〉）创建“图层 2”，使用工具箱中的套索工具，勾选出山脉轮廓，然后设置前景色为#05342a，按快捷键〈Alt+Del〉填充选区，如图 5-39 所示。

图 5-39　用套索工具绘制选区

4）执行菜单命令“选择”→“修改”→“扩展”，弹出“扩展选区”对话框，设置扩展量为 15 像素，如图 5-40 所示。

5）执行菜单命令“滤镜”→“风格化”→“扩散”，弹出“扩散”对话框，如图 5-41 所示，完成快捷键〈Ctrl+F〉重复应用相同滤镜 5 次。

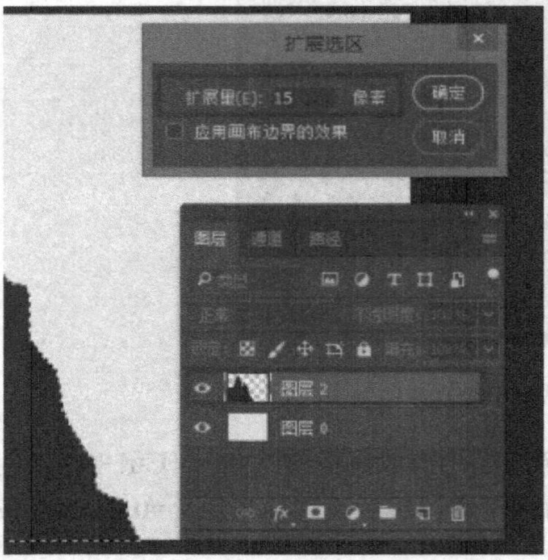

图 5-40 “扩展选区”对话框

图 5-41 扩散效果

6）选择“图层 2”，按快捷键〈Ctrl+J〉复制图层得图层“图层 2 副本”。执行菜单命令“编辑”→“自由变换”（快捷键〈Ctrl+T〉）命令，单击工具选项栏中的“参考点位置”图标，设置对称中心为下方中央，将 H 值设置为-100.00%，如图 5-42 所示。

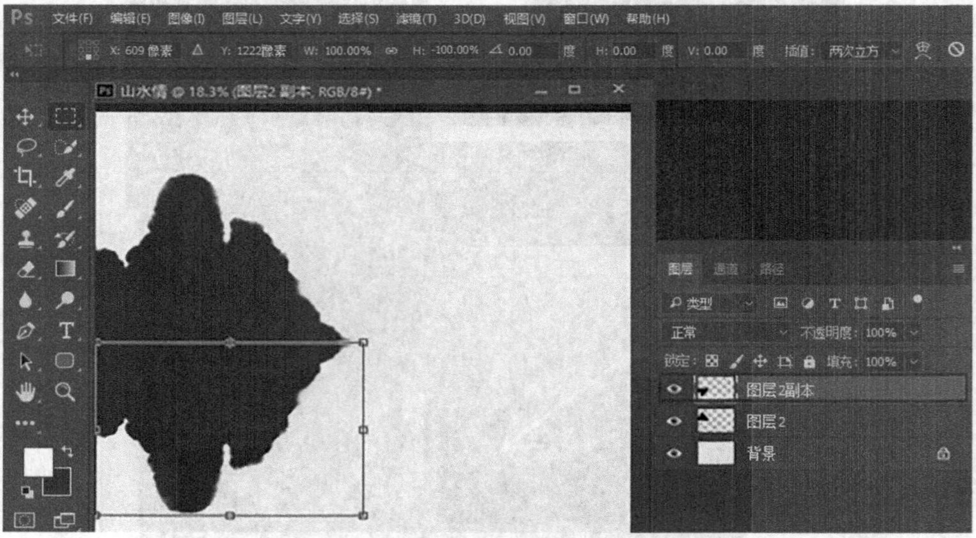

图 5-42 复制图层并设置变换参数

7）使用涂抹工具，在图层“图层 2”山脉边缘进行涂抹，使其具有水墨画效果，如图 5-43 所示。

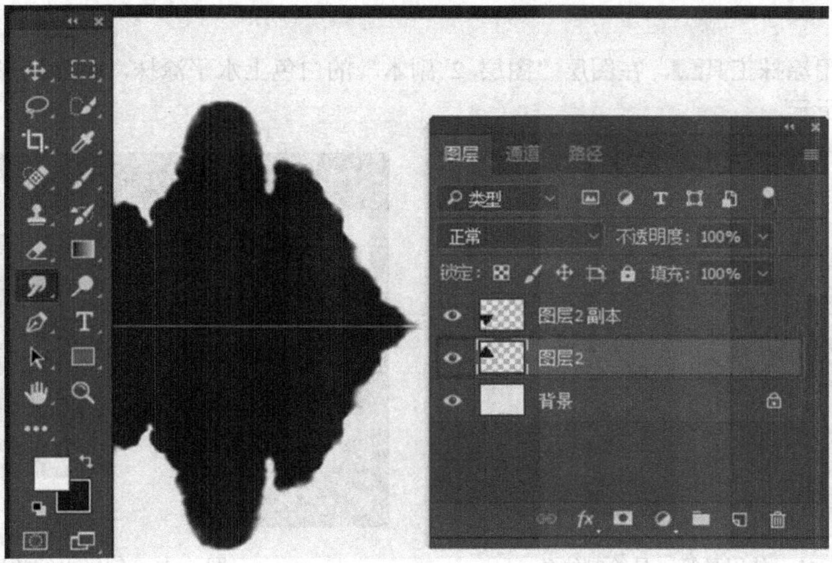

图 5-43 使用涂抹工具涂抹

8）选择图层“图层 2 副本”，执行菜单命令“滤镜”→“模糊”→“动感模糊”，设置角度为 0 度，距离为 41 像素，如图 5-44 所示。

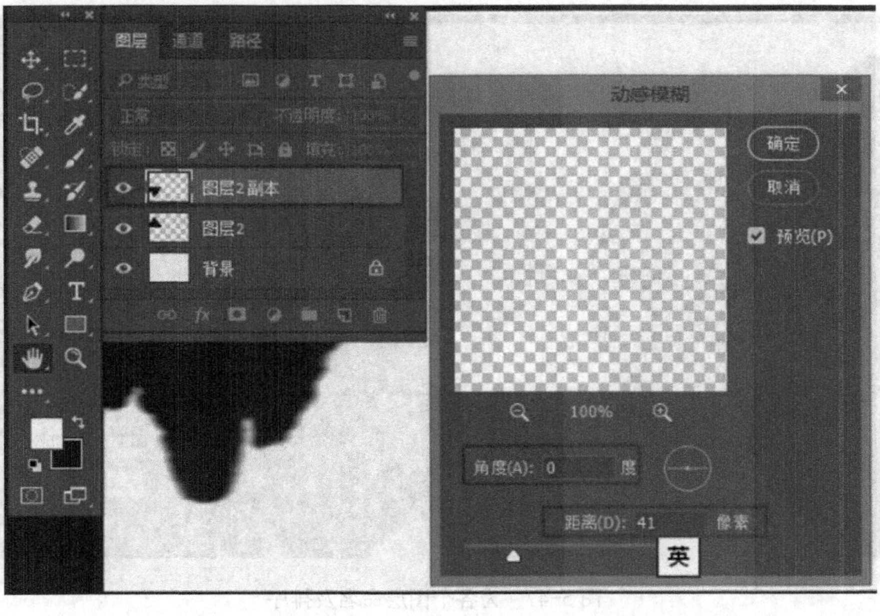

图 5-44 动感模糊效果

5.3.3 调整细节

1）选择画笔工具，按〈D〉键设置前景色为白色，然后在图层“图层 2 副本”上绘制图 5-45 所示的线条，然后将图层“图层 2 副本”的不透明度设置为 80%，如图 5-45

所示。

2）使用涂抹工具，在图层“图层 2 副本”的白色上水平涂抹，得到倒影水纹效果，如图 5-46 所示。

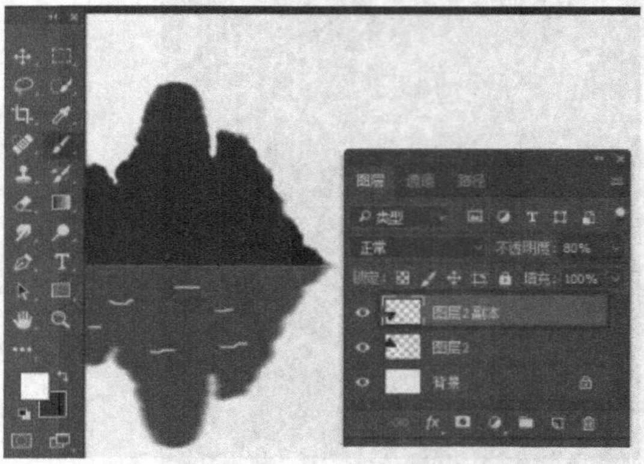

图 5-45　使用画笔工具绘制线条

图 5-46　倒影水纹效果

3）用相同的方法制作后面的几座山及其倒影，注意远山越远越透明，越远越小，同时在“图层”面板中把各个图层的名称改好，按照从近到远的顺序依次为山 1、山 2、山 3、山 4，如图 5-47 所示。

图 5-47　为各个图层命名及排序

4）在图层“山 4”下方创建一个空白图层并命名为“天空”，选择工具箱中的渐变工具，单击“点按可编辑渐变”图标，弹出“渐变编辑器”对话框，设置渐变颜色，左右色标均设置为#98cae7，中间色标为白色。然后选中图层“天空”并在画面中由上往下拖动，绘制出天空效果，如图 5-48 所示。

5）选中背景层之上的所有图层，设置图层混合模式为“变暗”，如图 5-49 所示。

图 5-48　调整“天空”图层

图 5- 49　设置图层混合模式

5.3.4　修饰

1）加载湿介笔刷，用来绘制云雾效果。具体加载方法：首先确定当前工具为画笔，然后在工具选项栏中单击画笔图标右侧的下拉按钮，展开后选择“Wet Media Brushes”（湿介笔刷），在弹出的对话框中单击“追加”按钮，如图 5-50 所示。

2）执行菜单命令“图层”→“新建”→“新建图层”，新建一个图层，用来绘制云雾效果。按〈F5〉键弹出“画笔”面板，选择“湿介”画笔并设置图层不透明度为 38%，如图 5-51 所示，绘制出云雾效果。

图 5-50　画笔工具选项栏

图 5-51　画笔预设

3）将图层“云”的不透明度调为 63%，然后使用涂抹工具对云层进行涂抹操作，如图 5-52 所示。

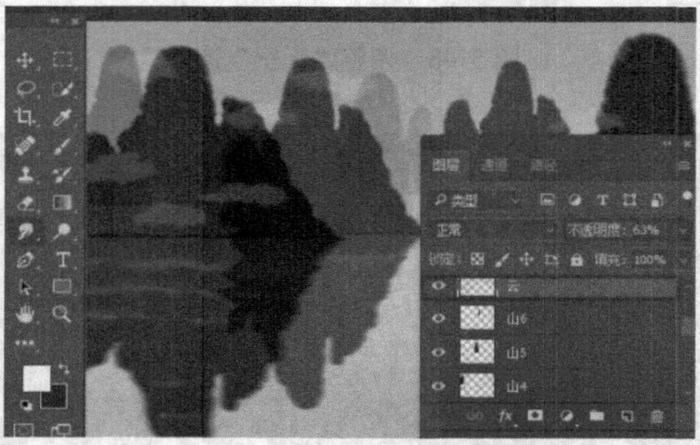

图 5-52　使用涂抹工具对云层进行涂抹

4）按快捷键〈Ctrl+Shift+N〉新建一个图层，命名为“鸟”，用画笔绘制出简单的飞鸟，注意鸟的大小以及虚实，效果如图 5-53 所示。

图 5-53　新建图层“鸟”

5）调整画面，最终效果如图 5-35 所示。

第 6 章　路径与矢量图

本章要点

- 路径与矢量图，包括路径的概念、路径编辑、路径管理等
- 路径的创建与编辑方法
- 路径及矢量图案例应用

6.1　认识路径

6.1.1　路径的概念

路径是使用贝塞尔曲线所构成的一段闭合或者开放的曲线段。可以是一个点、一条直线、一条曲线，或者一系列连续直线和曲线段的结合。路径是矢量的图形，不属于图像范围，不能被打印输出。路径主要被运用于选择图像和绘制图形，也可以对其描边、沿路径编排文字等。当路径闭合时可以将其转换为选区，同样，选区也可以被转换为路径。因此也可以把它归类到“选择”方式的一种。路径可以随图像文件一起保存和打开，PSD、JPEG、TIFF 等图像格式都支持路径方式。

6.1.2　路径的绘制

路径可以使用钢笔工具组创建出来。可以用钢笔工具组绘制出任意形状的路径。图 6-1a 所示为钢笔工具组。除了可以使用钢笔工具组创建路径之外，还可以用矩形工具组中的各种工具创建的选区或用已有的选区来创建路径，如图 6-1b 所示。

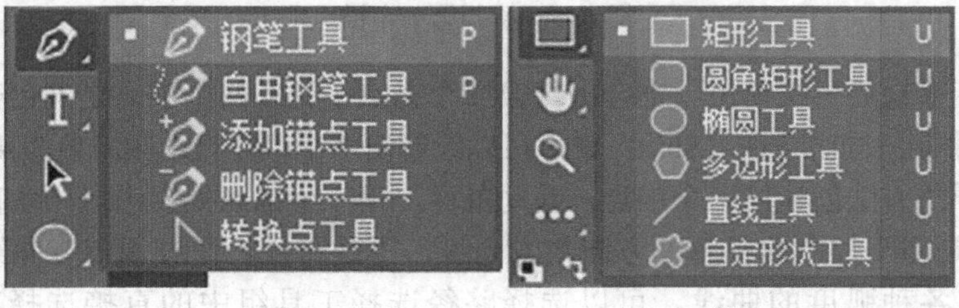

图 6-1　绘制路径常用工具

a) 钢笔工具组　b) 矩形工具组

钢笔工具组中各工具的说明如下。

- 钢笔工具：最常用的矢量绘图工具，通过锚点确定路径方向。
- 自由钢笔工具：用于随意绘图路径，在绘图时自动添加锚点，无须确定锚点的位置。

● 添加锚点工具：用于向路径中添加锚点。
● 删除锚点工具：用于删除路径中的锚点。
● 转换点工具：用于调节路径中的弯曲形状。

矩形工具组中各工具的说明如下。

● 矩形工具：用于绘制矩形路径或矩形矢量图案。
● 圆角矩形路径：用于绘制圆角矩形路径或圆角矩形矢量图案。
● 椭圆工具：用于绘制椭圆形路径或椭圆形矢量图案。
● 多边形工具：用于绘制多边形路径或多边形矢量图案。
● 直线工具：用于绘制直线路径或直线矢量图案。
● 自定形状工具：用于调用自定义的图形绘制路径或矢量图案。

1．使用钢笔工具组创建和编辑路径

钢笔工具作为钢笔工具组中的第一工具，是路径创建最常用到的工具之一。使用钢笔工具可以灵活创建各种直线、曲线、折线路径。接下来演示用钢笔工具绘制路径的方法。

1）打开 Photoshop CC，新建一个图层文件。在工具箱中选择钢笔工具，在工具选项栏中选择“路径”并勾选“自动添加/删除”复选框，如图 6-2 所示。

图 6-2　设置钢笔工具选项栏中的参数

2）将光标移动到绘图区单击，会创建第一个锚点，如图 6-3 所示。

图 6-3　绘制第一个锚点

3）把光标移动后再次单击，则会出现第二个锚点，并在两个锚点之间创建直线路径，如图 6-4 所示。绘制的同时按住〈Shift〉键，可以绘制出水平、垂直或倾斜度为 45°的直线。

4）用同样的方法创建第三个锚点，拖动鼠标，第三个锚点处会出现一条直线，如图 6-5 所示。该直线是用于控制路径弯曲方向的方向线，不是路径。通过调节方向线可以在两个锚点之间创建出各种弧度的曲线。可以选择路径选择工具组中的直接选择工具或按住〈Ctrl〉键对方向线进行编辑。

图 6-4　绘制第二个锚点

图 6-5　绘制第三个锚点

5）使用同样的方法可以绘制出一条复杂的曲线路径，如图 6-6 所示。

6）当一条路径绘制完毕时，按住〈Ctrl〉键的同时在绘图区单击可结束当前路径的绘制。此时再次在绘图区中创建的新路径的锚点将不与之前的锚点连接，如图 6-7 所示。

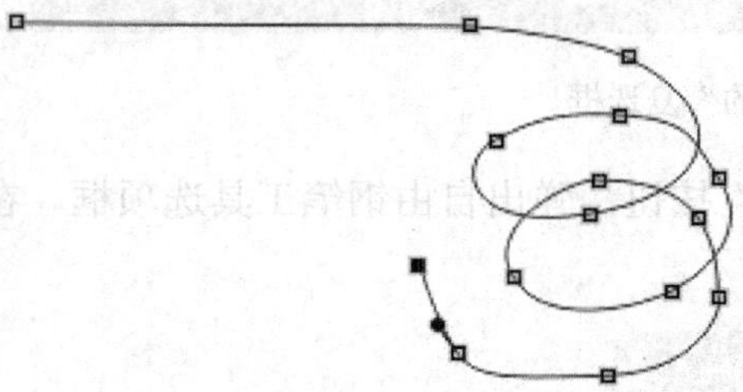

图 6-6　绘制较复杂的曲线路径

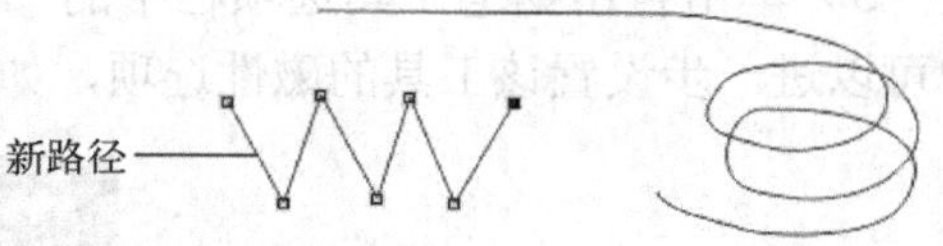

图 6-7　创建新路径

2．使用自由钢笔工具绘制路径

使用自由钢笔工具绘图就像用户直接使用钢笔在纸上绘图一样，用户可以随意地绘制出想要的路径形状。也可以利用这一工具的磁性功能，像用磁性套索工具一样沿图像边缘绘制路径。接下来演示用自由钢笔工具绘制路径的方法。

1）打开 Photoshop CC，新建一个图像文件。在工具箱中选择钢笔工具组里的自由钢笔工具，在工具选项栏中选择“路径”，如图 6-8 所示。

图 6-8　设置自由钢笔工具选项栏中的参数

2）这时可以使用自由钢笔工具在绘图区绘制路径，拖动鼠标放开后再单击可以直接绘制另外一条路径，新路径不与前面的路径相连接，就像手拿着钢笔在纸上直接绘画，可以轻松绘制图 6-9 所示的路径。

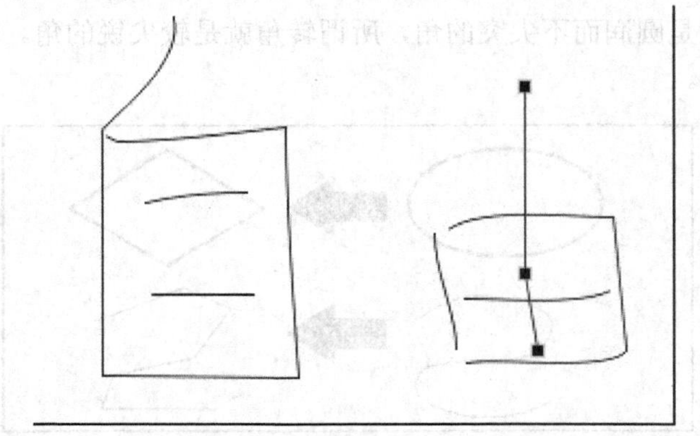

图 6-9　使用自由钢笔工具绘制的“自由”字样路径

3）使用自由钢笔工具按住〈Alt〉键的同时绘制路径，可以在释放鼠标时使图像不断开，再次单击绘制路径时的起始位置与之前路径的末端以直线相连。这种方法在绘制连贯路径和直线路径时起到很大的作用。

4）在自由钢笔工具选项栏中勾选“磁性的”复选框，如图 6-10 所示。此时自由钢笔工具便带有吸附图像边缘的功能。

图 6-10　勾选“磁性的”复选框

5）单击自由钢笔工具选项栏中的“几何选项”按钮，弹出自由钢笔工具选项框，在其中可以进一步设置该工具的磁性选项，如图 6-11 所示。

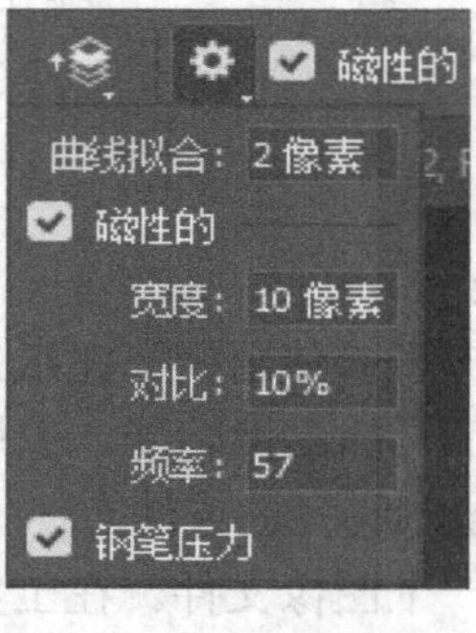

图 6-11　设置磁性选项

6）当使用上述各种方法绘制完成路径后，往往需要对路径进行编辑使其最终的形状达到满意的效果。钢笔工具组中的添加锚点工具、删除锚点工具和转换点工具就是专门用于编辑路径和形状的工具。

- 选择添加锚点工具，移动光标到路径的线条处可以给路径添加锚点；选择删除锚点工具，移动光标到路径的节点可以删除锚点。另外，这两种工具都可以用来编辑方向线。
- 使用转换点工具选中锚点，可以实现“平滑角”和“转角”之间的相互转换。所谓“平滑角”就是圆润而不尖突的角，所谓转角就是较尖锐的角。转换角前后的效果如图 6-12 所示。

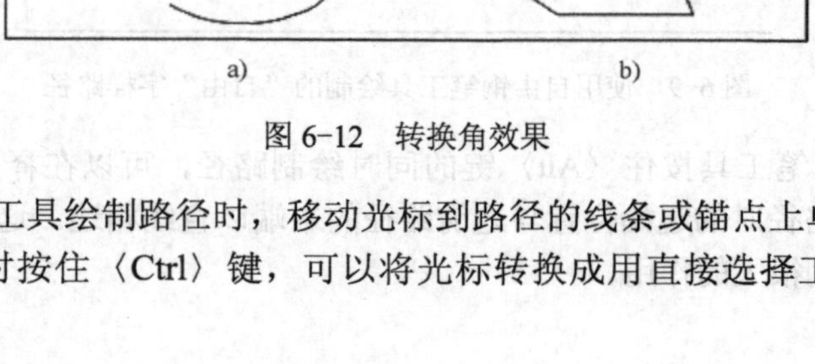

a)　　b)

图 6-12　转换角效果

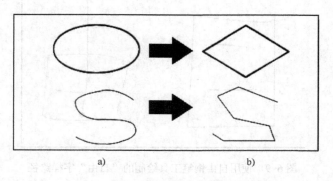

7）当选择钢笔工具绘制路径时，移动光标到路径的线条或锚点上单击也可以添加或删除锚点。绘制的同时按住〈Ctrl〉键，可以将光标转换成用直接选择工具移动锚点和或曲

线，还可以将节点转换角，因此使用快捷键对路径进行编辑是最快捷方便的方法。

3．使用矩形工具组创建路径

矩形工具组是调用已有的矢量图形在绘图区绘制路径的，比使用钢笔工具组创建路径的方法更为简单。接下来演示用矩形工具组绘制路径的方法。

选择工具箱中的矩形工具、圆角矩形工具或椭圆工具，在绘图区拖动，分别可以绘制出矩形、圆角矩形和椭圆形的封闭路径，如图 6-13a 所示；按住〈Shift〉键拖动鼠标，则分别可以绘制出方形、圆角方形和圆形的封闭路径，如图 6-36 所示。

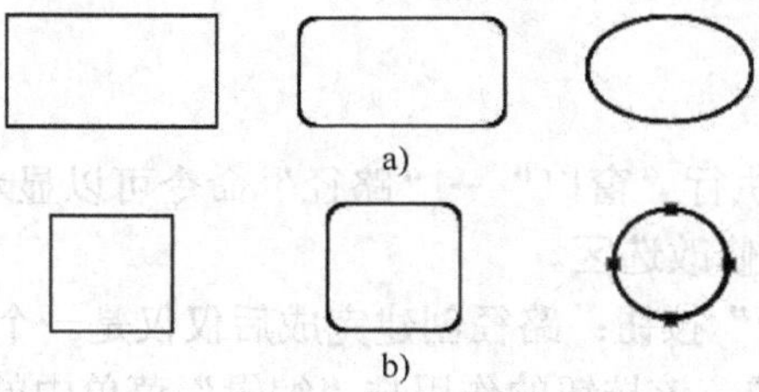

图 6-13　使用矢量绘图工具组绘制路径

用多边形工具绘制路径的方法与用前面三种工具绘制的方法类似，不同之处在于通过在多边形工具工具选项栏中选择多边形的边数，可以绘制出多种多边形，如图 6-14 所示。

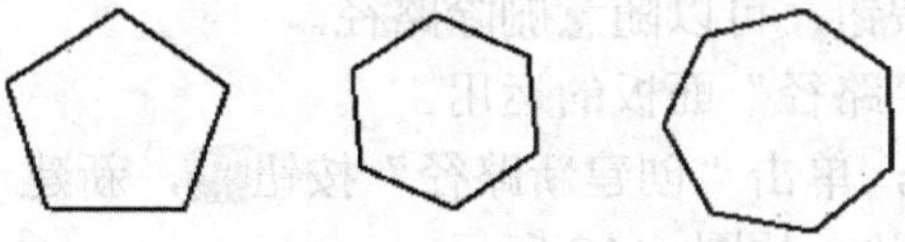

图 6-14　多种多边形

直线工具可用于绘制直线路径，使用直线工具绘制的直线有一定宽度，绘制的同时按住〈Shift〉键，可以绘制出水平、垂直或倾斜度为 45°的直线。

自定形状工具用于绘制各种不同的自定形状路径，绘制方法是：在矩形工具组中选择自定形状工具，在其工具选项栏中的“形状”下拉列表框中选择需要绘制的图形，然后在绘图区拖动鼠标绘制该形状。工具选项栏中有许多系统自带的形状可供选择，如图 6-15 所示，选择这些形状绘制的路径如图 6-16 所示。

图 6-15　系统自带的形状

图 6-16　绘制出的自定形状

使用矩形工具组绘制路径都可以通过工具选项栏中的参数来设置工具属性，如图 6-17 所示。

图 6-17 “几何选项”按钮

路径的创建除了可以使用上述两个工具组绘制之外，还可以将已建立的选区转换为路径，这些就需要用到“路径”面板中的功能。

6.1.3 “路径”面板详解

打开 Photoshop CC，执行“窗口”→“路径”命令可以显示“路径”面板。“路径”面板的主要功能是存储路径和修改选区。

- “用前景色填充路径”按钮：路径创建完成后仅仅是一个线框，需要单击此按钮才能构成一个完整的图像。该按钮的作用与“编辑”菜单中的“填充”命令完全一样。
- “用画笔描边路径”按钮：用于设置路径描边。
- “将路径作为选区转入”按钮：可以将任意路径转换成选区。
- “从选区生成工作路径”按钮：可以将任意选区转换成路径。
- “添加蒙版图层”按钮：可以将当前路径作为蒙版添加到图层。
- “创建新路径”按钮：可以创建分层路径。
- “删除当前路径”按钮：可以随意删除路径。

接下来通过实例演示“路径”面板的运用。

1）打开“路径”面板，单击“创建新路径”按钮，新建一个路径，如图 6-18 所示。

2）绘制出一个路径形状，如图 6-19 所示。

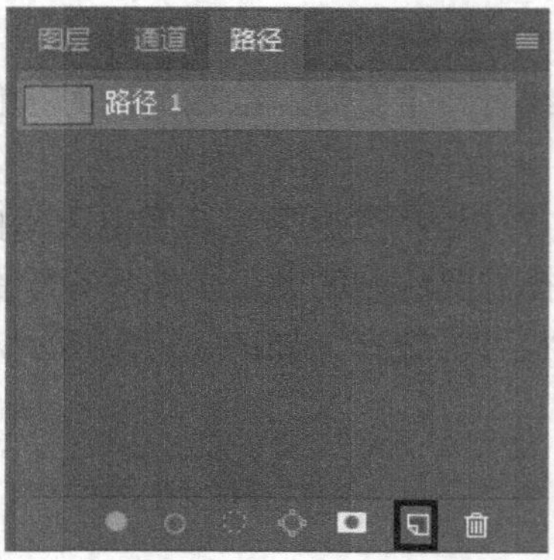

图 6-18 新建一个路径

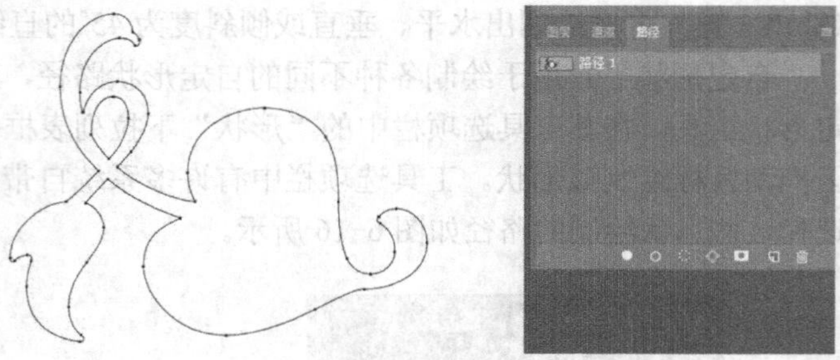

图 6-19 绘制路径

3）在工具选项栏中选择“路径”，如图 6-20 所示。

4）通过“路径”面板右上角的功能菜单的命令，可为路径描边，而且可以选择描边的工具。“路径”面板的功能菜单如图 6-21 所示。直接单击“路径”面板下方的“用画笔描边路径”按钮也可以给路径添加描边，效果如图 6-22 所示。

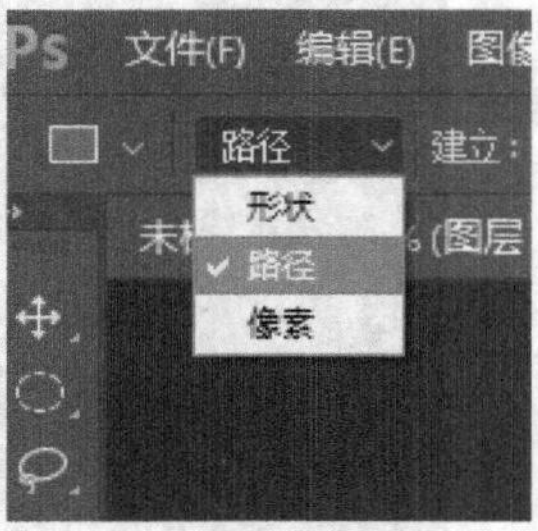

图 6-20　选择“路径”

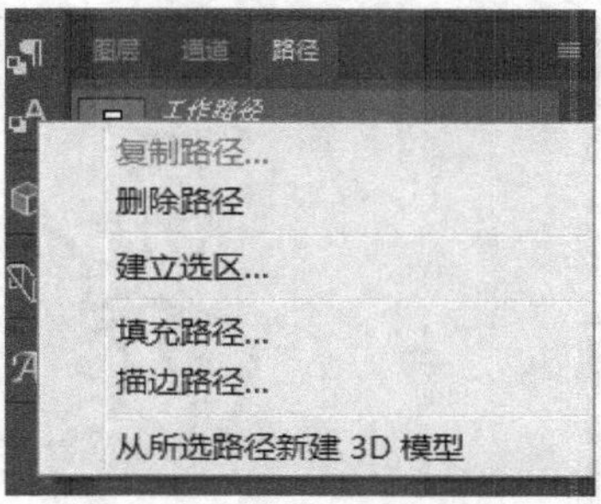

图 6-21　功能菜单

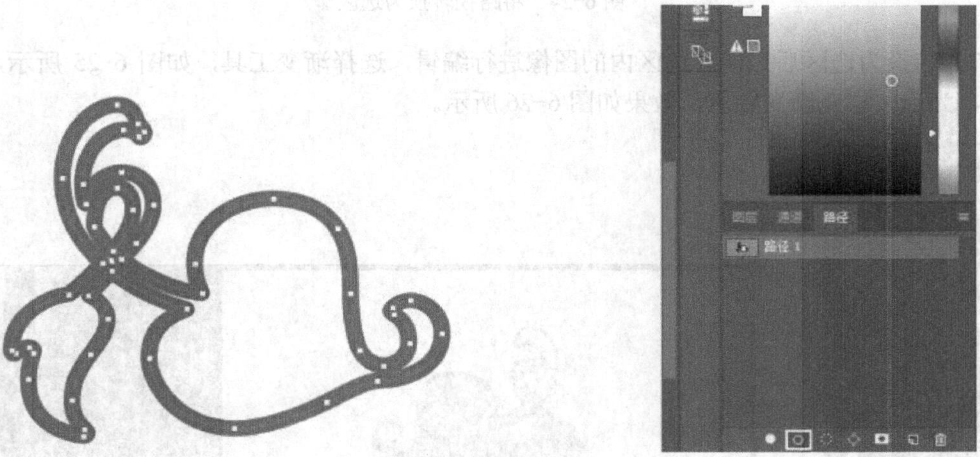

图 6-22　为路径描边

5）单击“用前景色填充路径”按钮为路径填充一种颜色，效果如图 6-23 所示。和“用画笔描边路径”一样，使用面板功能菜单中的命令也可以完成填充路径，并可以设置填充路径的参数。

图 6-23　填充路径

6）单击“路径”面板下方的“将路径作为选区载入”按钮，将路径转换成选区，如图 6-24 所示。

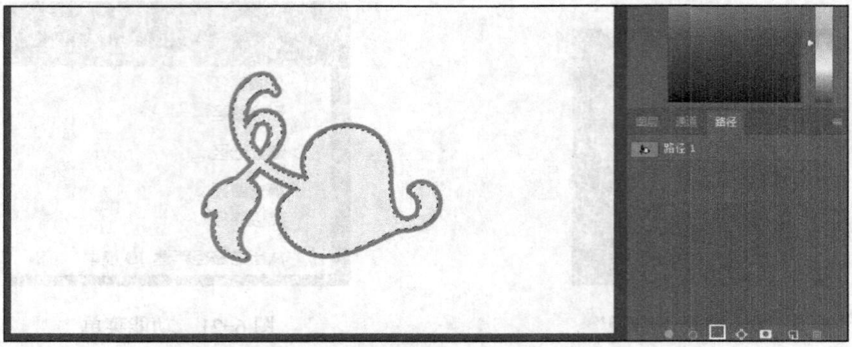

图 6-24　将路径转换为选区

7）转换为选区后只能对选区内的图像进行编辑，选择渐变工具，如图 6-25 所示，拖动鼠标，为选区填充渐变颜色，效果如图 6-26 所示。

图 6-25　设置渐变颜色　　　　图 6-26　编辑选区

8）删除选区，最终完成的图像效果如图 6-27 所示。

图 6-27　最终效果

6.1.4　路径管理

1．保存路径

在图像绘图区中创建新的路径后，该路径层在“路径”面板中将自动命名为“工作路径”，是临时的路径。如果再绘制新的路径，该工作路径就会被新的路径所取代，因此，如果要继续使用当前的路径，就需要将它保存。

保存“工作路径”的操作方法有多种，可以将“工作路径”拖到“路径”面板的“创建新路径”按钮上，将临时路径转换为正常路径；也可以在“路径”面板中双击“工作路径”，在弹出的“存储路径”对话框中单击“确定”按钮保存路径；“路径”画板功能菜单中也有“存储路径”命令。

2．复制路径

在 Photoshop 中，路径就像图像和文字一样可以进行复制。说到复制路径，许多初学者可能认为复制路径和复制图层一样，将路径层拖动到“创建新路径”按钮上就可以，实际上，将路径层拖动到“创建新路径”按钮上的效果是：如果拖动的是临时路径层，则将其转换为普通路径层；如果拖动的是普通路径层，则新建一个一样的路径层。这种操作可以复制多个路径并分配到不同的路径图层里，不能一起显示。如果要复制的多条路径在同一个层，正确的操作方法是：使用路径选择工具或直接选择工具选中目标路径，然后按住〈Alt〉键并拖动路径，就可以从原路径中复制出一条一模一样的路径。使用“编辑”命令复制再粘贴也可达到同样效果。

3．删除路径

删除路径与删除图像和文字一样，先选中路径的全部（或部分）锚点，再按〈Delete〉键可以删除整个路径（或部分）节点，将路径层拖动到“删除路径”按钮上，可以删除该路径层。如果先选中路径再按〈Delete〉键，按一次会删除当前的路径，按两次会删除最后绘制出的一个路径，按三次会删除全部路径。

6.2　实例应用：集创设计企业标志绘制

6.2.1　技术分析

本实例的学习重点是对于填充工具、网格、钢笔工具、文本工具等的结合使用。

本节以企业标志设计为例，先新建文件，再使用渐变工具▇渐变填充背景、显示网格，确定标志的大小，使用钢笔工具▇输入企业名称，调整文字样式，最终效果如图 6-28 所示，制作过程如图 6-29 所示。

图 6-28　最终效果

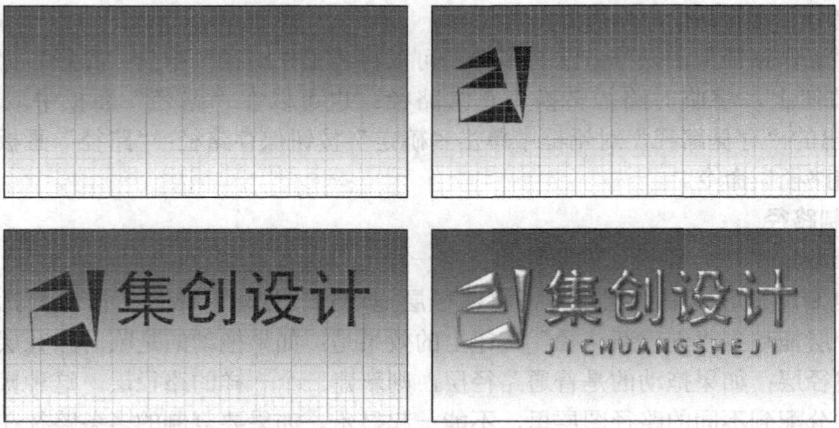

图 6-29　制作过程图

6.2.2　背景制作

1）启动 Adobe Photoshop CC 软件，执行菜单命令“文件”→“新建”（快捷键〈Ctrl+N〉），弹出“新建文档”对话框，设置宽度为“800 像素”，高度为“400 像素”，分辨率为“72 像素/英寸”，然后单击“创建”按钮，完成新文档创建，如图 6-30 所示。

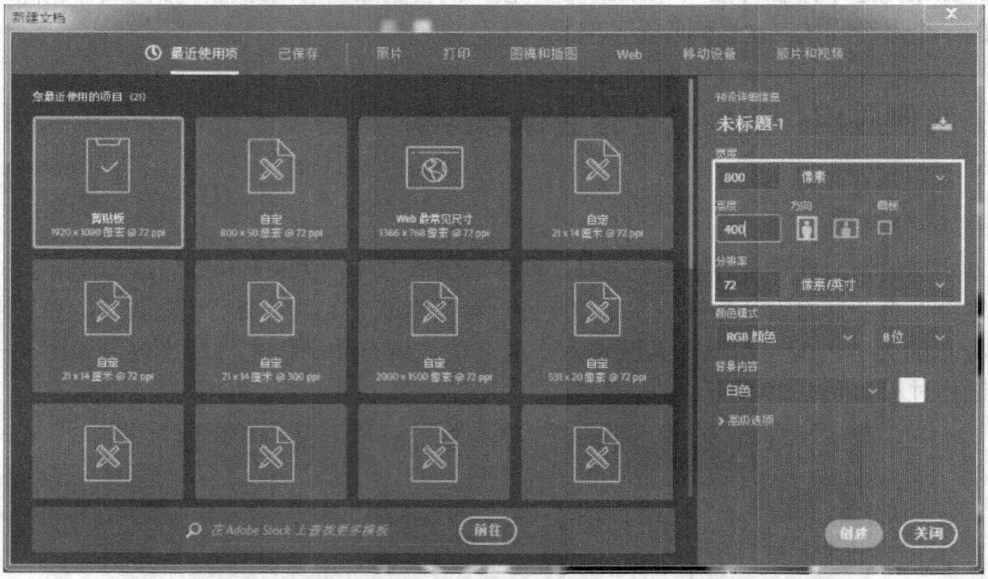

图 6-30　新建文档

2）在工具箱中选择渐变工具，在工具选项栏中选择线性渐变，接着单击“点按可编辑渐变”图标，如图 6-31 所示；弹出“渐变编辑器”对话框，选择前景色到背景色渐变，单击图 6-32 中 A 处“颜色”色标，弹出“拾色器（色标颜色）”对话框，设置色标颜色为#0055ff，设置 B 处色标颜色为#ffffff，单击“确定”按钮，完成渐变颜色设置，如图 6-33 所示。

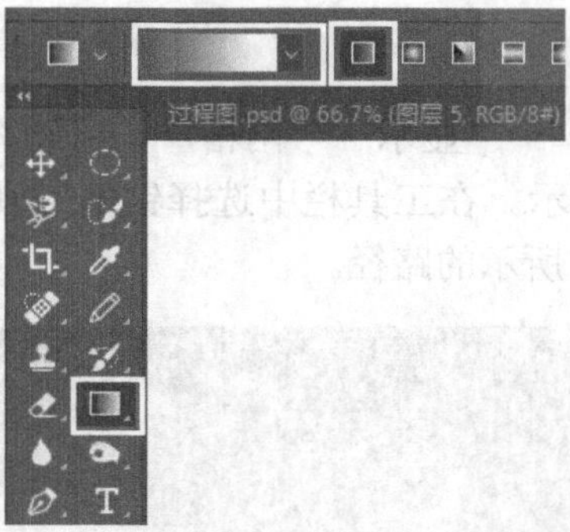

图 6-31　渐变工具

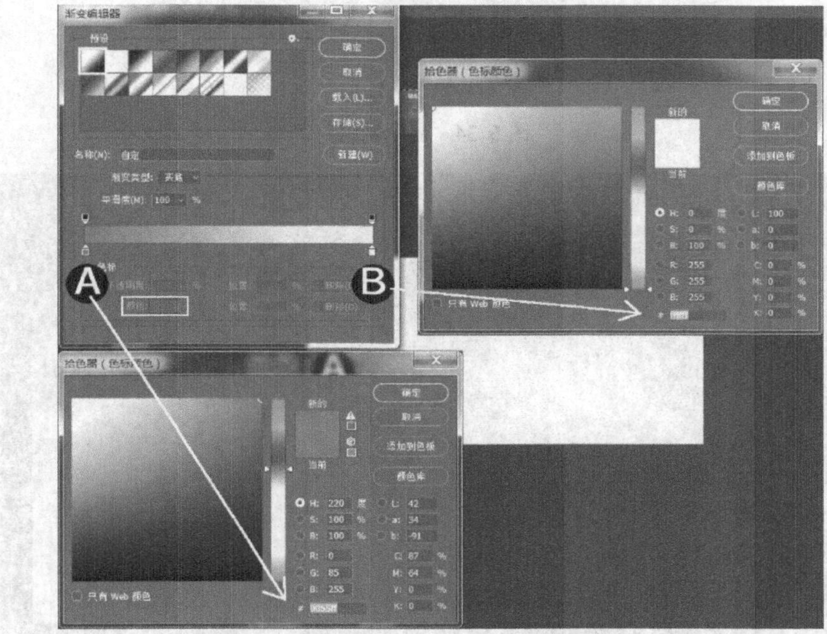

图 6-32　设置渐变颜色

3）在工具箱中选择渐变工具，在绘图区中由上而下拖动，完成渐变操作，效果如图 6-33 所示。

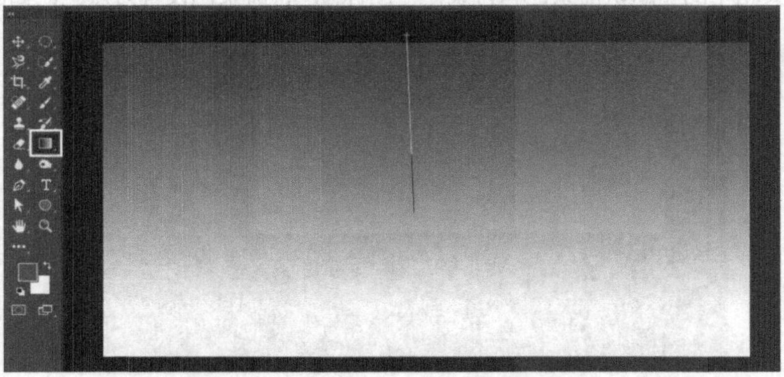

图 6-33　渐变填充

6.2.3 绘制标志

1）执行菜单命令“视图”→“显示→“网格”，将绘图区的网格显示出来作为参考线以便绘制标志，如图 6-34 所示。在工具栏中选择钢笔工具，并在工具选项栏中设置为“路径”模式，绘制出图 6-35 所示的路径。

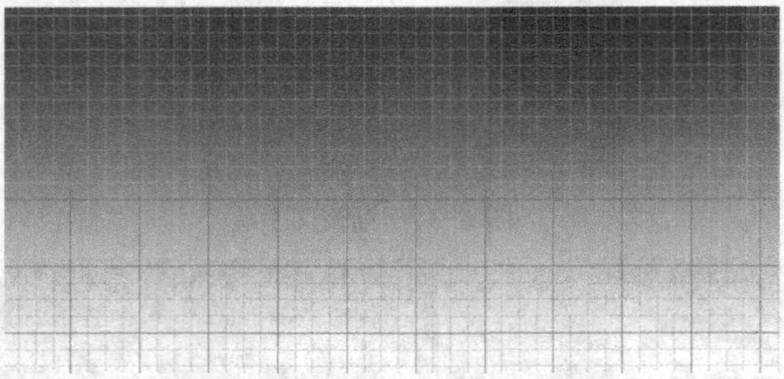

图 6-34　显示网格

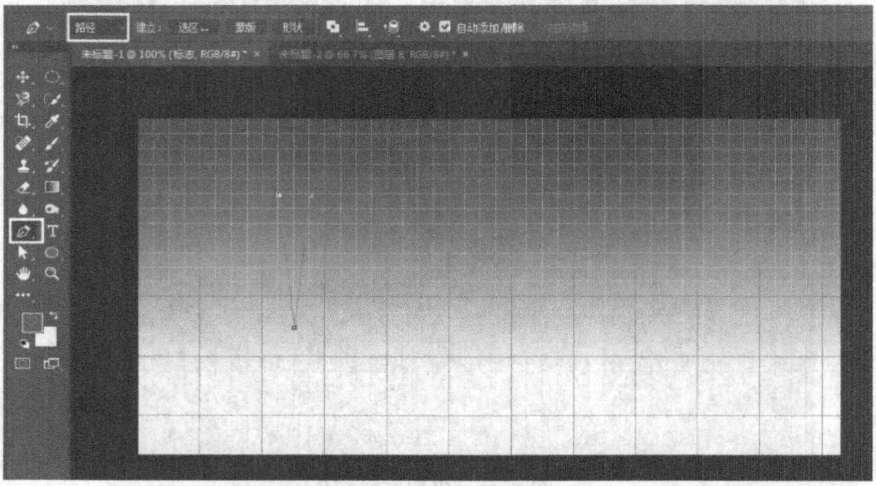

图 6-35　绘制路径

2）在“图层”面板上单击“创建新图层”按钮，创建一个新图层并命名为“标志”，然后按单击工具箱中的“默认前景色和背景色”图标，将前景色设置为黑色，如图 6-36 所示。

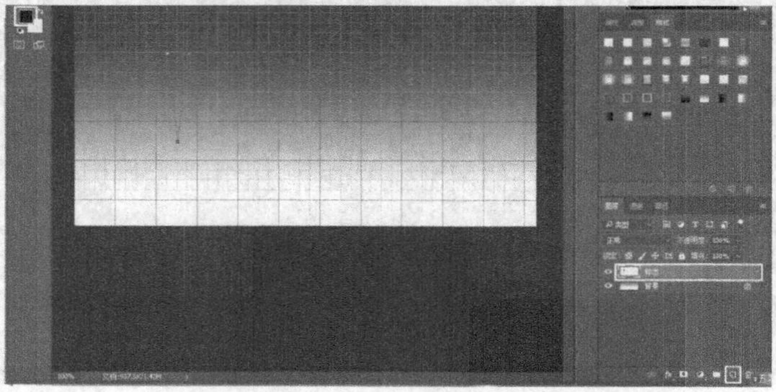

图 6-36　创建新图层

3）在“路径”面板上选择“工作路径”，然后单击“路径”面板中的“用前景色填充路径”按钮■，将路径填充为黑色，如图 6-37 所示。

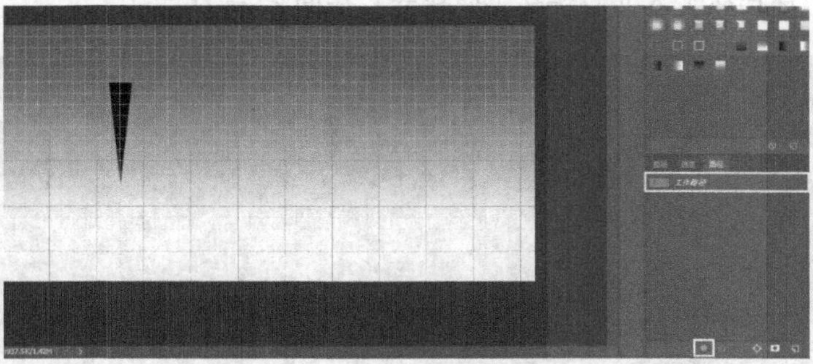

图 6-37　填充路径

4）依照步骤 1～3 绘制出企业标志的其他部分，如图 6-38 所示。

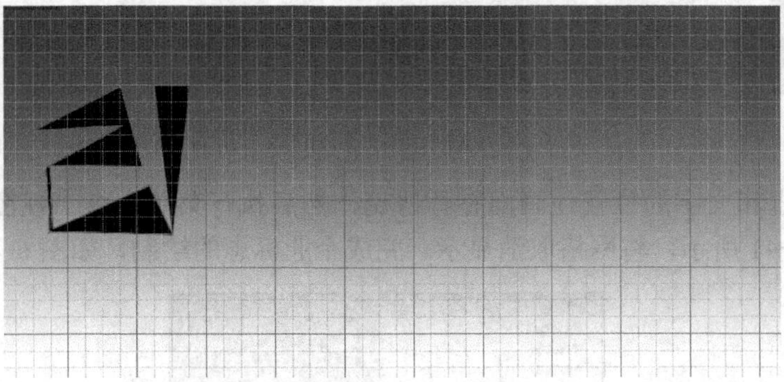

图 6-38　完成标志

5）将完成的标志置于画面的左侧。执行菜单命令“窗口”→“字符”，在工具选项栏中选择字体为“Adobe 黑体 std”，设置字体颜色为黑色，字体大小为“128 点”，如图 6-39 所示。然后选择工具箱中的横排文字工具T，在企业标志的右侧输入企业名称“集创设计”。

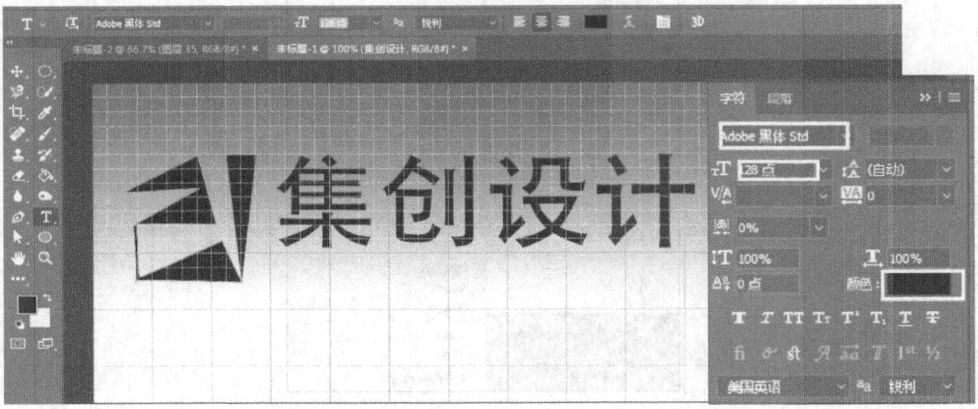

图 6-39　输入企业名字

6）选择工具箱中的横排文字工具T，在工具选项栏中单击“切换文本取向”按钮，设置字体为“Adobe 黑体 std”，设置字体颜色为黑色，字体大小为“128 点”，设置消除锯齿的方法为“锐利”，然后输入企业名称的大写拼音，如图 6-40 所示。

图 6-40　输入企业名称的大写拼音

7）调整标志和文字的位置使画面整体协调，然后执行菜单命令“视图”→“显示”→“网格”，如图 6-41 所示，将网格取消显示。完成企业标志的绘制，如图 6-42 所示。

图 6-41　取消网格

图 6-42　企业标志绘制效果

8）执行菜单命令“窗口”→“样式”，在打开的“样式”面板的功能菜单中选择“Web 样式”命令，然后在样式列表中选择“光面铬黄”，如图 6-43 所示，完成标志的最终效果，如图 6-44 所示。

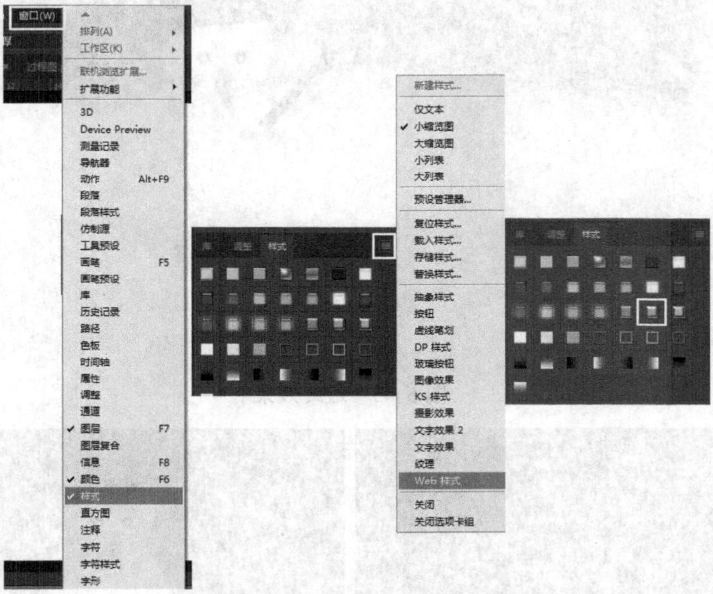

图 6-43　设置样式

图 6-44　最终效果

6.3 实例应用：圣诞贺卡设计

27 扇子效果制作

6.3.1 技术分析

本节以圣诞贺卡设计为例，使用椭圆工具、渐变工具、自定形状工具、钢笔工具等结合制作，最终效果如图 6-45 所示，制作过程如图 6-46 所示。

图 6-45 最终效果

图 6-46 制作过程图

6.3.2　制作背景

1）打开 Adobe Photoshop CC 软件，执行菜单命令“文件”→“新建”（快捷键〈Ctrl+N〉），弹出“新建文档”对话框，名称修改为“6.3　实例应用：圣诞贺卡设计”；设置宽度为“21 厘米”，高度设置为“14 厘米”，然后单击“创建”按钮完成文件创建，如图 6-47 所示。

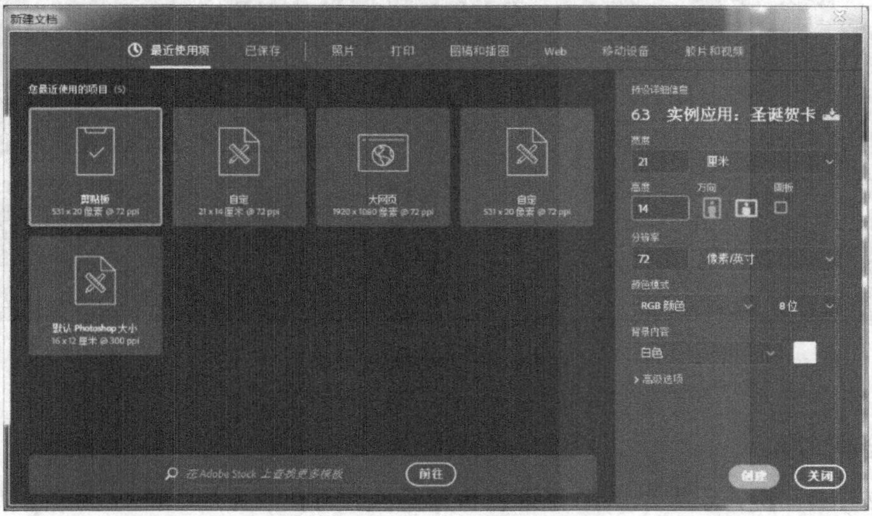

图 6-47　创建文件

2）按〈D〉键，设置前景背景为默认颜色；在“图层”面板上单击“创建新图层”按钮新建图层并命名为“背景制作”；在工具箱中单击前景色图标，弹出“拾色器（前景色）”对话框，设置前景色为“#1818fe”，如图 6-48 所示。

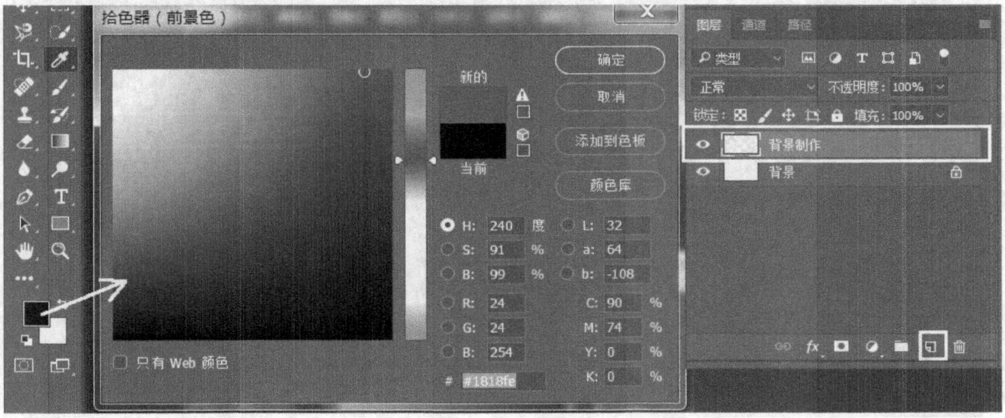

图 6-48　设置前景色

3）在工具箱中选择渐变工具，然后在工具选项栏中单击“点按可编辑渐变”图标，弹出“渐变编辑器”对话框，选择预设中的“前景色到背景色渐变”，在画面中从上而下拖动出渐变效果，如图 6-49 所示。

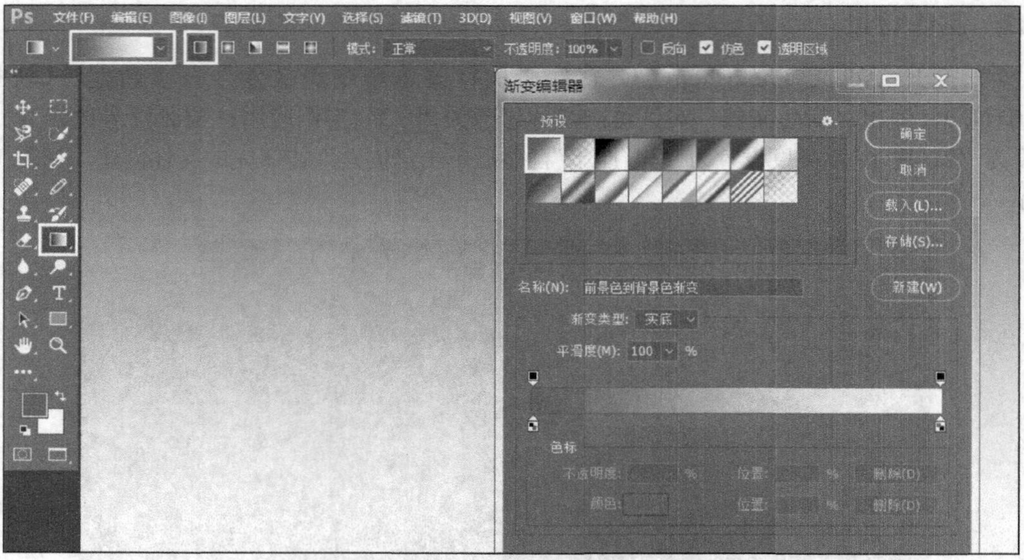

图 6-49　设置渐变效果

6.3.3　绘制雪人

1）按〈D〉键，设置默认的前景色和背景色；再在“图层”面板上单击“创建新图层”按钮新建图层并命名为“雪人头部”，选择工具箱中的椭圆工具，并在工具选项栏中选择“像素”，按住〈Shift〉键绘制出大小合适的圆形，如图 6-50 所示。

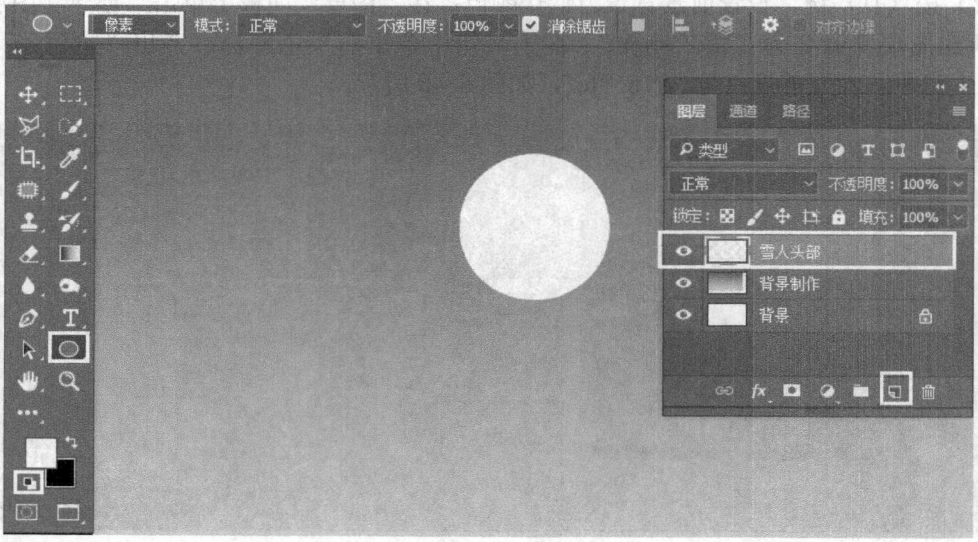

图 6-50　绘制圆形

2）选择加深工具，在工具选项栏中单击图 6-51 所示下拉按钮，在“画笔预设”选取器中选择“柔角 471”画笔，其范围设置为“高光”，曝光度为 15%，添加暗部效果，如图 6-51 所示。

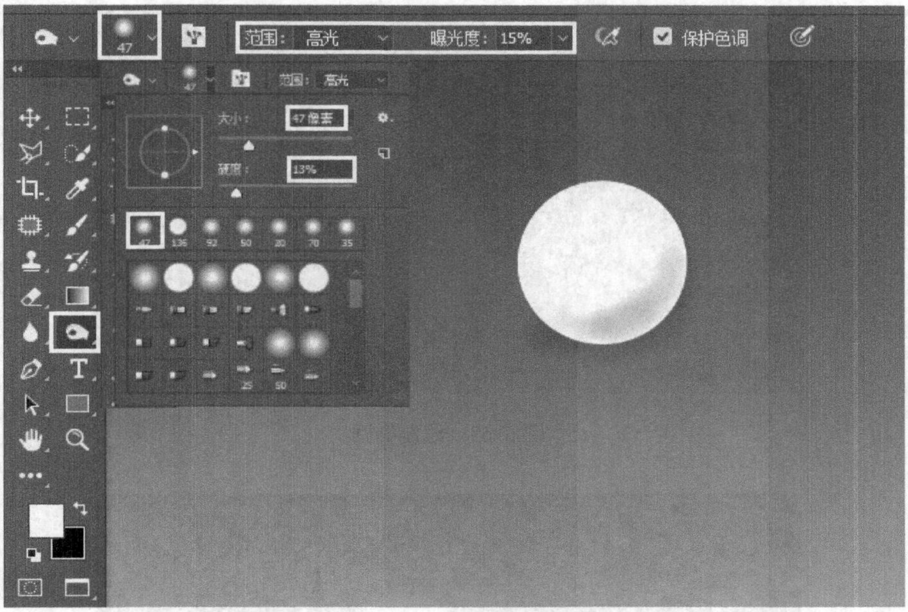

图 6-51　绘制暗部

3）在“图层”面板中复制“雪人头部”图层并命名为“雪人身体”，然后拖动到“雪人头部”图层下面，执行菜单命令“编辑”→“变换”→“扭曲”，将图形调整到图 6-52 所示的身体形状。

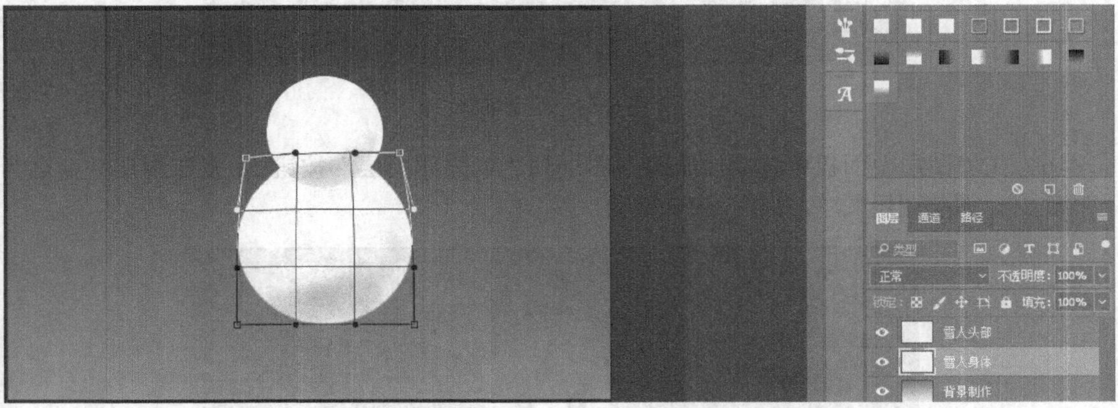

图 6-52　制作雪人身体

4）按〈D〉键，设置前景色为默认颜色；在“图层”面板上单击“创建新图层”按钮新建图层并命名为“眼睛”，选择工具箱中的椭圆工具，并在工具选项栏中选择“像素”，按〈Shift〉键绘制出大小合适的圆形，如图 6-53 所示。

5）在工具箱中单击“切换前景色和背景色”图标更换默认颜色；选择工具箱中的椭圆工具，并在工具选项栏中选择“像素”，按〈Shift〉键绘制出大小合适的圆形，如图 6-54 所示。

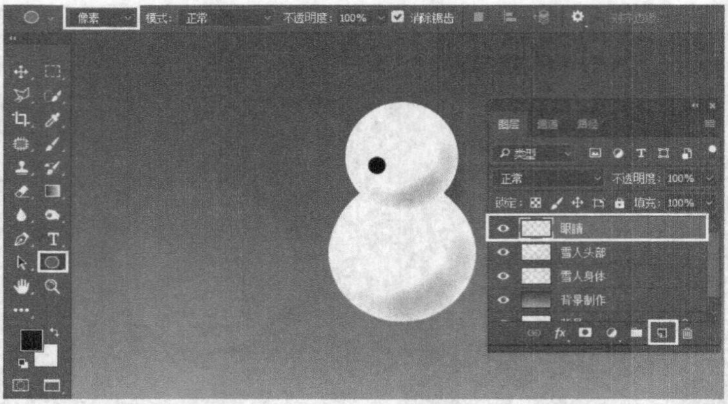

图 6-53　绘制椭圆

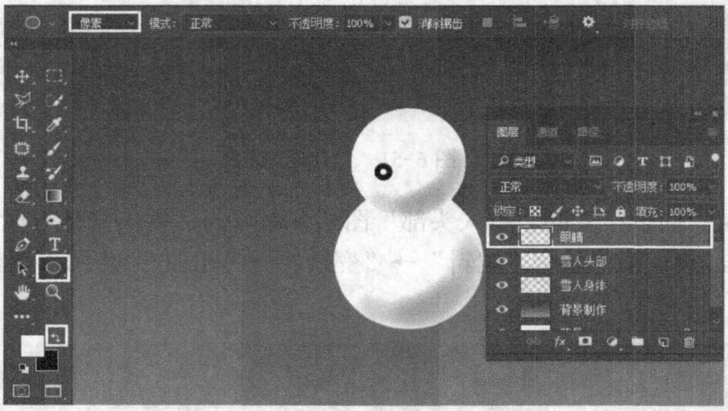

图 6-54　绘制椭圆

6）在“图层”面板中拖动“眼睛”图层到“创建新图层”按钮上复制图层并命名为“眼睛 2”，调整图层顺序，如图 6-55 所示。

图 6-55　绘制眼睛

7）在“图层”面板中单击“创建新图层”按钮上新建图层并命名为“鼻子”，设置前景色为“#dc471f”，如图 6-56 所示，然后选择工具箱中的钢笔工具，用钢笔工具画出鼻子的形状，接着执行菜单命令“窗口”→“路径”，打开“路径”面板，单击“用前景色填充路径”按钮，填充颜色，如图 6-57 所示。

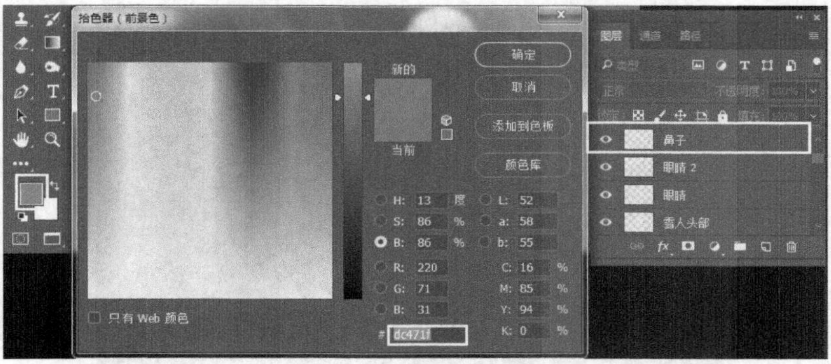

图 6-56　设置前景色

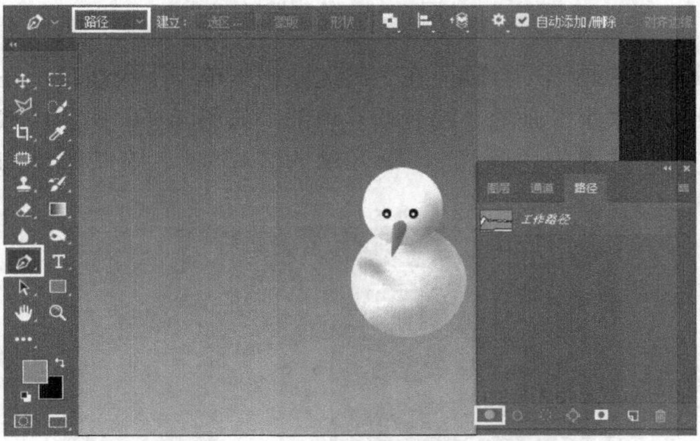

图 6-57　绘制鼻子

8）在“图层”面板中单击“创建新图层”按钮新建图层并命名为“帽子”，在工具箱中单击“设置前景色”图标，设置前景色为“#dc0903”，如图 6-58 所示。

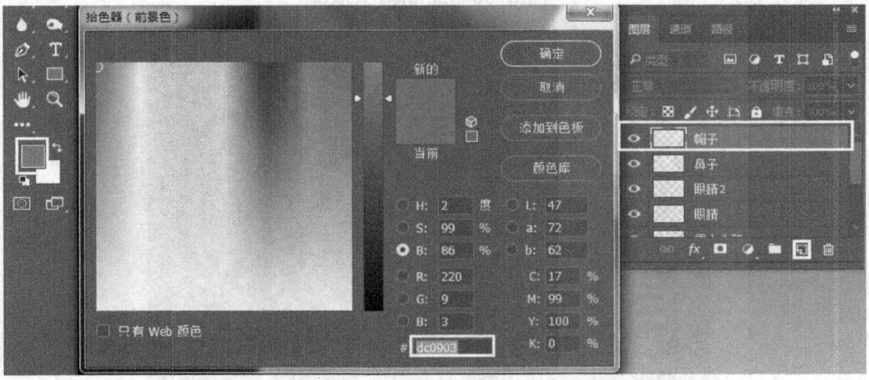

图 6-58　设置前景色

9）选择工具箱中的钢笔工具，用钢笔工具画出帽子的形状，再次执行菜单命令“窗口”→“路径”，打开路径面板，单击“用前景色填充路径”按钮，填充颜色，如图 6-59 所示。

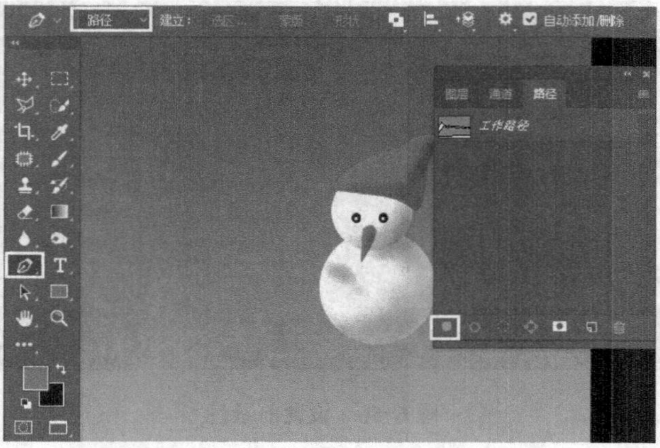

图 6-59　绘制帽子

10）选择工具箱中的画笔工具，在工具选项栏中单击下拉按钮，在“画笔预设”选取器中选择“硬边圆压力大小”画笔，绘制帽子顶部，如图 6-60 所示；然后选择工具箱中的加深工具，其范围设置为“高光”，曝光度为“15%”，绘制帽子的暗部，如图 6-61 所示。

图 6-60　绘制帽子顶部

图 6-61　绘制暗部

11）在“图层”面板中单击“创建新图层”按钮新建图层并命名为“树枝”，先设置前景色为“#380201”，如图 6-62 所示。

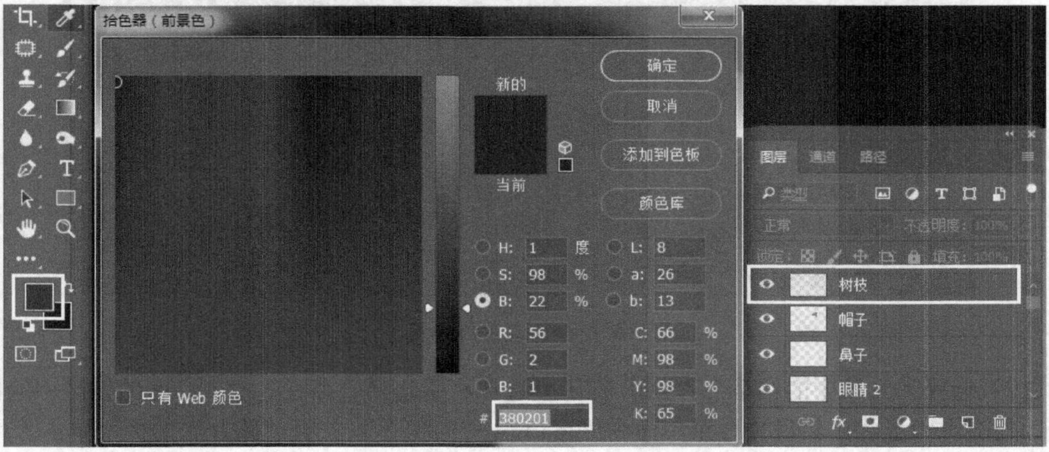

图 6-62　设置前景色

12）选择工具箱中的钢笔工具，用钢笔工具画出鼻子的形状，在工具选项栏中选择“路径”模式，接着执行菜单命令“窗口”→“路径”，打开“路径”面板，单击“用前景色填充路径”按钮，填充颜色，如图 6-63 所示。

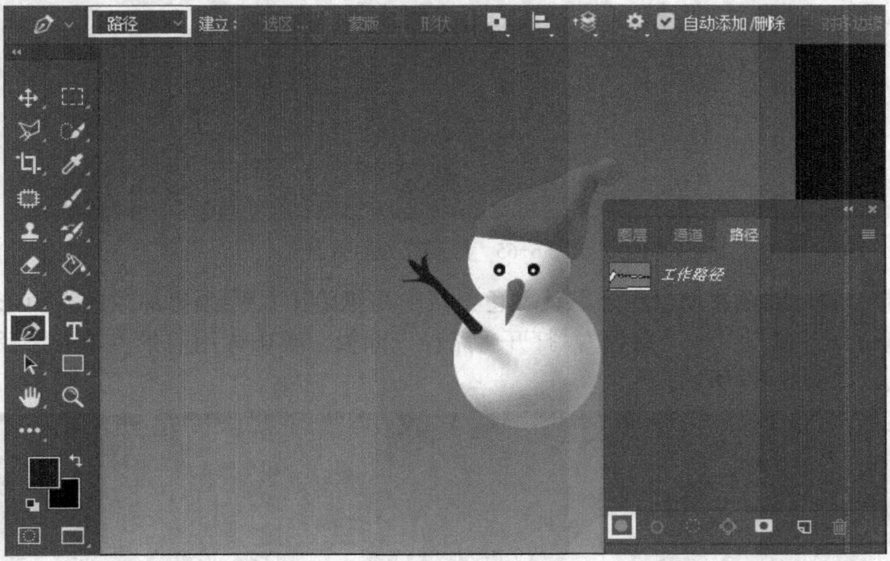

图 6-63　绘制树枝

6.3.4　绘制雪山

1）在“图层”面板中“背景制作”图层之上新建图层并命名为“雪山”，在工具箱中单击“设置前景色”图标，设置前景色为“#868baf”，如图 6-64 所示。

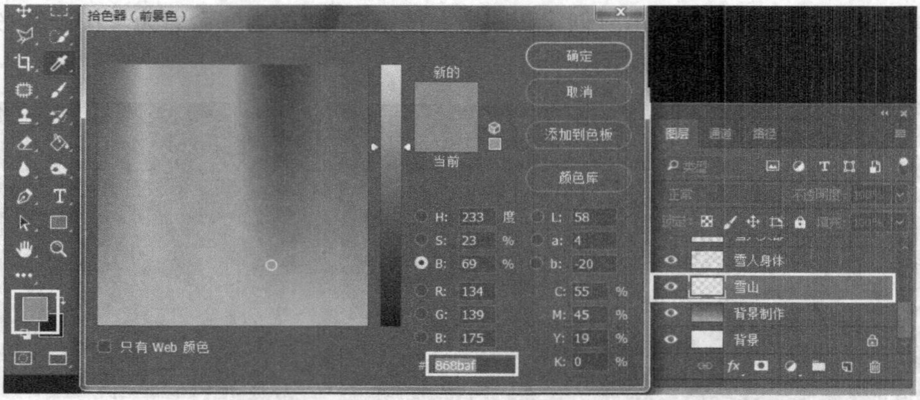

图 6-64　设置前景色

2）选择工具箱中的钢笔工具，在工具选项栏中选择“路径”模式，在绘图区中绘制出远处的雪山形状，然后执行菜单命令“窗口”→“路径”，打开“路径”面板，单击“用前景色填充路径”按钮，填充颜色，如图 6-65 所示。

图 6-65　绘制远处的雪山

3）按〈D〉键设置前景色为默认颜色，接着用钢笔工具画出前景的雪山形状，再次执行菜单命令“窗口”→“路径”，打开“路径”面板，单击“用前景色填充路径”按钮，填充颜色，如图 6-66 所示。

图 6-66　绘制前景雪山

4）在“雪山”图层中，选择工具箱中的加深工具，范围设置为“高光”，曝光度为“15%”，绘制加深雪山，如图 6-67 所示。

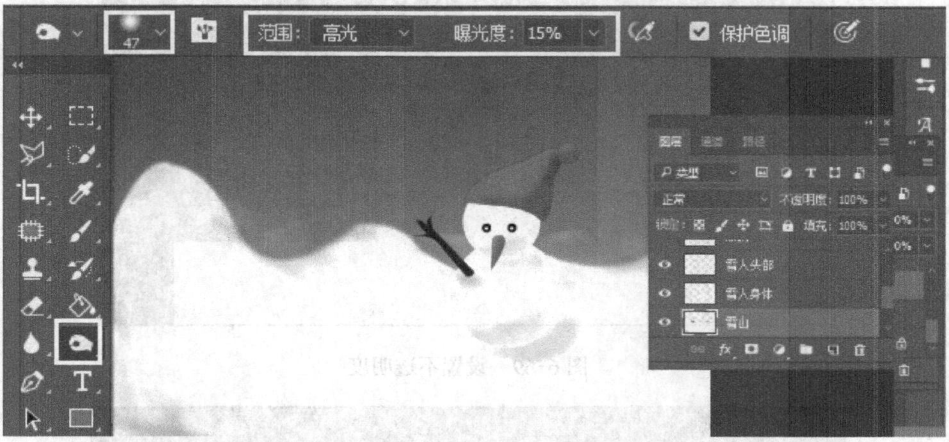

图 6-67　最终的雪山

6.3.5　制作树和雪花

1）在“图层”面板中单击“创建新图层”按钮新建新建图层并命名为“树”，按〈D〉键设置前景色为默认颜色；接着选择工具箱中的自定形状工具，在工具选项栏中设置为“形状”为“树”，按住〈Shift〉键拖出树的形状，如图 6-68 所示。再设置“不透明度为 50%，如图 6-69 所示。

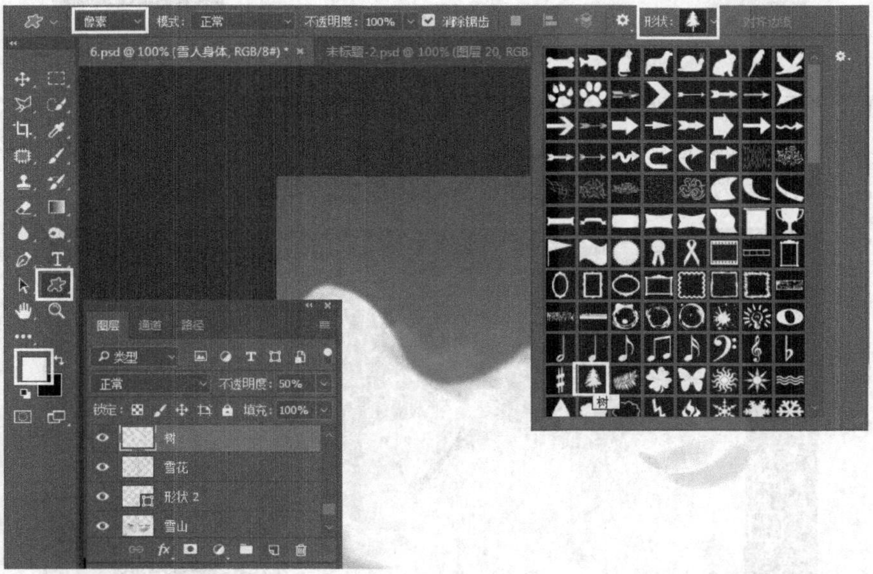

图 6-68　绘制树

2）复制多个“树”图层，调整树的大小、远近，如图 6-70 所示。

图 6-69　设置不透明度

图 6-70　最终绘制的树

3）在“图层”面板中单击“创建新图层”按钮新建图层并命名为“雪花”，按〈D〉键设置前景色为默认颜色，选择工具箱中的自定形状工具，在工具选项栏中选择“像素”模式，形状设置为“雪花”，可选择多种雪花形状，如图 6-71 所示。

图 6-71　绘制雪花

4）在“雪花”图层中，选择选择工具箱中的模糊工具，涂抹雪花，如图 6-72 所示。

图 6-72　模糊雪花

6.3.6　调整

1）执行菜单命令“文件”→“置入”，找到素材文件“6.3 图片”，将其拖到图层的最上面，按快捷键〈Ctrl+T〉调整大小，如图 6-73 所示。

图 6-73　置入素材文件

2）做最后的调整，适当调整雪花、树、雪人及主题文字的大小及位置，使画面整体更加协调，完成本例制作，最终效果如图 6-74 所示。

图 6-74 最终效果

第7章 蒙版技术

本章要点

- 蒙版的概念及类型
- 蒙版的创建及修改
- 蒙版案例应用

7.1 蒙版的概念和类型

7.1.1 蒙版概念

蒙版又称“遮罩”，是一种特殊的图像处理方式，它能对不需要编辑的部分图像进行保护，起到隔离的作用。蒙版就像覆盖在图层上的“奇妙玻璃”，白色玻璃下的图像按原样显示，黑色玻璃下的图像不可见，灰色玻璃下的图像呈半透明效果。蒙版分为快速蒙版、矢量蒙版、图层蒙板和剪贴蒙板4类，下面分别进行详细讲解。

（1）快速蒙版

快速蒙版是一种临时性的蒙版，是暂时在图像表面产生的一种与保护膜类似的保护装置，常用于帮助用户快速得到精确的选区。其创建方法是单击工具箱底部的“以快速蒙版模式编辑”按钮（单击后，按钮名称变为“以标准模式编辑”），进入快速蒙版模式，选中画笔工具，适当调整画笔大小后在图像中需要添加蒙版进行保护的区域进行涂抹，再单击“以标准模式编辑”按钮退出快速蒙版模式，即可对涂抹部位以外的图像创建选区，如图7-1所示。

原图　　快速蒙版模式　　标准模式

图7-1　快速蒙版

（2）矢量蒙板

矢量蒙版依附于图层而存在，其本质为使用路径制作蒙版，遮挡路径覆盖的图像区域，显示无路径覆盖的图像区域。矢量蒙版可以在使用形状工具绘制形状的同时创建，也可以通过路径来创建。矢量蒙版的编辑其实与路径的编辑相同，都是修改路径，所以掌控好路径的修改就可以掌控好矢量蒙版的修改。

创建矢量蒙版的方式有两种，一种是通过形状工具来创建，选中任意形状的工具，在工具选项栏中选择“路径”模式，拖动鼠标绘制相应图像并单击“添加矢量蒙版”按钮，即可为当前图层创建一个矢量蒙版；二是通过路径创建，在创建选区后将选区转换为工作路径，并执行菜单命令“图层”→“矢量蒙版”→“当前路径”，即可创建相应的矢量蒙版。

（3）图层蒙版

图层蒙版也是依附于图层而存在的，通过使用画笔工具在蒙版上涂抹，可以只显示需要编辑的部分图像。

创建图层蒙版分两种情况：一是当图层中没有选区时，在“图层”面板上选择该图层，单击面板底部的“添加图层蒙版”按钮即可为该图层创建图层蒙版；二是当图层中有选区时，在“图层”面板中选择该图层后，单击面板底部的“添加图层蒙版”按钮，则选区内的图像被保留，而选区外的图像被隐藏，在蒙版上该区域显示为黑色。如图 7-2 所示。

a)　b)　c)　d)

图 7-2　图层蒙版

a) 原图　b) 在图像上创建选区　c) 添加图层蒙版　d)“图层”面板中的图层蒙版

（4）剪贴蒙版

剪贴蒙版和图层蒙版、矢量蒙版相比较为特殊，其原理是使用处于下方图层的形状来限制上方图层的显示状态。剪贴蒙版由两部分组成：一部分为基层，即基础层，用于确定显示图像的范围或形状；另一部分为内容层，用于存储将要表现的图像和内容。使用剪贴蒙版能在不影响原图像的同时有效地完成剪贴制作。

创建剪贴蒙版有两种方法：一是在“图层”面板中按住〈Alt〉键的同时将光标移至两图层间的分割线上，当其变为直角箭头时，单击鼠标左键；二是在“图层”面板中选中上方图层后按下快捷键〈Ctrl+Alt+G〉即可，如图 7-3 所示。

a)　b)　c)　d)

图 7-3　创建剪贴蒙版

a) 原图　b) 原“图层”面板　c) 添加剪贴蒙版后的效果　d)“图层”面板中的剪贴蒙版

7.1.2　蒙版的编辑

在了解了蒙版的分类以及各类蒙版的基本创建方法后，还应对蒙版的编辑有所认识和掌握。蒙版的编辑包括蒙版的停用、启用、移动、复制、删除和应用等，下面一一进行介绍。

（1）停用和启用蒙版

停用和启用蒙版能够帮助用户对图像使用蒙版前后的效果进行更多的对比观察。在按住〈Shift〉键的同时单击图层蒙版缩略图可暂时停用图层蒙版的屏蔽功能，此时图层蒙版缩略图中会出现一个红色的×标记。如果要重新启用图层蒙版的屏蔽功能，只要再次按住〈Shift〉键的同时单击图层蒙版缩略图即可。

（2）移动和复制蒙版

蒙版既可以被移动至另一个图层，也可以被复制。在“图层”面板中将图层蒙版拖动到另一个图层中，即可移动图层蒙版。若按住〈Alt〉键拖动蒙版，则对图层蒙版进行了复制。移动图层蒙版和复制图层蒙版得到的图层效果是完全不同的。

（3）删除和应用蒙版

若要删除图层蒙版，可以在“图层”面板中的蒙版上单击鼠标右键，在弹出的快捷菜单中执行“删除图层蒙版”命令，如图 7-4a 所示。也可以拖动蒙版到“删除图层”按钮上后释放鼠标，在弹出的对话框中单击“删除”按钮即可。

应用图层蒙版是指将蒙版中黑色区域对应的图像删除，白色区域对应的图像保留，灰色过渡区域对应的图像部分像素删除，以合成为一个图层，其功能类似于合并图层。应用图层蒙版的方法为在图层蒙版上单击鼠标右键，在弹出的快捷菜单中执行“应用图层蒙版”命令，应用图层蒙版后的效果如图 7-4b 所示。

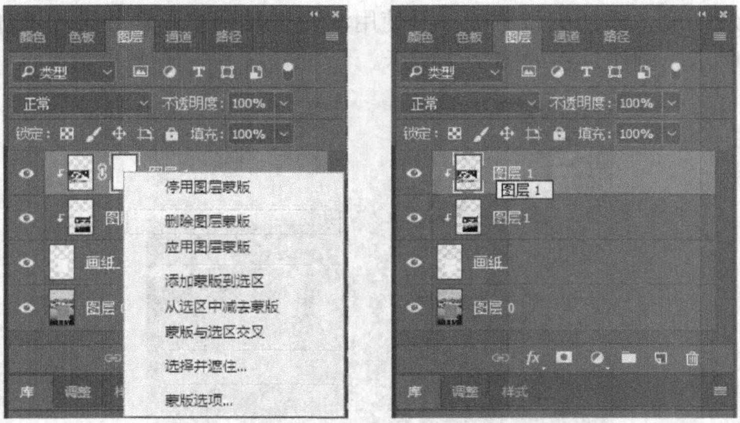

a)　　　　　　　　b)

图 7-4　删除和应用蒙版

a) 快捷菜单　b) 应用图层蒙版后的效果

（4）查看通道

在默认的情况下，图像窗口中看不到图层蒙版的图像效果。此时按住〈Alt〉键的同时单击图层蒙版进入图层编辑状态，就可以在图像中观察图层蒙版的工作状态。如果要退出图层蒙版编辑状态，只要再次按住〈Alt〉键并单击该图层蒙版即可。

（5）将通道转换为蒙版

通道转换为蒙版的实质是将通道中的选区作为图层的蒙版，进而对图像的效果进行调整。在“通道”面板中按住〈Ctrl〉键的同时单击相应的通道缩略图，即可载入该通道选区。回到“图层”面板中，单击“添加图层蒙版”按钮，即可为图层添加通道选区作为图层蒙版，如图 7-5 所示。

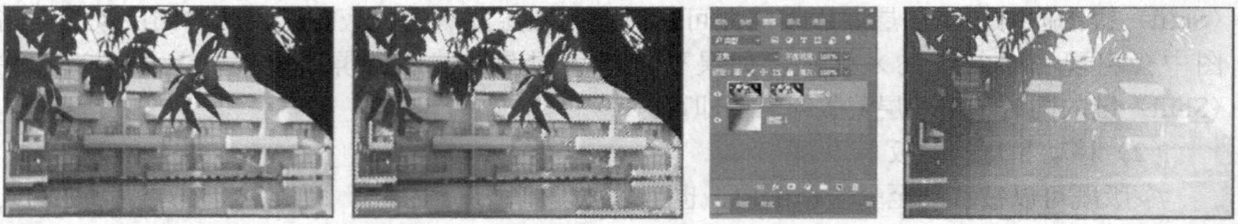

a)　　b)　　c)　　d)

图 7-5　将通道转换为蒙版

a) 原图　b) 载入“红”通道选区　c) 将通道转化图层蒙版　d) 效果图

7.2　实例应用：雨过天晴——彩虹制作

7.2.1　技术分析

本节重点学习对渐变工具、矢量蒙版、滤镜等工具的结合使用。

本节以雨过天晴——彩虹制作为例，先打开图片，使用渐变工具选择彩虹效果，使用滤镜调整图层的透明度，添加矢量蒙版，再使用渐变工具调整彩虹效果，添加彩虹倒影，最终效果如图 7-6 所示，制作过程如图 7-7 所示。

图 7-6　最终效果

图 7-7　制作过程图

7.2.2 导入素材

先启动 Adobe Photoshop CC 软件，执行菜单命令“文件”→“打开”，弹出“打开”对话框，找到素材后单击“打开”按钮，完成素材的导入，如图 7-8 所示。

图 7-8 导入素材

7.2.3 渐变制作

1）在工具箱中选择渐变工具，在工具选项栏中单击“点按可编辑渐变”图标，弹出“渐变编辑器”对话框，单击“预设”选项组右上角的设置图标，在下拉列表中选择“特殊效果”选项，如图 7-9 所示，单击“确定”按钮后，选择“罗素彩虹”，如图 7-10 所示。

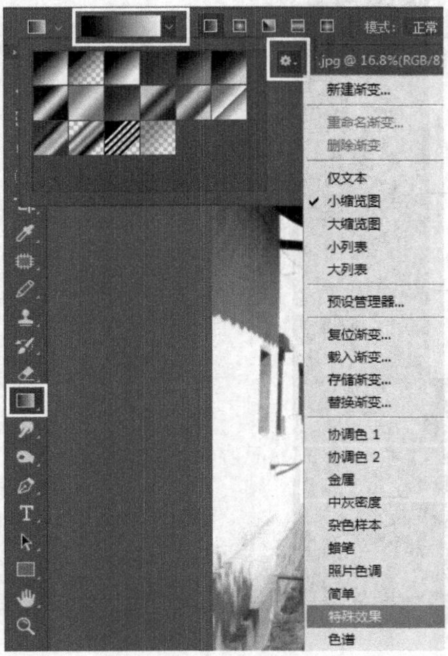

图 7-9 设置渐变

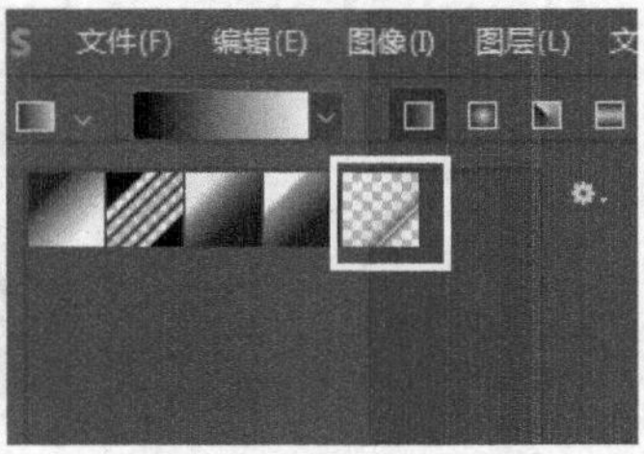

图 7-10 选择“罗素彩虹”

2）用鼠标从左下角向右上角拖动，如图 7-11 所示。拖动后出现彩虹效果，如图 7-12 所示。

图 7-11　拖动渐变

图 7-12　彩虹效果

3）点击彩虹图层，再图层混合模式选择“滤色”，如图 7-13 所示。

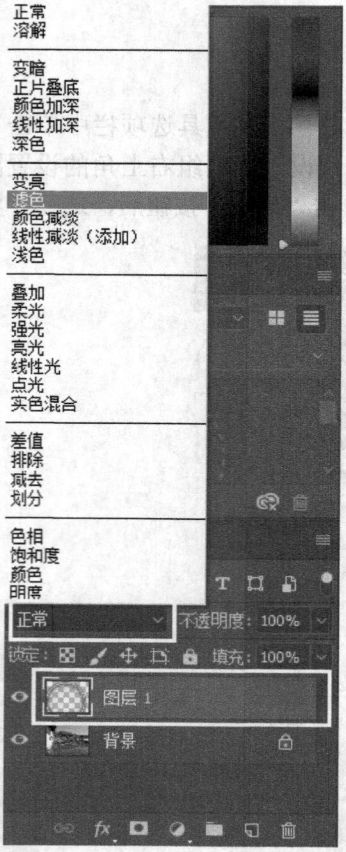

图 7-13　选择图层混合模式

4）执行菜单命令“滤镜”→“模糊”→“高斯模糊”，如图 7-14 所示，弹出“高斯模糊”对话框，半径设置为 50 像素，单击“确定”按钮，效果如图 7-15 所示。

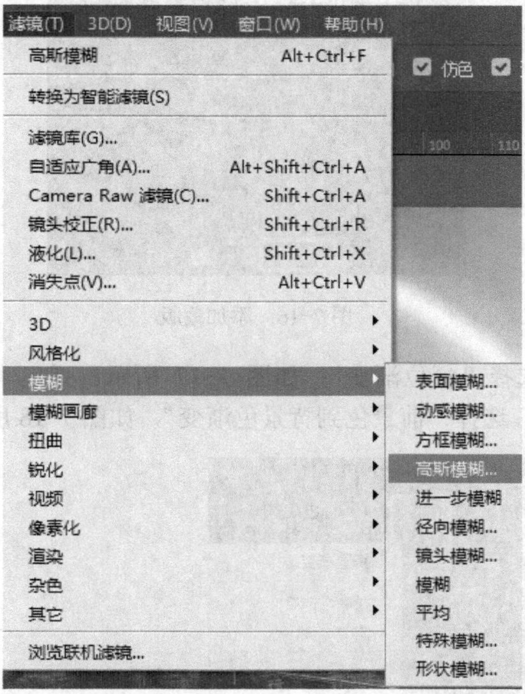

图 7-14　选择滤镜效果

图 7-15　模糊效果

7.2.4 蒙版应用

1）在彩虹图层下，添加图层蒙版，如图 7-16 所示。

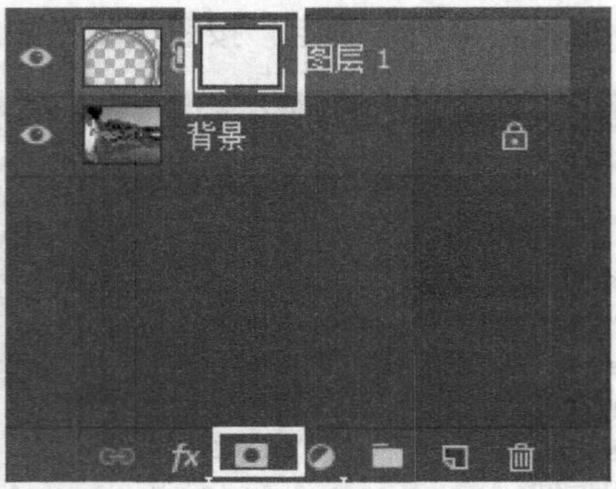

图 7-16　添加蒙版

2）添加蒙版后，选择“复位渐变”，如图 7-17 所示。弹出“Adobe Photoshop”对话框，单击“确定”按钮，选择“前景色到背景色渐变”，如图 7-18 所示。

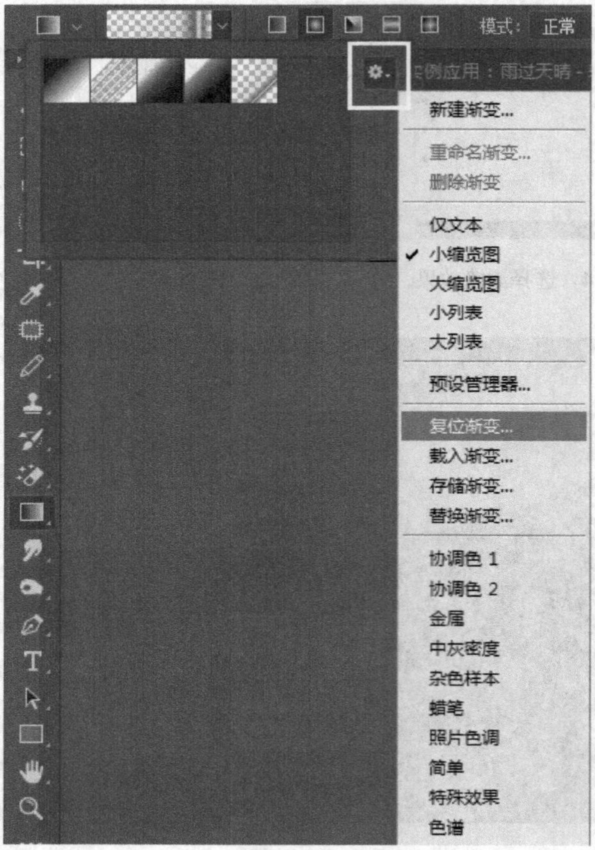

图 7-17　选择复位渐变

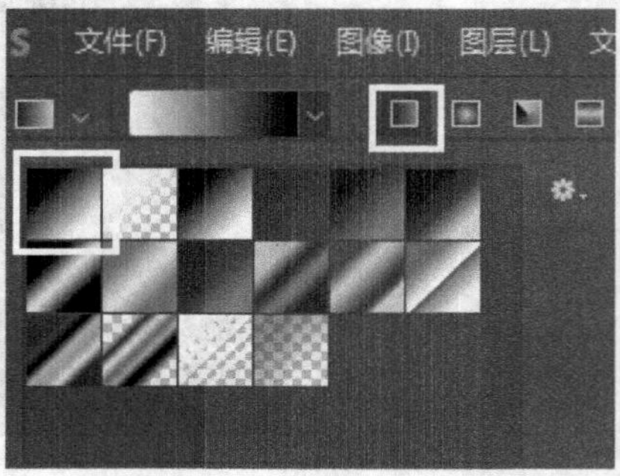

图 7-18　选择渐变

3）选择渐变后，选择蒙版图层，用鼠标从左下角向右上角拖动渐变，如图 7-19 所示。

4）渐变效果如图 7-20 所示。

图 7-19　拖动渐变

图 7-20　渐变效果

5）在已完成渐变设置的图层上，用鼠标拖动复制该图层，如图 7-21 所示。在复制的图层上执行菜单命令“编辑”→“变换”→“垂直翻转”，制作彩虹倒影，调整不透明度为“20%”，如图 7-22 所示，最终效果如图 7-23 所示。

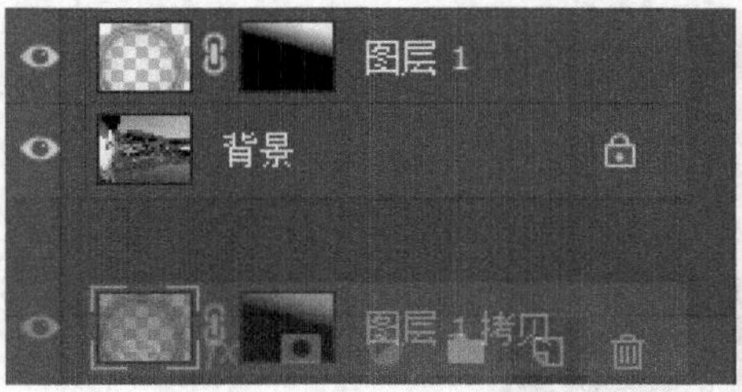

图 7-21　复制图层

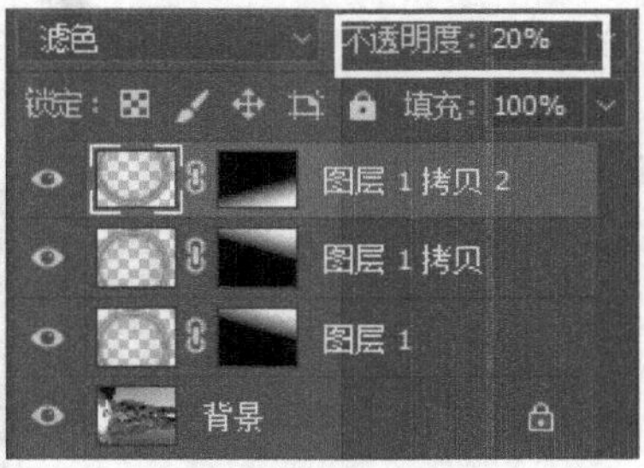

图 7-22　调整不透明度

图 7-23　最终效果

7.3 实例应用：利用蒙版制作海报人像效果

7.3.1 技术分析

本节重点学习对调整曲线、快速选择工具、反选工具、矢量蒙版等的结合使用。

本节以蒙版制作为例，先打开图片，执行菜单命令“滤镜”→“滤镜库”，在弹出的对话框中依次选择“艺术效果”→“壁画”，单击“确定”按钮，调整图片。在菜单栏中执行菜单命令“图像”→“调整”→“阈值”，调整阈值后单击“确定”按钮。接着导入素材，并隐藏素材图层，执行菜单命令“选择”→“色彩范围”，选择白色区域，按快捷键〈Ctrl+Shift+I〉进行反选，显示素材图层，添加蒙版，最终效果如图 7-24 所示，制作过程如图 7-25 所示。

图 7-24　最终效果

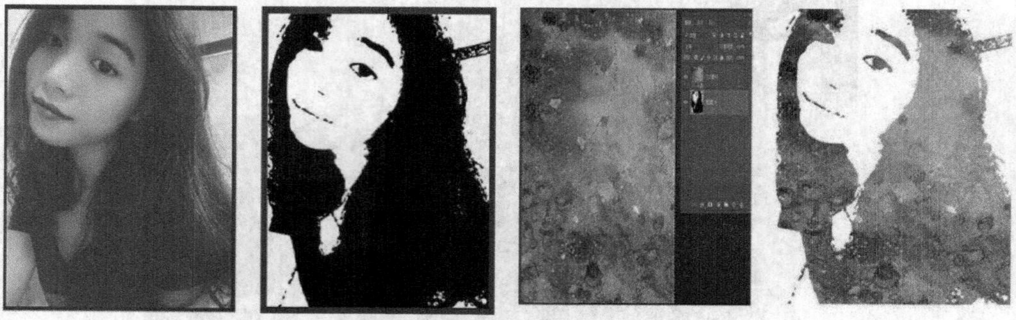

图 7-25　制作过程图

7.3.2 导入并处理素材

1）启动 Adobe Photoshop CC 软件，执行菜单命令“文件” →“打开”，如图 7-26 所示，弹出“打开”对话框，找到素材，单击“打开”按钮，完成人物素材的导入，如图 7-27 所示。

图 7-26 执行“打开”命令

图 7-27 打开素材文件

2）在“图层”面板中，双击人物图层转换为“图层 0”，如图 7-28 所示。执行菜单命令“滤镜”→“滤镜库”，如图 7-29 所示，弹出滤镜库对话框。选择 “艺术效果”→“壁画”，并设置画笔大小为“7”，画笔细节为“8”，纹理为“1”，如图 7-30a 所示，单击“确定”，效果如图 7-30b 所示。

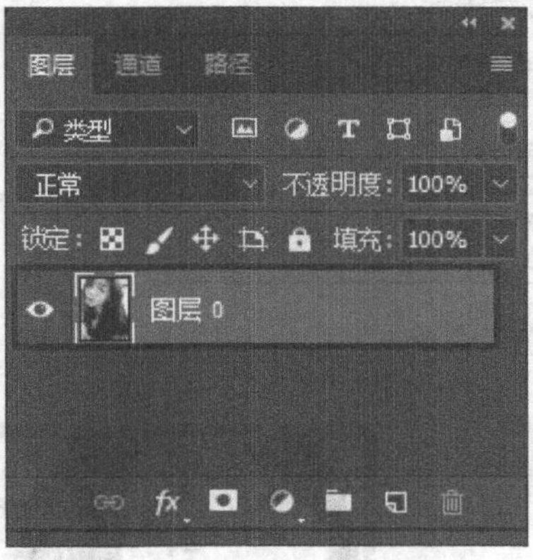

图 7-28 转换图层

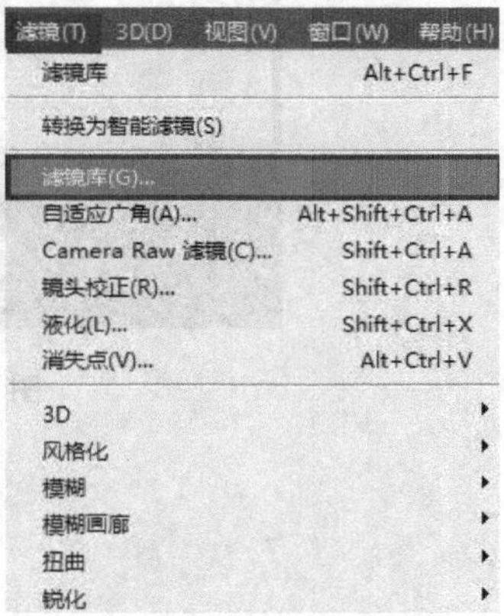

图 7-29 滤镜库

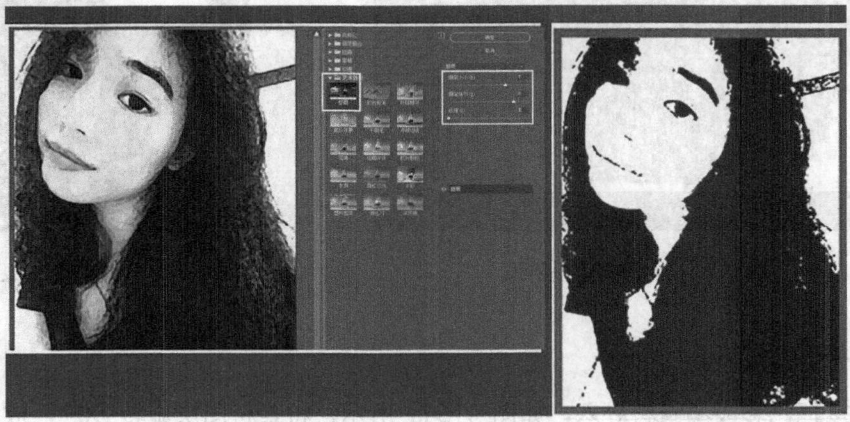

a) b)

图 7-30 设置滤镜及滤镜效果图

a) 设置滤镜 b) 滤镜效果图

3）执行菜单命令“图像”→“调整”→“阈值”，如图 7-31 所示，此时会弹出“阈值”对话框，设置阈值色阶为“97”，如图 7-32 所示，效果如图 7-33 所示。

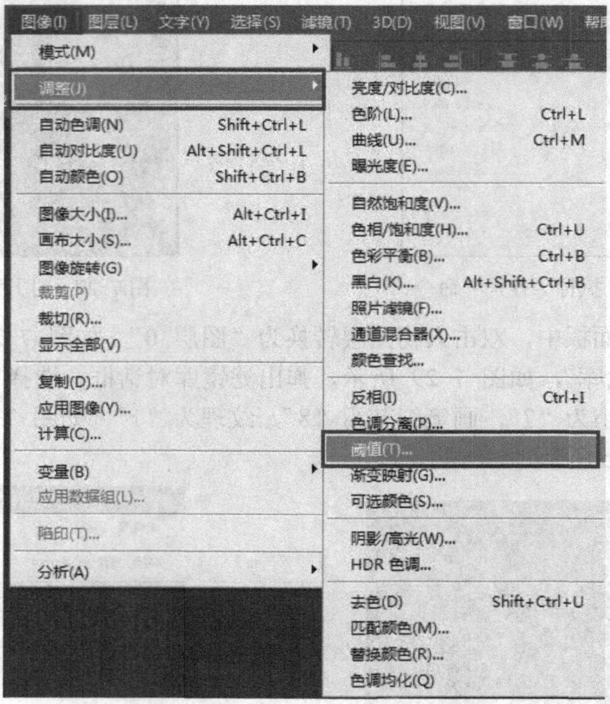

图 7-31 执行“阈值”命令

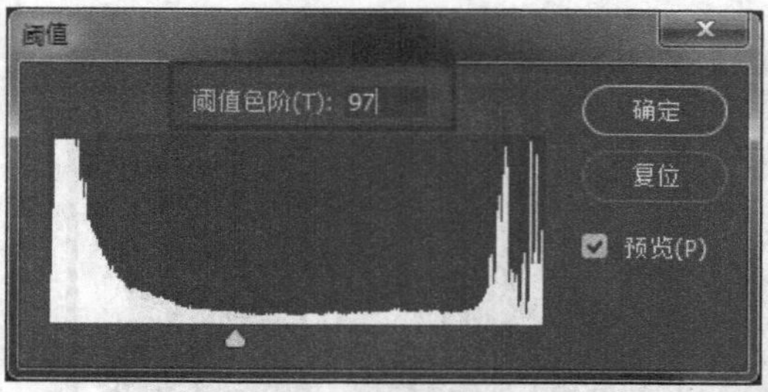

图 7-32 设置阈值色阶值

图 7-33 阈值设置效果图

7.3.3 选择色彩范围

1）直接把色彩泼墨素材导入，如图 7-34a 所示，将素材图层旋转 90°，放大使其与人物图层一样大小，如图 7-34b 所示，在“图层”面板中隐藏色彩素材图层，如图 7-35 所示。

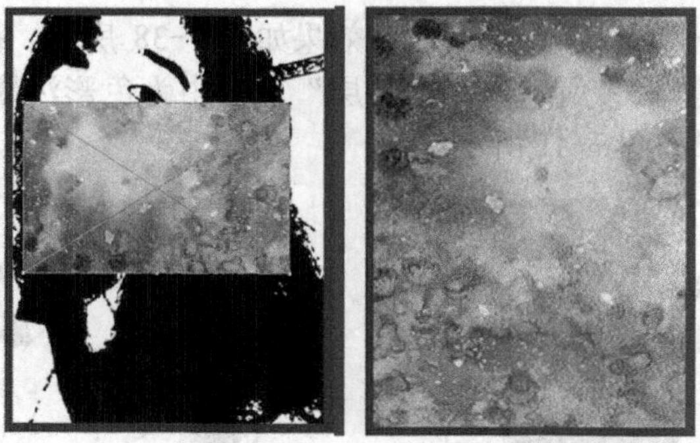

a)　　　　　　　　b)

图 7-34　导入素材

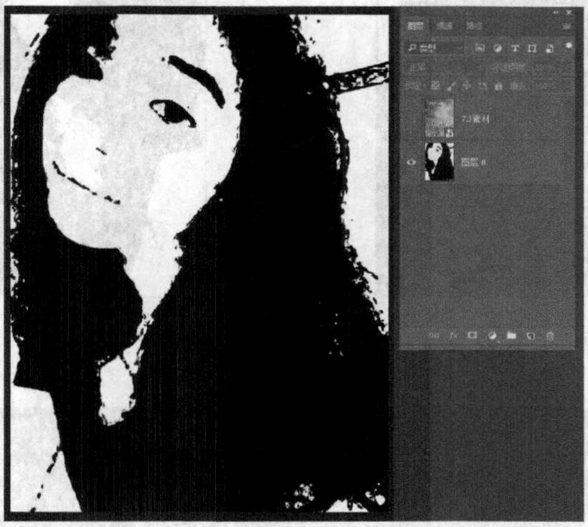

图 7-35　隐藏色彩素材图层

2）执行菜单命令“选择”→“色彩范围”，如图 7-36a 所示。此时会弹出“色彩范围”对话框，鼠标变成吸管状，单击图像中白色的部分，如图 7-36b 所示，效果如图 7-37 所示。

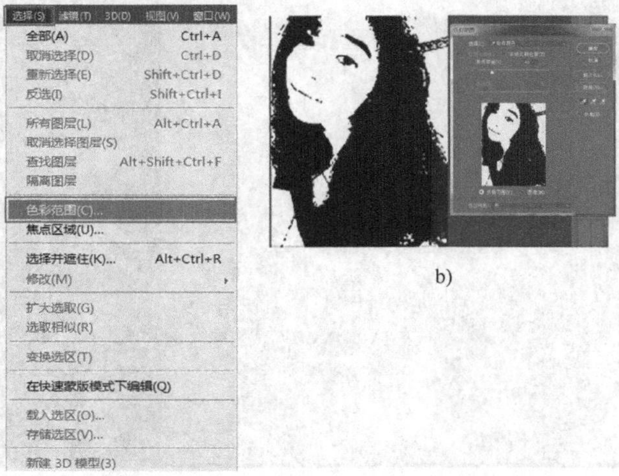

a)　　　　　　　　b)

图 7-36　色彩范围

3）按快捷键〈Ctrl+Shift+I〉进行反选，效果如图 7-38 所示，在“图层”面板中显示色彩泼墨素材图层，如图 7-39 所示，在“图层”面板中为色彩泼墨素材图层添加蒙版，如图 7-40 所示，最终效果如图 7-41 所示。

图 7-37　色彩范围设置效果图

图 7-38　反选效果图

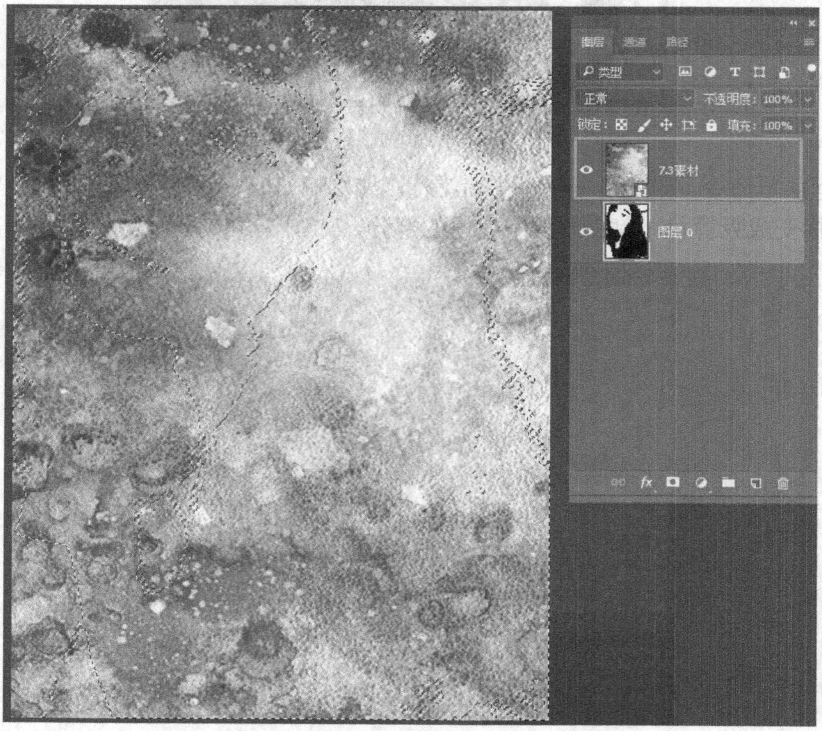

图 7-39　显示素材图层

图 7-40　添加蒙版

图 7-41　最终效果图

第 8 章　自动化动作与批处理

本章要点

- 动作、批处理相关的操作方法
- 动作的记录、播放及管理
- 批处理的作用及应用

8.1 “动作”面板

动作是图像自动化处理的重要组成部分，也是最基本的指令。在掌握自动化功能之前先要掌握动作的基本知识，下面开始了解“动作”面板。

8.1.1 认识“动作”面板

在执行菜单命令“窗口”→“动作”后，会出现“动作”面板，如图 8-1 所示。

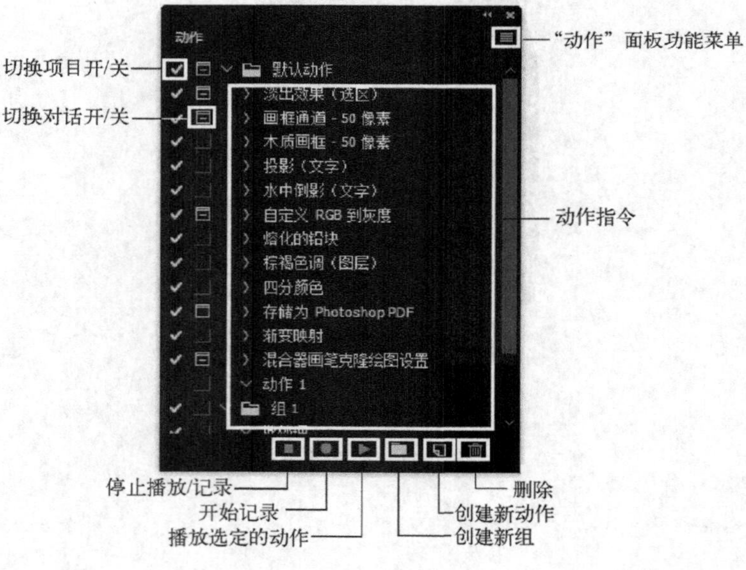

图 8-1 “动作”面板

“动作”面板中各项的具体说明如下。

- “停止播放/记录”按钮■：在“动作”面板中执行录制或播放的动作时，单击此按钮，就可以停止录制或播放。

- “开始记录”按钮■：该按钮被单击时显示红色，说明可以开始录制动作。
- “播放选定的动作”按钮▶：该按钮被单击后系统将自动播放录制的动作。
- “创建新组”按钮□：单击此按钮可以新建一个新的动作组。动作组如同“图层”面板中的图层组，也是用来管理具体动作的。
- “创建新动作”按钮□：单击该按钮可以创建一个新动作。
- “删除”按钮🗑：单击该按钮可以删除所记录的动作或动作指令。
- “切换对话开/关”选项▣：当此图标以黑白效果显示时，在播放动作时，会弹出该动作相应的对话框，以便对这些动作重新设置；如果该图标以红色显示，说明此动画中有部分动作指令在当前条件下执行不了，单击该图标系统也会自动将不可执行的动作指令变为可执行的动作指令；如果某项动作指令面前没有图标，就说明该项操作没有可以设置的对话框。
- “切换项目开/关”选项☑：用于控制是否播放“动作”指令。
- “‘动作’面板功能菜单”按钮☰：在单击该按钮后，在弹出的下拉菜单中可以实现动作管理操作。
- “默认动作”选项：系统默认的动作选项。如果动作命令被调换了位置，可执行“动作”面板功能菜单中的“复位动作”命令，将“动作”面板的设置恢复到系统默认的显示状态。
- 动作指令列表：录制的操作选项。一个动作中可以包含许多动作指令，也可以复制或删除这些动作指令。

8.1.2 创建动作

除软件自带的动作外，用户还可以将常用的操作或一些创意操作录制成新的动作，以提高工作效果。其方法是在“动作”面板中单击“创建新组”按钮，在弹出的对话框中输入动作组名称后单击“确定”按钮。继续在“动作”面板中单击“创建新动作”按钮，在弹出的对话框中输入动作名字，完成后单击“记录”按钮，软件则开始记录用户对图像所做的每一步操作，录制完成后单击“停止”按钮，即可完成动作组的创建。

值得注意的是，当处于动作录制状态时，“开始记录”按钮呈现红色状态，代表可以开始录制动作。

8.1.3 动作管理

单击“动作”面板右上方的‘“动作’面板功能菜单”按钮☰，弹出的下拉菜单如图 8-2 所示，这个菜单中包含动作管理的所有命令。

在这里需要注意的是，执行功能菜单中的第一条命令“按钮模式”后，将以按钮模式显示动作，如图 8-3 所示。

对于初学者，以按钮模式显示的“动作”面板操作起来有一定的难度，因此建议以比较容易上手的普通列表模式显示“动作”面板，再次执行“按钮模式”命令，可使“动作”面板还原到普通列表模式。

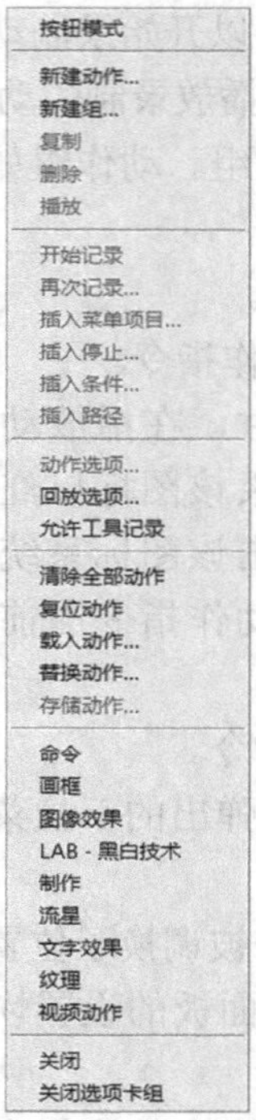

图 8-2 “动作”面板功能菜单

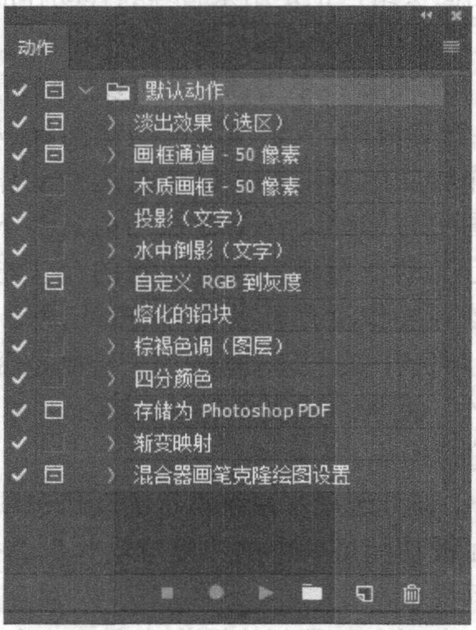

图 8-3 按钮模式的“动作”面板

8.1.4 批处理

应用“批处理”命令可以对一个文件夹中的所有文件进行同一动作，执行菜单命令“文件”→“自动”→“批处理”，即可打开“批处理”对话框，如图 8-4 所示。

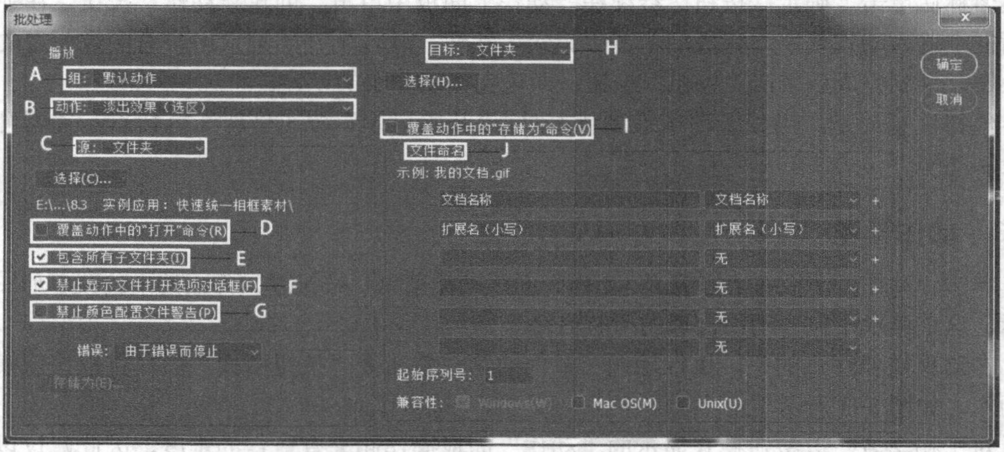

图 8-4 “批处理”对话框

A.“组”选项：该选项用于选择所需动作所在的组。

B.“动作”选项：该选项用于选择需要执行的动作。

C.“源”选项：该选项用于选择将动作应用到的文件范围。

D.“覆盖动作中的‘打开’命令”复选框：勾选该复选框，可以忽略动作中录制的“打开”命令。

E.“包含所有子文件夹”复选框：勾选该复选框，可以处理选定文件夹中子文件内的图像。

F.“禁止显示文件打开选项对话框”复选框：勾选该复选框，可以关闭颜色方案信息的显示。

G.“禁止颜色配置文件警告”复选框：勾选该复选框，可以关闭颜色方案信息的显示。

H.“目标”选项：该选项用于设置对应用完动作的文件的处理。

I.“覆盖动作中的‘存储为’命令”复选框：勾选该复选框，将使用此处的“目标”覆盖动作中的“存储为”动作。

J.“文件命名”选项组：在该选项组中提供了多种文件名称与格式以便选择。

8.2 实例应用：为《海景》照片装裱

8.2.1 技术分析

Photoshop CC 中自带了一些很好用的动作，本实例介绍如何为照片添加相框。本实例主要应用了“动作”面板中的“画框”动作组，并使用其中的“照片卡角”为海景照片添加装裱效果，最终效果如图 8-5 所示。

图 8-5 最终效果

8.2.2 加载相框动作

1）在这里选用一张比较漂亮的图片，运行 Photoshop CC 软件，执行菜单命令“文件”→“打开”，弹出“打开”对话框，选择本书配套资源“案例素材”→“8.2 实例应用：为《海景》照片装裱素材”，如图 8-6 所示。

2）执行菜单命令“窗口”→“动作”，打开“动作”面板，如图 8-7 所示。

图 8-6　打开素材

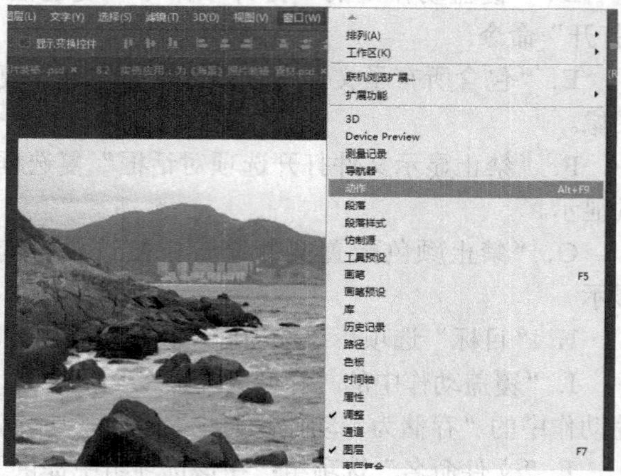

图 8-7　动作

3）在“动作”面板中的功能菜单中执行“画框”命令，在这里选用了“照片卡角”，单击下方的“播放选定的动作”按钮▶，播放动作，如图 8-8 所示。

图 8-8　照片卡角

4）加载完毕后，效果图也就呈现出来了，如图 8-9 所示。

图 8-9 “照片卡角”效果

其他的相框制作方法这里就不一一列举了，读者可以自行尝试各种效果。

8.3 实例应用：快速统一相框

本实例介绍如何同时处理多张图片，也就是常说的批处理，这里选用了几张分辨率不同的图片，需要将这些图片处理成分辨率一样的图片。

8.3.1 建立统一动作

1）首先将要处理的图片整理到同一个文件夹中，以便于批量处理的设置。本案例使用的是保存在“案例素材”中的“8.3　实例应用：快速统一相框素材”文件夹的图像文件，此文件夹包含了 5 幅图像文件，如图 8-10 所示。

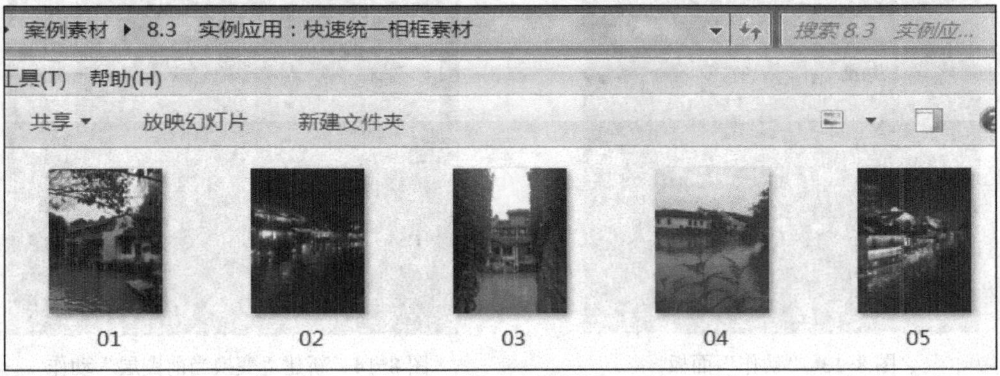

图 8-10　素材文件

2）开始录制动作之前，执行菜单命令“文件”→“打开”，弹出“打开”对话框，选择本书配套资源“案例素材”→“8.3　实例应用：快速统一相框素材”→“01.jpg”，如图 8-11 所示。

3）在“动作”面板功能菜单中执行“复位动作”命令，单击下方的“创建新组”按钮▣，新建一个组，再单击下方的“创建新动作”按钮▣，并命名为“批处理”，如图 8-12 所示。

图 8-11 “01.jpg”图片

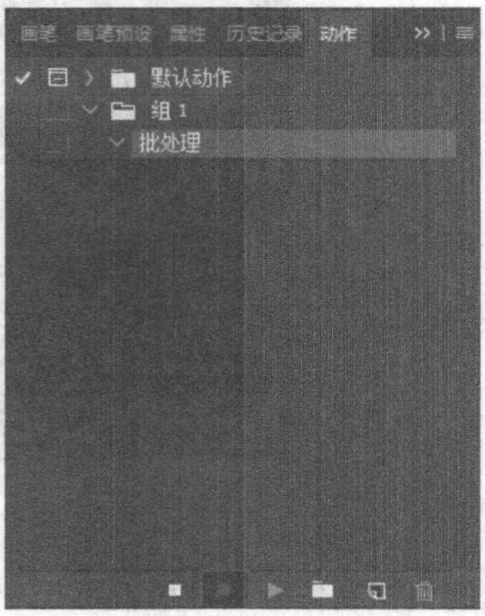

图 8-12 新建组和动作

4）开始录制动作，执行菜单命令“图层”→“新建”→“通过拷贝的图层”（快捷键〈Ctrl+J〉），此时的“动作”面板如图 8-13 所示。

5）执行菜单命令“编辑”→“变换”→“缩放”，按住〈Shift+Alt〉键拖动控制点，使长宽按比例缩小到 30%，此时自动新建“变换当前图层”动作，如图 8-14 所示。

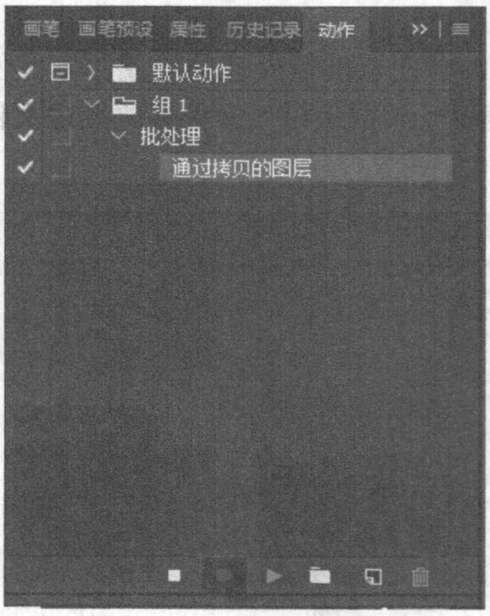

图 8-13 “动作”面板

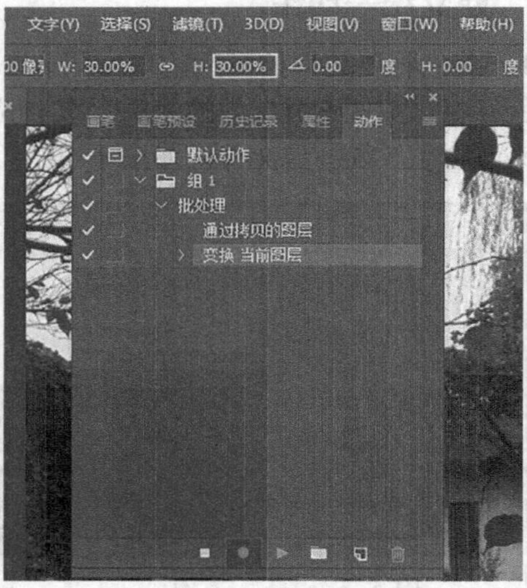

图 8-14 新建“变换当前图层”动作

6）选择工具箱中的裁剪工具▣，在弹出的对话框中单击“应用”按钮对缩放图层进行裁剪，如图 8-15 所示。

7）按〈Enter〉键确认后，得到的新图片的分辨率是原图分辨率的 30%。“动作”面板中会录制下此过程，如图 8-16 所示。动作建立完毕后，单击“动作”面板下方的“停止播放/记录”按钮▣，停止动作的录制。

图 8-15　裁剪图片

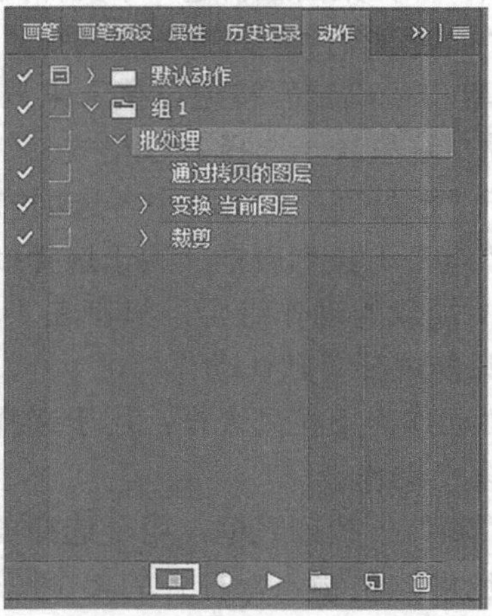

图 8-16 “动作”面板

8.3.2　批处理操作

1）用批处理功能同时处理其他图片，执行菜单命令“文件”→“自动”→“批处理”，弹出“批处理”对话框，在弹出的对话框中设置各批处理选项，如图 8-17 所示。

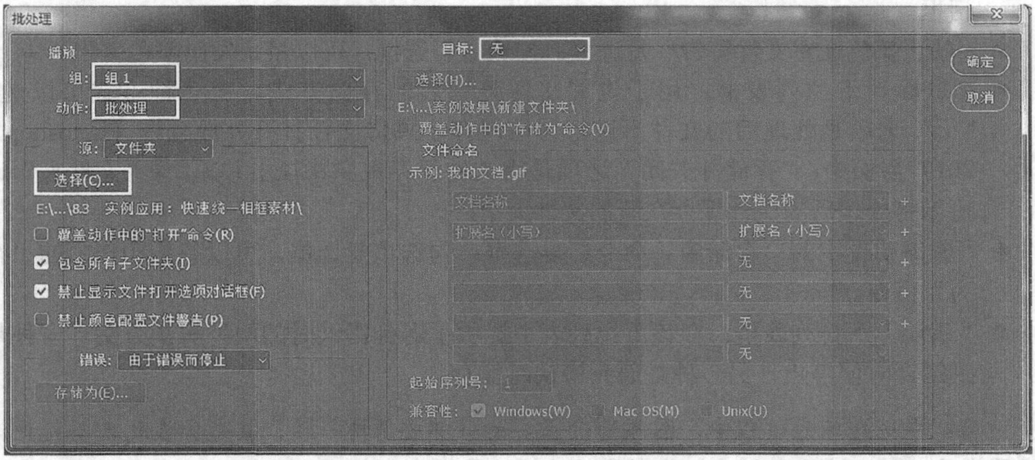

图 8-17 “批处理”对话框

2）单击对话框左侧的“选择”按钮，选择所要处理的图片文件夹。这里选择“批处理”文件夹。选择本书配套资源“案例素材”→“8.3　实例应用：快速统一相框素材”文件夹。勾选“禁止显示文件打开选项对话框”复选框，在批处理过程中才不会因提示而停止处理。

3）在“目标”下拉列表框中可选择“存储并关闭”或者“文件夹”选项。其中，“存储并关闭”选项是将文件保存在原路径中并关闭；“文件夹”选项可以将处理后的文件保存在新的文件夹中，单击下面的“选择”按钮可以为新的文件夹指定存储的路径。在这里选择“文件夹”选项，并在桌面上新建一个文件夹，命名为“批处理图片”，并单击“确定”按钮指定到桌面的“批处理图片”文件夹。

4）单击“确定”按钮，接下来只要等待处理图片，每处理一张图片都会提示要用什么格式存储，这里统一选择 JPG 格式。

关于“批处理”对话框中各选项的意义说明如下。

- “组”下拉列表框：用于选择批处理动作所在的动作组。该选项取决于“动作”面板中加载的动作组合，只有在“动作”面板中重新加载过的动作组才可以选择，否则只能选择“默认动作”。
- “动作”下拉列表框：用于选择要执行的动作组合。这是因为一个动作组中可以包含多个动作。
- “源”下拉列表框：用于选择要处理的文件来源，可以是一个文件夹中的所有文件，也可以是输入或打开的单个图像。在上面的实例中，是单击“选择”按钮，选择文件夹的具体路径。
- “覆盖动作中的‘打开’命令”复选框：勾选该项可以忽略动作中的“打开”命令。
- “包含所有子文件夹”复选框：勾选该复选框，可以对文件夹中的所有子文件执行相同的动作。
- “禁止显示文件打开选项对话框”复选框：勾选该复选框可以禁止打开文件选项对话框。
- “禁止颜色配置文件警告”复选框：勾选该复选框，可以禁止发出颜色警告。
- “目标”下拉列表框：用于设置文件处理后的存储方式。有三种方式可以选择，“无”选项是处理后的文件不进行任何保存，只将文件打开并放置在 Photoshop CC 2017 界面中；“存储并关闭”选项是将文件保存在原路径中并关闭；“文件夹”选项可以将处理后的文件保存在新的文件夹中。
- “覆盖动作中的‘存储为’命令”复选框：勾选该复选框，可以忽略动作中的“存储为”命令。
- “错误”下拉列表框：在该下拉列表中提供了遇到错误时的两种解决方案，一种是遇到错误时便停止，另一种是遇到错误时保存。

注意：在批处理的过程中，图像的位置、大小都应保持一致，首先要在处理前就把源图像设置成统一的尺寸和分辨率，否则处理后的效果很难达成一致。

8.4 实例应用：超画幅摄影作品——全景图制作

8.4.1 技术分析

现在很多相机、手机都可以直接拍摄成全景图。但在设计中，却因为要使用高像素照片以及场景不同、时间不同等需要进行全景合成制作。此时，Photoshop 的全景图合成自动功能就能够快速地生成全景图。本例应用自动化操作，将素材照片合并成全景图，最终效果如图 8-18 所示，制作过程如图 8-19 所示。

图 8-18　最终效果

图 8-19　制作过程图

8.4.2　自动化处理

1）执行菜单命令“文件”→“自动”→“Photomerge”，如图 8-20 所示。

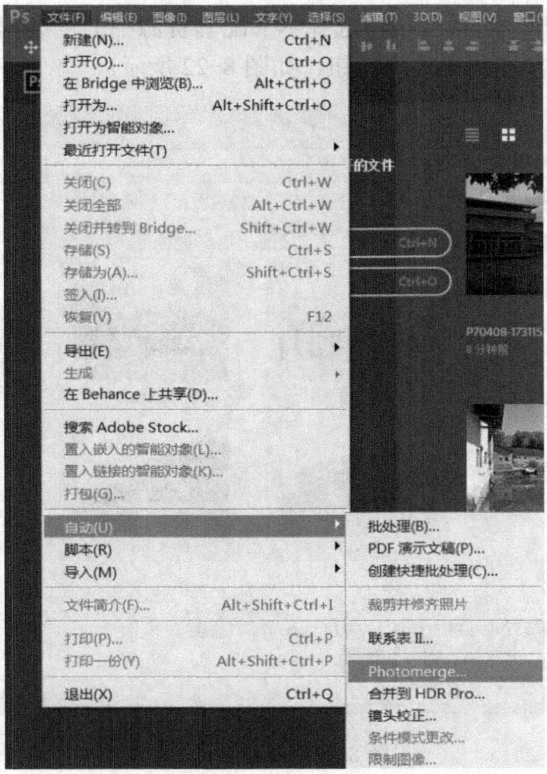

图 8-20　执行“Photomerge”命令

2）在弹出的“Photomerge”对话框中，单击“浏览”按钮，如图 8-21 所示。

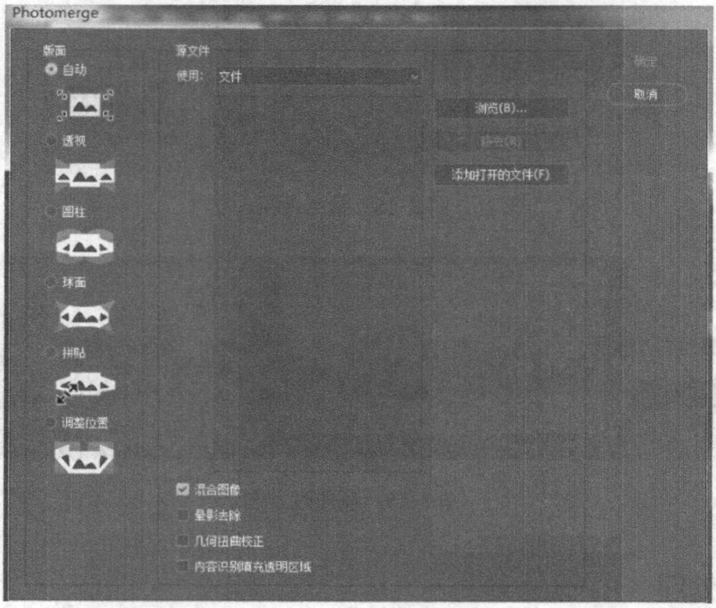

图 8-21 “Photomerge”对话框

3）在弹出的“打开”对话框中，选择本书配套资源中的“案例素材”→“8.4”素材文件夹，将全部都选上并单击“确定”按钮，如图 8-22 所示。

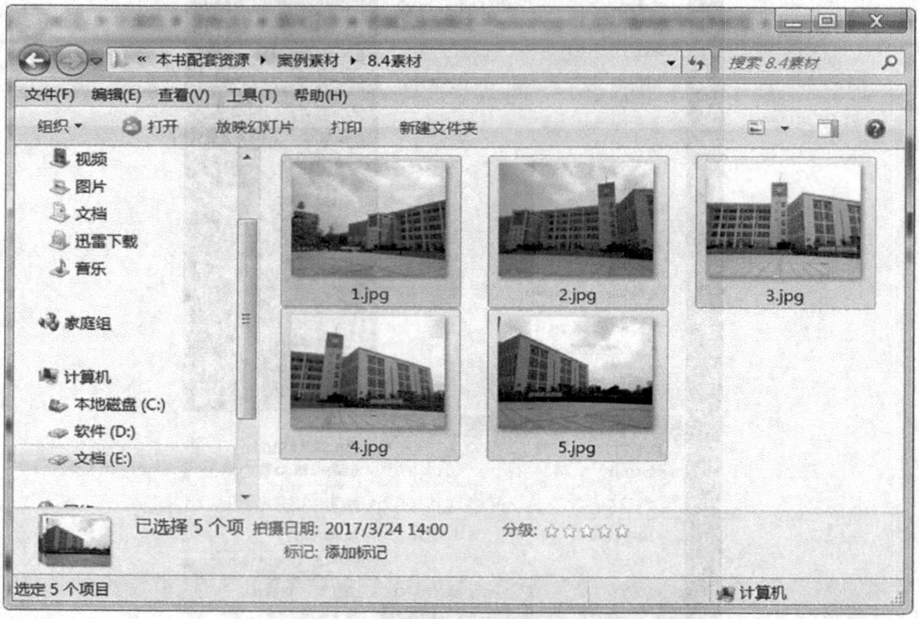

图 8-22 打开素材文件

4）返回“Photomerge”对话框，在左侧选择版面为“自动”，勾选“混合图像”“晕影去除”

“几何扭曲校正”“内容识别填充透明区域”复选框，然后单击“确定”按钮，如图 8-23 所示。

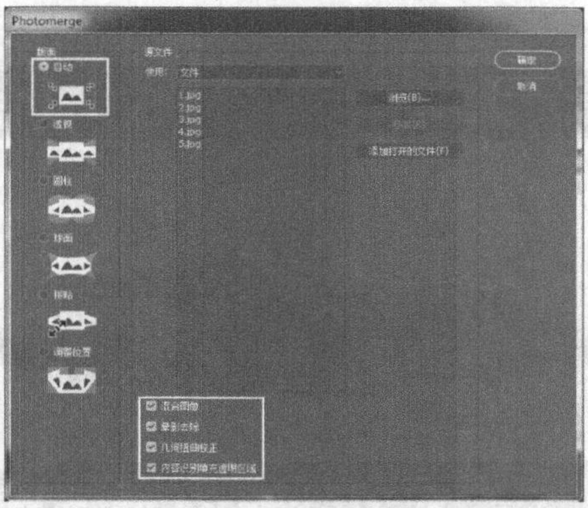

图 8-23　选项

5）单击“确定”按钮之后，Photoshop 进入自动拼合状态，如图 8-24 所示。

图 8-24　自动拼合

8.4.3　调整

1）自动处理完成后，执行菜单命令“图层”→“合并可见图层”，如图 8-25 所示。

图 8-25　执行“合并可见图层”命令

2）执行菜单命令“编辑”→“自由变换”（快捷键〈Ctrl+T〉），将图层变换到水平状态，如图 8-26 所示。

图 8-26　自由变换

3）选择工具箱中的裁剪工具，将画面多余部分进行裁剪处理，如图 8-27 所示。

图 8-27　裁剪处理

4）执行菜单命令“图像”→“自动色调”（快捷键〈Shift+Ctrl+L〉），进行色调调整，完成本例制作，如图 8-28 所示。

图 8-28　最终效果

第 9 章　绘画技术应用

本章要点

- 橡皮工具应用
- 混合器画笔工具应用
- 插画实例应用

9.1　橡皮擦工具组

橡皮擦工具组用于修改现有像素的多余像素。其中包括橡皮擦工具、背景橡皮擦工具和魔术橡皮擦工具，如图 9-1 所示。

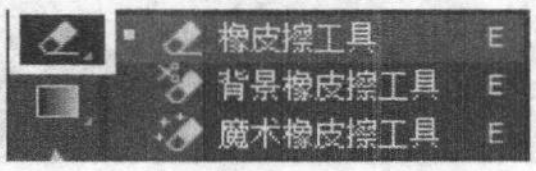

图 9-1　橡皮擦工具组

9.1.1　橡皮擦工具

橡皮擦工具选项栏如图 9-2 所示。

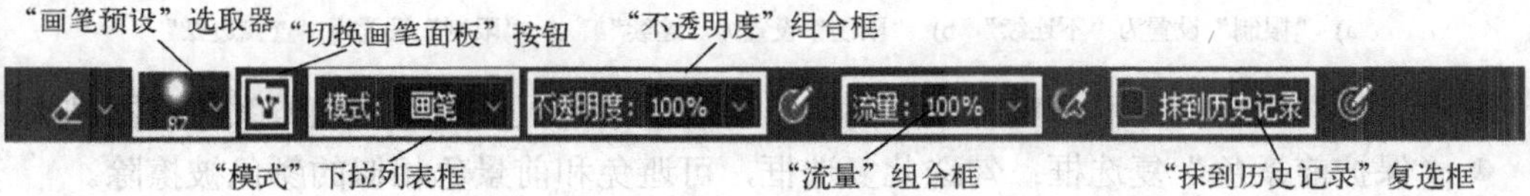

图 9-2　橡皮擦工具选项栏

- “画笔预设”选取器：在“画笔预设”选取器中选取预设画笔，即选择笔刷、设置硬度和笔尖大小等属性，也可以通过“大小”和“硬度”滑块设置画笔。
- “切换画笔面板”按钮：单击该按钮后显示“画笔”面板，可设置笔刷的属性。
- “模式”下拉列表框：在“模式”下拉列表框中可选取擦除像素使用的画笔模式，下拉列表中有“画笔”“铅笔”和“块”三个选项。
- “不透明度”及“流量”组合框：具体用法和画笔工具相同。
- “抹到历史记录”复选框：勾选此复选框可作历史记录画笔使用。

9.1.2　背景橡皮擦工具

用背景橡皮擦工具在视图上单击或涂抹，可以把背景图层上的像素擦除，并使擦除处变为透明，此时“背景”图层变为“图层 0”。

背景橡皮擦工具选项栏如图 9-3 所示。

- “画笔预设”选取器：可以设置画笔的直径、硬度、间距、圆角和角度。
- 取样模式：包括“连续”“一次”和“背景色板”三种取样选项。
- “限制”下拉列表框：在“限制”下拉列表中有三个选项，分别是“不连续”“连续”和“查找边缘”。其中，“不连续”指抹除出现在画笔下任何位置的样本颜色；“连续”指抹除出现在画笔下与样本颜色相连的颜色；“查找边缘”指抹除包含邻近颜色的连续区域，同时更好地保留形状边缘的锐化程度。三种选项的对比效果如图 9-4 所示。

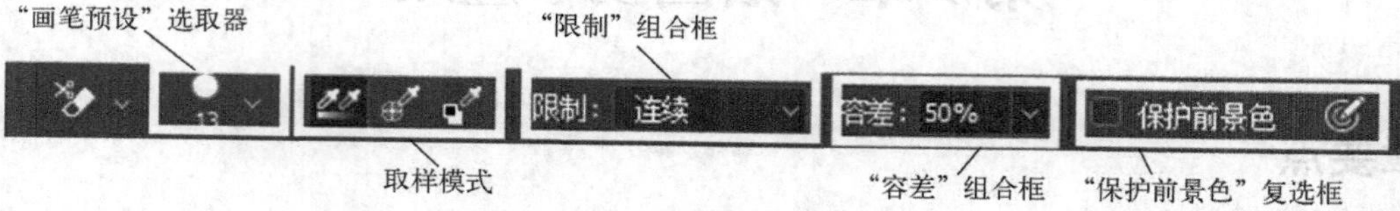

图 9-3 背景橡皮擦工具选项栏

a) b) c)

图 9-4 “限制”选项

a) “限制”设置为“不连续” b) “限制”设置为“连续” c) “限制”设置为“查找边缘”

- “容差”组合框：可调整容差率的大小，容差率越大，擦除的相似颜色范围越大。
- “保护前景色”复选框：勾选此复选框，可避免和前景色相似的颜色被擦除。

9.1.3 魔术橡皮擦工具

用魔术橡皮擦工具在背景上单击或涂抹，与单击处像素颜色相似的像素都会被擦除，擦除处会变为透明。“背景”图层同时也会变为“图层 0”。魔术橡皮擦工具选项栏如图 9-5 所示。

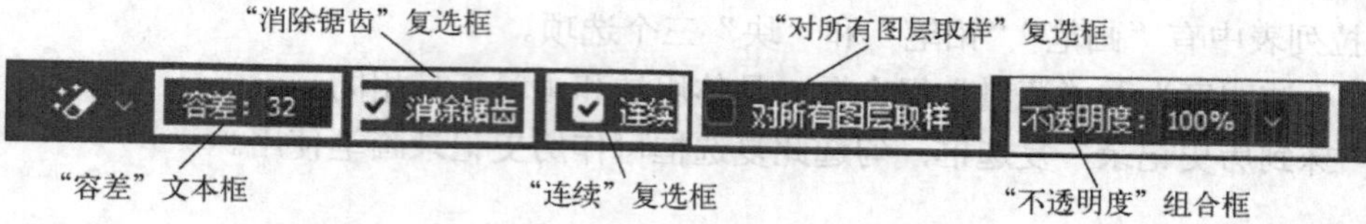

图 9-5 魔术橡皮擦工具选项栏

- “容差”文本框：可输入 0～255 之间的数值，若设置数值为 0，单击时可能只擦除一个像素；若设置数值为 255，可把背景上所有的像素都擦除，变为全透明的“图层 0”。
- “消除锯齿”复选框：勾选此复选框，在使用魔术橡皮擦工具时，可以消除擦除像素时边缘处产生的锯齿。

● “连续”复选框：勾选此复选框，在图层上单击擦除时，擦除与单击处像素相同且相连的像素。勾选和不勾选该复选框时的两种效果对比图如图 9-6 所示。

a)　　b)

图 9-6 “连续”选项

a) 不勾选“连续”的效果　b) 勾选“连续”的效果

● “对所有图层取样”复选框：勾选此复选框，单击时可在所有图层上的像素上取样，但擦除的像素仅限于当前图层。
● “不透明度”组合框：设置魔术橡皮擦使用时的不透明度。

9.2 实例应用：油画风格风景画《渔船》

9.2.1 技术分析

本实例将图片打造成油画风格的风景画，主要应用了混合器画笔工具中不同类型的笔触打造出油画风格的效果。制作前后的效果对比如图 9-7 所示。

a)　　b)

图 9-7　效果对比

a) 原图　b) 最终效果图

9.2.2 使用混合器画笔工具

1）运行 Photoshop CC 软件，执行菜单命令“文件”→“打开”，弹出“打开”对话框，选择“案例素材”→“9.2　实例应用：打造油画风格风景画《渔船》素材”文件，如图 9-8 所示。

图 9-8　打开素材文件

2）选择工具箱中的混合器画笔工具，使用“圆钝形中等硬”笔触，如图 9-9 所示。并在工具选项栏中单击“每次描边后清理画笔”图标并设置“潮湿”“载入”“混合”的数值，如图 9-10 所示。

图 9-9　选择“圆钝形中等硬”笔触

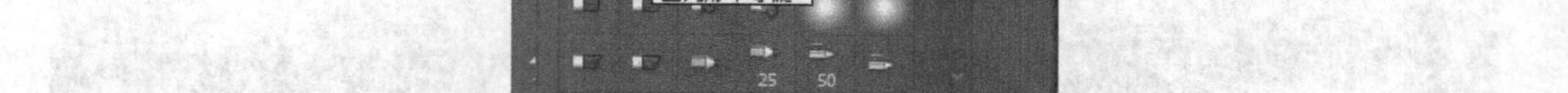

图 9-10　设置数值

3）将近景的地面涂抹一遍，效果如图 9-11 所示。

图 9-11　地面效果图

4）选择“圆角低硬度”笔触，笔触造型比较明显，如图 9-12 所示，将岸边的暗黄色油箱涂抹一遍，效果如 9-13 所示。

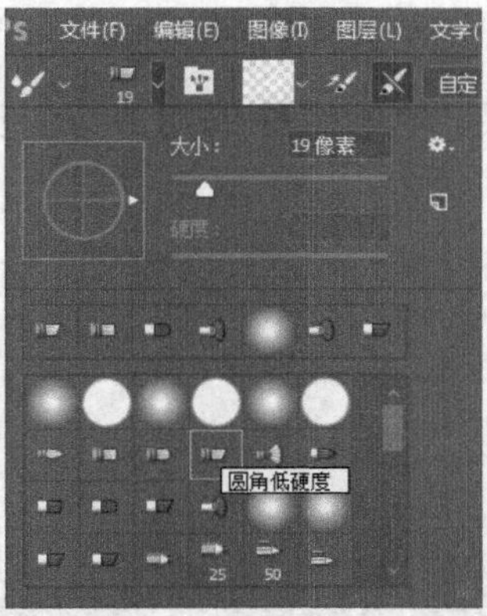

图 9-12　选择“圆角低硬度”笔触

图 9-13　油箱效果图

5）更换硬度较低的笔触来涂抹水面，如“圆水彩”笔触，调整大小，如图 9-14 所示，效果如图 9-15 所示。

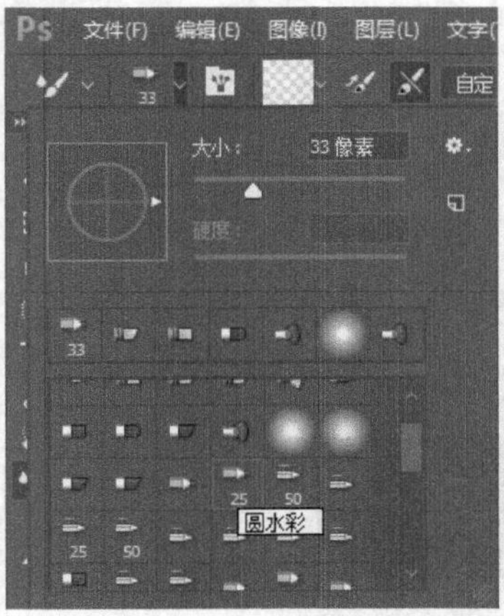

图 9-14　更换“圆水彩”笔触

图 9-15　水面效果图

6）选择更为明显的笔触来表现船身结构，涂抹时注意明暗效果，如使用“平扇形多毛硬毛刷”，如图 9-16 所示，船身效果如图 9-17 所示。

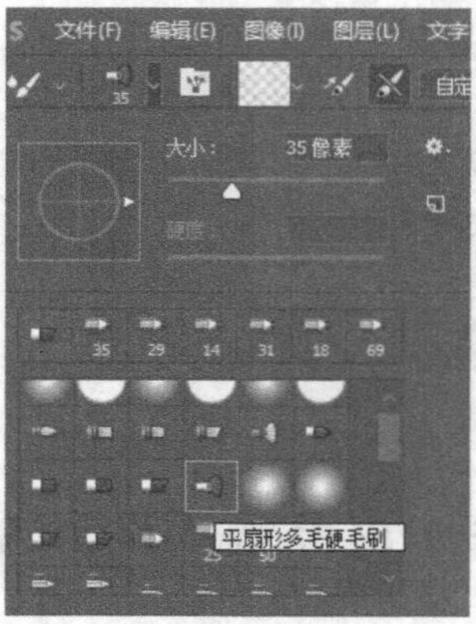

图 9-16　更换“平扇形多毛硬毛刷”笔触

图 9-17　船身效果图

7）使用“柔角左手姿势”笔触来完成远处天空的效果，笔触如图 9-18 所示，天空效果如图 9-19 所示。

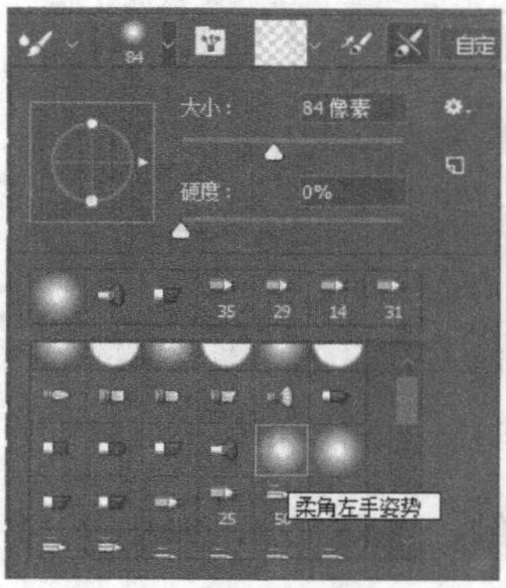

图 9-18　更换笔触

图 9-19　天空效果图

最终效果如图 9-20 所示。

图 9-20　最终效果图

油画风格的风景画《渔船》制作完成了，其他效果的笔触这里就不一一列举了，读者可以自行尝试。

9.3 实例应用：国画风格梅花《清香远布》

9.3.1 技术分析

梅花这个题材广受画家们的喜爱，特别是在国画创作上。下面一起来学习如何用 Photoshop 绘制国画效果的梅花，使用的工具有画笔工具、钢笔工具、加深工具、减淡工具、文本工具等。最终效果如图 9-21 所示，制作过程如图 9-22 所示。

图 9-21 最终效果

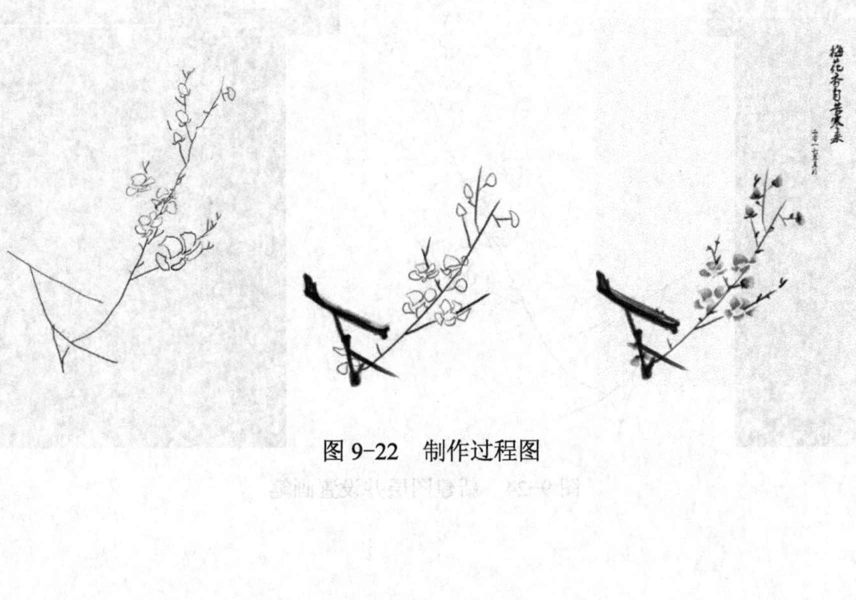

图 9-22 制作过程图

9.3.2 绘制过程

1）打开 Photoshop CC 软件，执行菜单命令“文件”→“新建”（快捷键〈Ctrl+N〉），打开“新建文档”对话框，选择 210mm×297mm 尺寸，分辨率设为“300 像素/英寸”，颜色模式设为“RGB 颜色”，如图 9–23 所示。

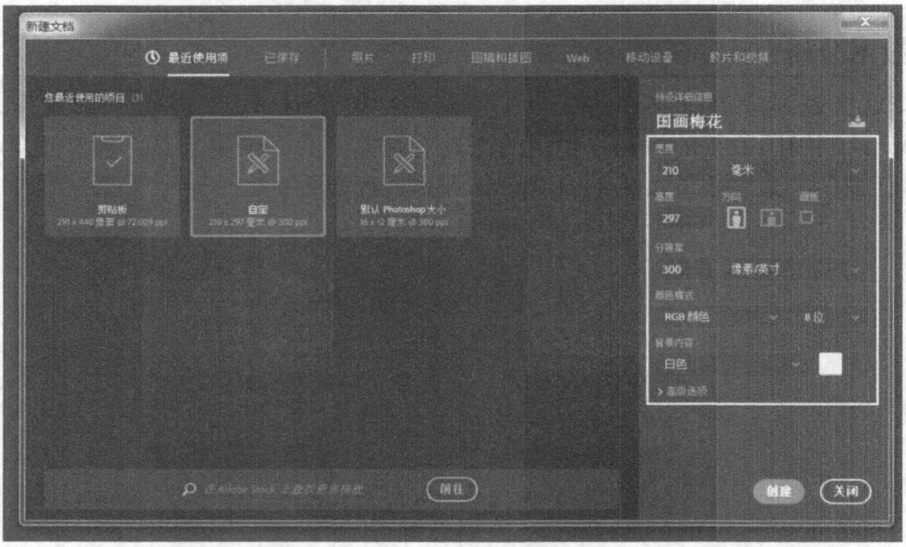

图 9–23　新建文档

2）执行菜单命令“图层”→“新建”→“图层”（快捷键〈Shift+Ctrl+N〉），新建图层并命名为“草图”；选择画笔工具，结合〈[〉〈]〉键调整画笔大小，用画笔工具勾勒出草图，如图 9–24 所示。

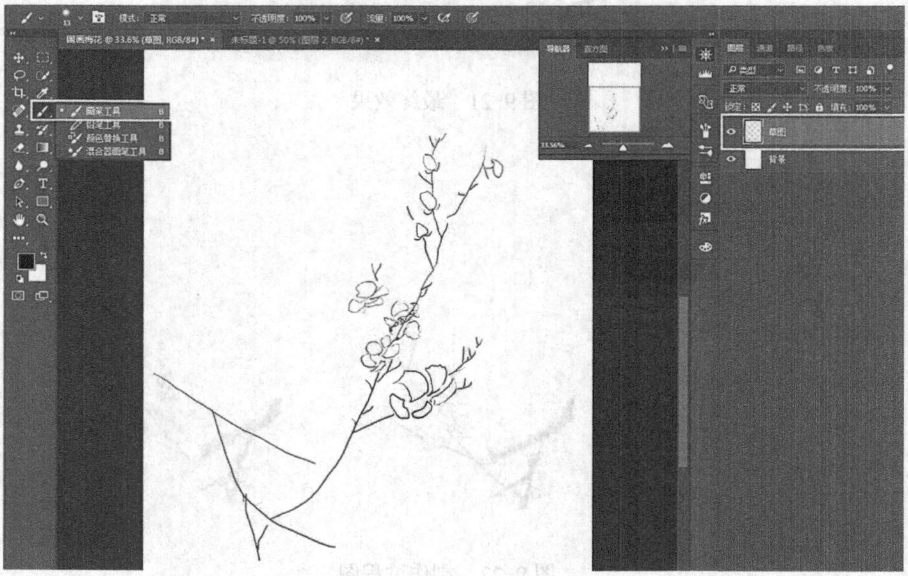

图 9–24　新建图层并设置画笔

3）执行菜单命令“图层”→“新建”→“图层”（快捷键〈Shift+Ctrl+N〉），新建图层并命名为“主枝干”，如图 9-25 所示。

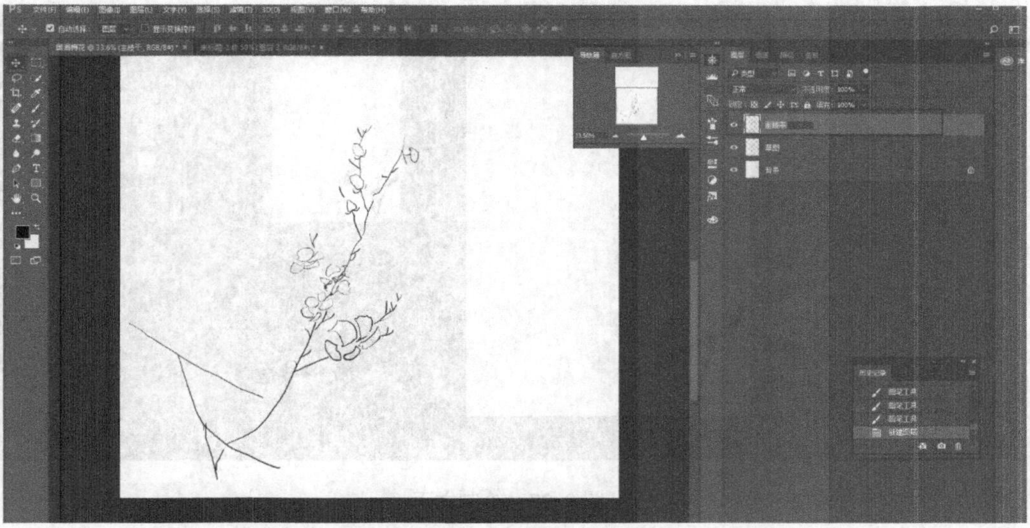

图 9-25　新建并命名新图层

4）选择工具箱中的画笔工具（快捷键〈B〉），然后按〈F5〉键打开“画笔”面板，选择画笔笔尖形状，选择图 9-26 右图所示的画笔，设置角度为 0°，圆度为 100%，间距为 5%；然后勾选“形状动态”以及“双重画笔”“平滑”，再设置双重画笔的属性，选择图 9-26 左图所示画笔，设置间距为 81%，散布为 0%，数量为 2，如图 9-26 所示。

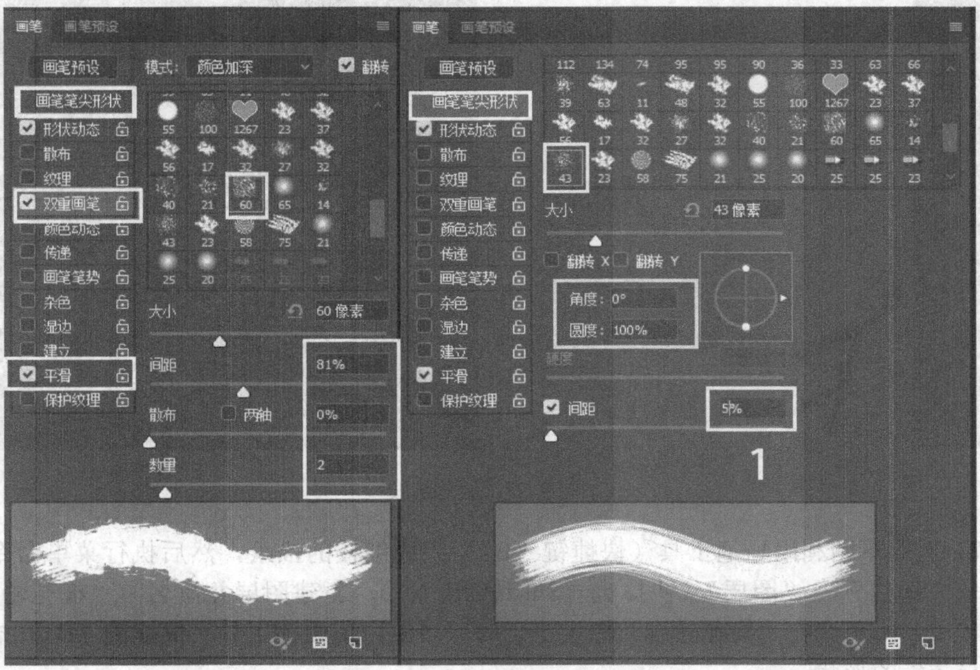

图 9-26　设置画笔参数

5）结合〈[〉〈]〉键调整画笔大小，前景色设置为黑色，在“主枝干”图层上拖动鼠标画出梅花树枝的主干部分，如图 9-27 所示。

图 9-27　绘制主干

6）为了区分树枝的层次关系，执行菜单命令“图层”→“新建”→“图层”（快捷键〈Shift+Ctrl+N〉，新建图层并命名为“细枝”；然后选择工具箱中的画笔工具（快捷键〈B〉），描绘出细枝，如图 9-28 所示。

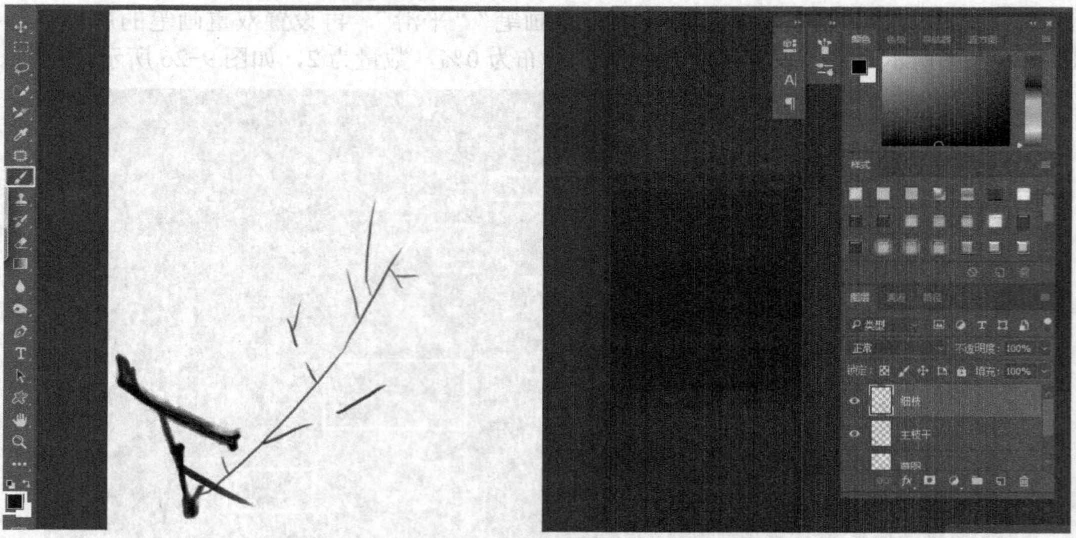

图 9-28　绘制细枝

7）对照草图利用画笔工具（快捷键〈B〉）完成细枝的描绘，然后执行菜单命令“图层”→“新建”→“图层”（快捷键〈Shift+Ctrl+N〉），新建图层并命名为“梅花轮廓”，如图 9-29 所示。在“梅花轮廓”图层上，对照草图，用画笔工具（快捷键〈B〉）描绘出花朵与花蕾的形状。

图 9-29 绘制花朵与花蕾

8）执行菜单命令“图层”→“新建”→“图层”（快捷键〈Shift+Ctrl+N〉），新建图层并命名为“花托及梅枝点苔”；选择工具箱中的画笔工具（快捷键〈B〉），在画布上右击，弹出画笔选取器，选择尖角画笔，结合〈[〉〈]〉键，一边调整画笔大小，一边描绘花托及点苔，效果如图 9-30 所示。

图 9-30 绘制花托与点苔

9）执行菜单命令“图层”→“新建”→“图层”（快捷键〈Shift+Ctrl+N〉），新建图层并命名为“花朵颜色”；拖动“花朵颜色”图层将其放置于“主枝干”图层之下，然后选择工具箱中的画笔工具（快捷键〈B〉），右击画布，弹出画笔选取器，选择柔角画笔，再将前景色设置为红色，根据需要结合〈[〉〈]〉键调节画笔大小，在“花朵颜色”图层上描绘出花朵，如图 9-31 所示。

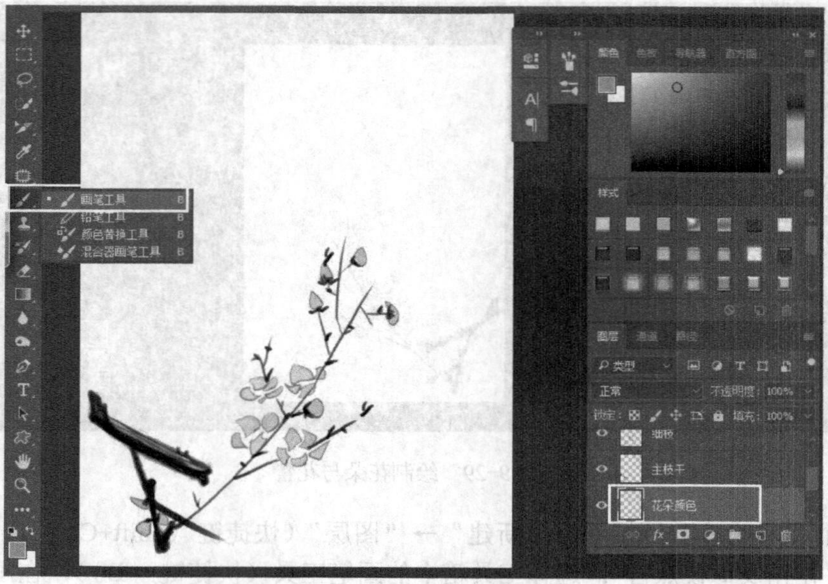

图 9-31　描绘出花朵

10）描绘完同一颜色的花朵后，调整前景色为红色（在上一步的基础上加深）利用画笔工具（快捷键〈B〉），在“花朵颜色”图层上对花瓣靠近树枝的部位进行加深操作，对花朵边缘部位进行减淡操作，注意每一朵花之间的层次变化（即深浅变化），不要将每一朵花都绘制成一样深浅，可以顺便用橡皮擦工具把梅花轮廓擦除，如图 9-32 所示。

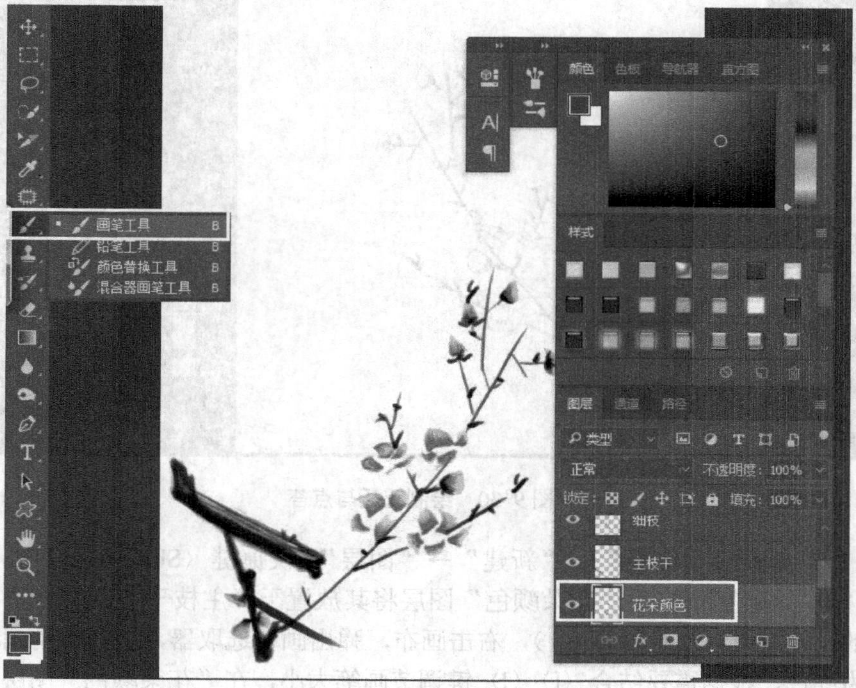

图 9-32　加深与减淡操作

11）执行菜单命令“图层”→“新建”→“图层”（快捷键〈Shift+Ctrl+N〉），新建图层并命名为“花心”；选择工具箱中的画笔工具（快捷键〈B〉），单击“设置前景色”图标，打开“拾色器（前景色）”对话框，选择黄色作为花心颜色，如图 9-33 所示。

图 9-33　设置前景色

12）在画布上任意地方右击弹出画笔选取器，选择柔角画笔，结合〈[〉〈]〉键调整画笔大小，在“花心”图层上花心的位置描绘出黄色的花心，如图 9-34 所示。

图 9-34　设置画笔并绘制花心

13）现在可以把“草图”图层删除了，选中“草图”图层并拖动到右下角的“删除图层”按钮上，然后单击“确定”按钮或按〈Enter〉键确定删除图层，如图 9-35 所示。

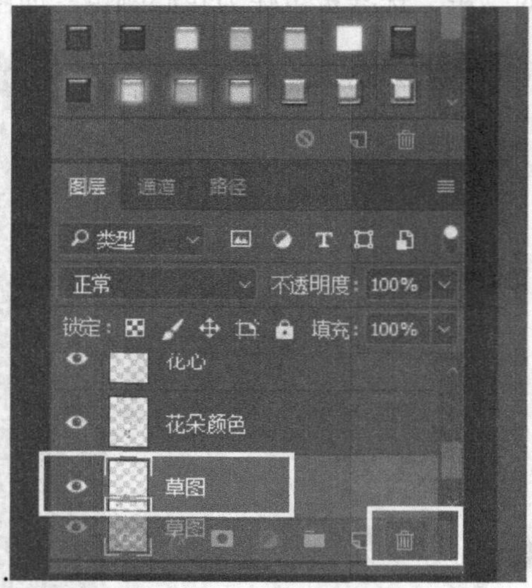

图 9-35　删除“草图”图层

14）接下来制作画纸，让其看起来像是画在纸上一样。首先，执行菜单命令“图层”→“新建”→“图层”（快捷键〈Shift+Ctrl+N〉），新建图层并命名为“画布”，将前景色设置为白色，按快捷键〈Alt+Delete〉将“画布”图层填充为白色；然后执行菜单命令“滤镜”→“滤镜库”，如图 9-36 所示。

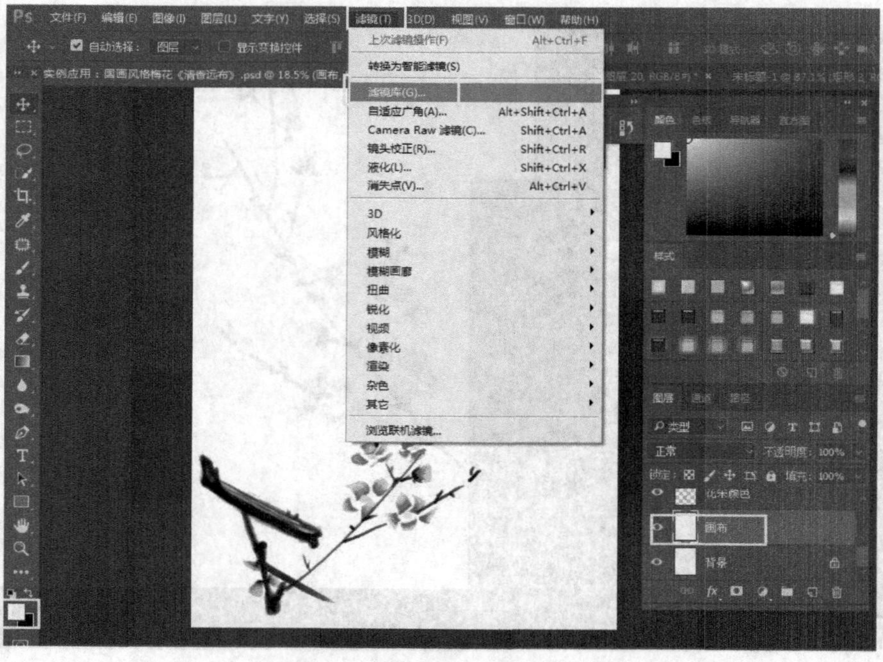

图 9-36　创建“画布”图层

15）在弹出的对话框中选择“纹理化”，在“纹理”下拉列表框中选择“粗麻布”，缩放为 145%，凸现为 4，光照为“上”，勾选“反相”复选框（数值可自己设置），如图 9-37 所示。

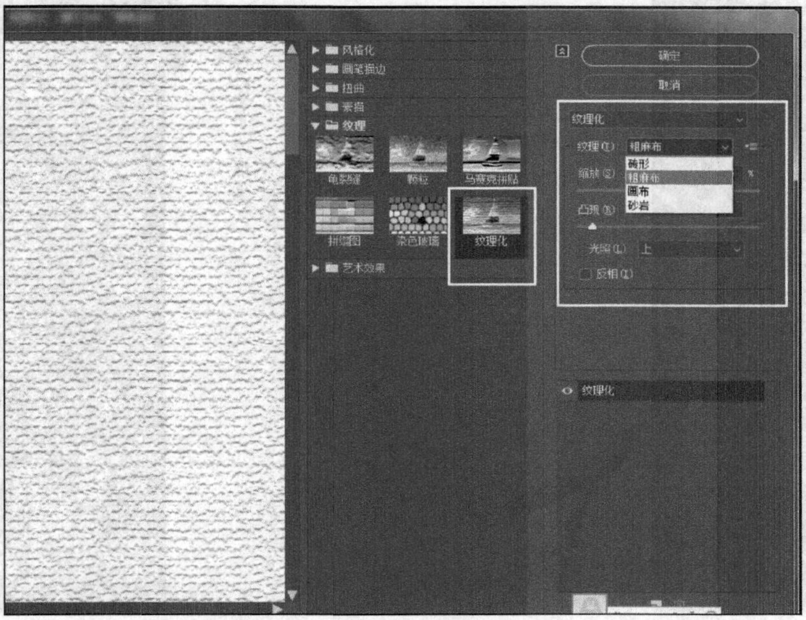

图 9-37　纹理化

16）选中加有粗麻布滤镜的“画布”图层，按快捷键〈Ctrl+U〉打开“色相/饱和度”对话框，勾选“着色”复选框，然后设置色相为 24，饱和度为 33，明度为+54，然后单击“确定”按钮，如图 9-38 所示。

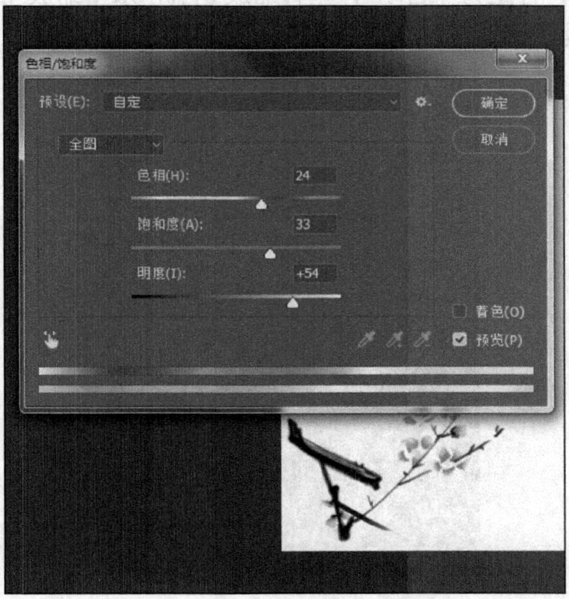

图 9-38　调整色相/饱和度

17）新建图层，在工具箱中选择直排文字工具（快捷键〈T〉），在画布右上角处单击并输入文字“梅花香自苦寒来”及日期，如图 9-39 所示。

图 9-39　输入文字

18）输入文本后，在“图层”面板中会自动生成一个文字图层，单击文本工具选项栏中的“切换字符和段落面板”按钮，弹出“字符”和“段落”面板，设置字体系列为方正舒体，字体大小为 36 号，行距为“自动”，垂直缩放 67%，水平缩放 42%，颜色为黑色，选择加粗，消除锯齿设置为“浑厚”，如图 9-40 所示。

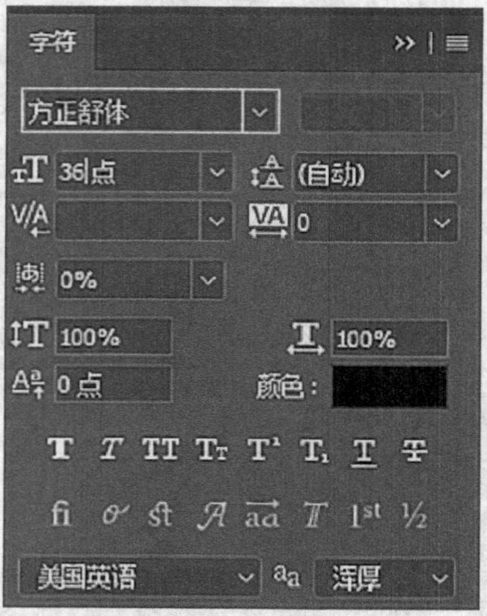

图 9-40　字体及字号设置

19）用同样的方法调整输入日期的文字属性，把原先合并的图层改名为“梅花”，然后保存所有设置，得出最终效果图，如图 9-41 所示。

图 9-41　最终效果

第10章　滤镜技术

本章要点

- 滤镜的概念
- 滤镜的使用法则与技巧
- 滤镜案例应用

10.1　认识滤镜

10.1.1　滤镜的概念

Photoshop CC 的滤镜主要用来实现图像的各种特殊效果，具有非常神奇的作用。滤镜可以分为 3 种类型：内阙滤镜、内置滤镜（自带滤镜）和外挂滤镜（第三方滤镜）。内阙滤镜是指内阙于 Photoshop CC 程序内部的滤镜，它们不能被删除，即使将 Photoshop CC 目录下的 plus-ins 目录删除，这些滤镜也依然存在；内置滤镜是指在默认方式下安装 Photoshop CC 时，以C盘为安装盘，安装程序自动安装到“C:\Program Files\Adobe\Photoshop CC 2017\plus-ins”目录下的那部分滤镜；外挂滤镜是指除上述两类以外，由第三厂商为 Photoshop CC 所开发的滤镜，这类滤镜不但数量庞大、功能不一，而且版本和种类不断更新和升级，例如，知名的外挂滤镜有 PhotoTools、Ulead　Effects、KPT、Eye Candy 等。

10.1.2　滤镜的使用建议

用户可以很随意地使用滤镜，很多时候都可以得到意想不到的效果，在这只是提出一些学习建议与读者共勉。在默认的情况下，滤镜会针对整个图像进行处理。如果选定某个区域，则会对选定区域进行处理，如图 10-1 所示；如果选中的是某一层或某一通道，则滤镜只会作用到当前的层或通道上，如图 10-2 所示。关于滤镜的使用建议如下。

图 10-1　对选定区域进行处理

图 10-2　对层或通道进行处理

1．熟悉滤镜功能

逐渐理解和熟悉滤镜，并将其应用到实际的工作和生活中，读者将会发现滤镜有很多神奇的效果。例如，有时候将两个滤镜叠加起来，会得到特殊的画面效果。但要正确表现设计意图，需要设计师熟练掌握滤镜功能。

2．熟练使用渐隐功能

为图像添加滤镜效果后执行渐隐命令（菜单栏的“编辑”下），即可以调节不透明度，还可以设置混合模式，可快捷而方便地实现多变的良好效果，减少图层的反复使用。

例如，用了风效果的滤镜后，才会出现图 10-3 所示的“渐隐风”菜单命令，执行该命令后出现图 10-4 所示的“渐隐”对话框，在此可以设置不透明度和混合模式。

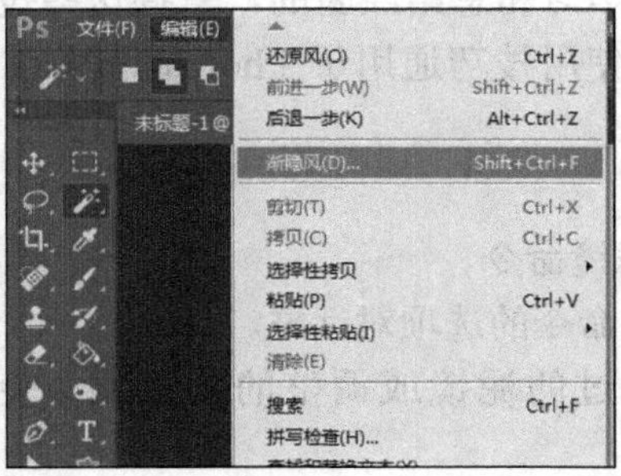

图 10-3 “渐隐风”菜单命令

图 10-4 “渐隐”对话框

3．学会应用滤镜处理图层

在使用滤镜前，先将图像复制到新图层中，然后为该新图层添加滤镜效果。该方法可以将滤镜效果混合到图像中去，或者改变该图层的混合模式，从而达到需要的效果。图 10-5 中的“图层 1 拷贝”图层就是用来添加滤镜效果的。

4．滤镜与通道的结合使用

滤镜与通道是制作特效图的最好组合。有些滤镜一次处理一个单通道即可得到非常漂亮的效果图，例如红色通道、绿色通道或蓝色通道中的一个通道。如图 10-6 所示，选择某一个通道，然后用滤镜进行处理。

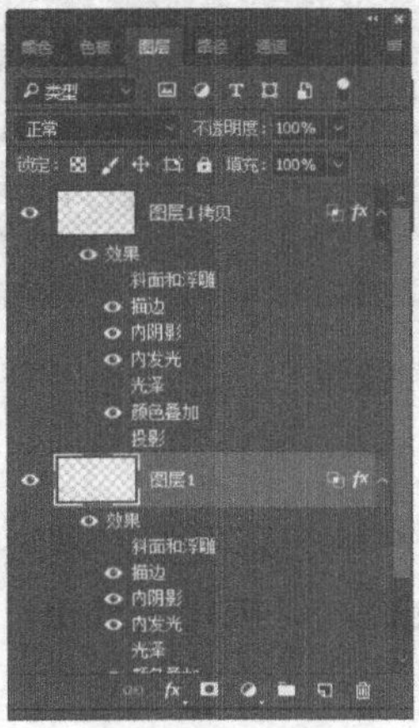

图 10-5 复制复层

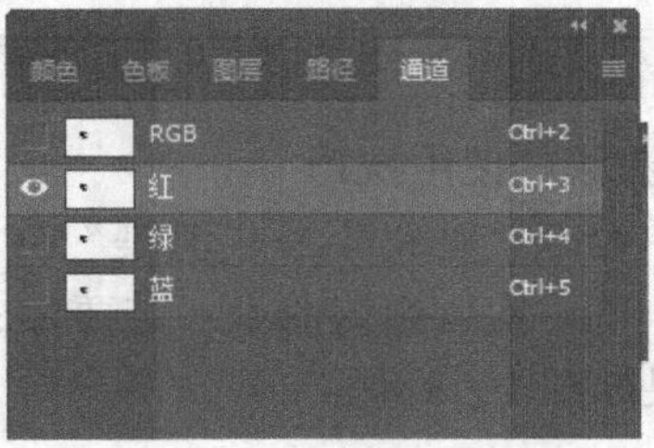

图 10-6 “通道”面板

5．经常做滤镜试验

滤镜选项设置对于不同大小（主要指分辨率）的文件，可以产生完全不同的效果。所以在不了解滤镜的特效时，建议先对滤镜各选项的效果进行比较，并记下最佳效果的设置。

6．滤镜的使用需要细心和耐心

在使用滤镜的过程中，有些滤镜效果会非常明显，细微的参数调整都会导致很大的变化，所以在使用时要很细心地选择，以免错过一些比较漂亮的滤镜风格。

10.1.3　滤镜的使用技巧

对于初学者来说，滤镜的使用技巧是需要长期学习和总结经验的，掌握这些技巧可以避免走许多弯路。以下关于 Photoshop CC 滤镜的使用技巧通用于 Photoshop CC 的所有版本。

1．掌握滤镜快捷键

- 按〈Ctrl+F〉快捷键可以再次使用刚用过的滤镜命令。
- 按〈Ctrl+Alt+F〉快捷键可以弹出刚用过滤镜命令的选项对话框。
- 按〈Ctrl+Shift+F〉快捷键可以取消上次用过的滤镜或调整的效果或改变合成的模式。

2．滤镜选项对话框

在选项对话框里，按〈Alt〉键，“取消”按钮会变成“复位”按钮，如图 10-7 所示，用于恢复初始状态。如果想要放大在滤镜选项对话框中预览图像的大小，按住〈Ctrl〉键的同时单击预览区域即可；反之，按住〈Alt〉键的同时单击，则可以缩小预览区内的图像。

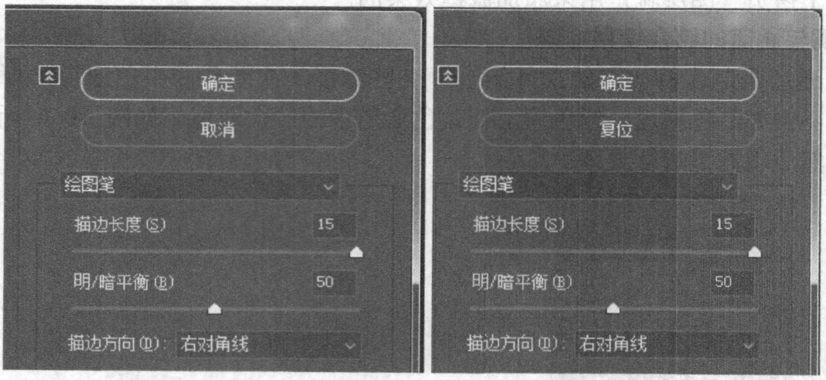

图 10-7　“取消”按钮变“复位”按钮

3．云彩滤镜的使用技巧

执行菜单命令“滤镜”→“渲染”→“云彩”，可以产生云彩图案，若要产生更多明显的云彩图案，可再次执行该命令；若要生成低漫射云彩效果，可按住〈Shift〉键后再执行命令，对比效果如图 10-8 示。

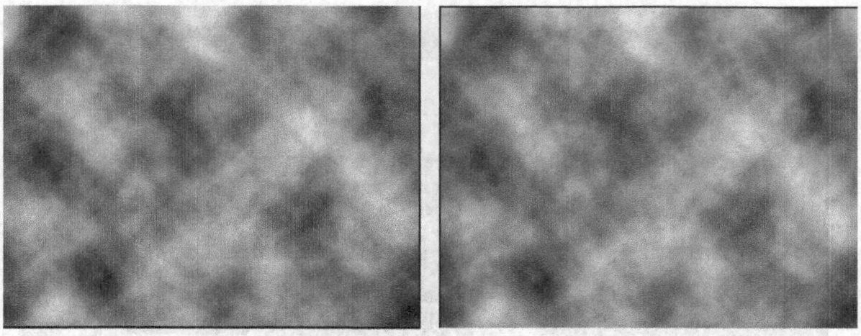

a) b)

图 10-8　两次云彩滤镜的效果对比

a) 第一次效果　b) 第二次效果

4．光照效果滤镜的使用技巧

执行菜单命令“滤镜”→“渲染”→“光照效果”，若要复制光源，先按住〈Alt〉键，再拖动光源即可，拖动前后的光照效果如图 10-9 示。

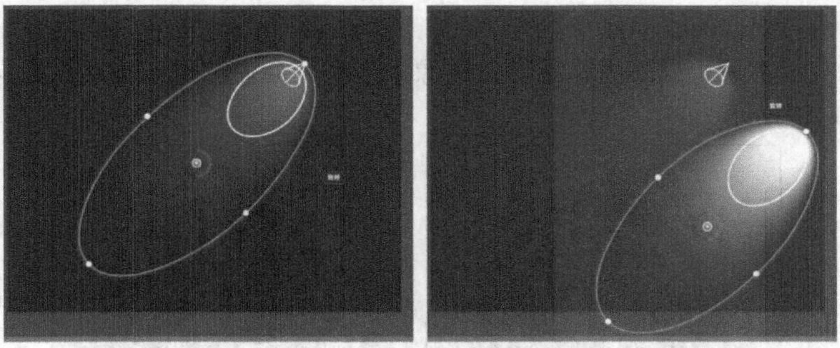

a) b)

图 10-9　拖动前后的光照效果对比

a) 拖动前　b) 拖动后

5．滤镜的处理单位

滤镜的效果以像素为单位，也就是说，用相同的参数处理不同分辨率的图像，效果会不同。

6．文字图层不能直接应用滤镜

RGB 色彩模式图像可以应用全部滤镜，但如果要将滤镜应用于文字图层上，首先需要将文字图层转化为普通图层，也就是将文字图层栅格化，才能应用滤镜。

（1）复合滤镜

Photoshop CC 的复合滤镜“液化”可以运用画笔来制作各色各样的变形效果，是一种自由变形工具，相比“编辑”菜单中的“变形”命令具有更自由的变化空间。

在使用“液化”滤镜之前，先来对“液化”滤镜所提供的工具了解一下，该滤镜不但可以对图像任意扭曲，可以定义扭曲的强度和范围，而且为调整变形图像或创建特殊效果提供了强大的功能。执行菜单命令“滤镜”→“液化”，会弹出“液化”对话框，如图 10-10 所示。

图 10-10 “液化”对话框

此对话框中各选项的说明如下。

1）“向前变形工具”：用该工具在图像中拖动，会使图像按拖动的方向产生弯曲变形效果，如图 10-11 所示。

a)　　b)

图 10-11　向前变形效果

a) 原图　b) 效果图

2）“重建工具”：用该工具可以对变形的图像进行完全或部分的恢复。

3）“平滑工具”：该工具可以调整变形后的图像，使图像的扭曲变得平滑。

4）“顺时针旋转扭曲工具”：用该工具在图像中按住鼠标左键时，可以使图像中的像素顺时针旋转扭曲；使用该工具在图像中同时按住〈Alt〉键和鼠标左键，可以使图像中的像素逆时针旋转扭曲，如图 10-12 所示。

5）“褶皱工具”：使用该工具在图像中单击或拖动时，会使图像中的像素向画笔区域的中心移动，使图像产生收缩效果。

6）“膨胀工具”：使用该工具在图像中单击或拖动时，会使图像中的像素从画笔区域的中心向画笔区域的边缘移动，使图像产生膨胀效果。该工具产生的效果正好与“褶皱工具”产生的效果相反，如图 10-13 所示。

a) b)

图 10-12 顺时针旋转扭曲效果

a) 原图 b) 效果图

a) b)

图 10-13 膨胀效果

a) 原图 b) 效果图

7)“左推工具”：使用该工具在图像中拖动时，图像中的像素会以相对于拖动方向左垂直的方向在画笔区域内移动，使其产生挤压效果。

8)“冻结蒙版工具”：使用该工具在图像中拖动时，图像中画笔经过的区域会被冻结，冻结的区域不会受到变形的影响。

9)“解冻蒙版工具”：使用该工具在图像中已经冻结的区域拖动时，画笔经过的地方将会被解冻。

10)“脸部工具”：使用在人物图像中，可设置参数调整眼睛、鼻子、嘴巴、脸形。

11)“抓手工具”：当图像放大到超出预览框的视图时，可以使用该工具拖动查看。

12)“缩放工具”：使用该工具在预览框内单击鼠标左键，会将图像放大；按住〈Alt〉键单击鼠标左键，会将图像缩小。

13)“工具选项”选项组：用来设置选择相应的工具时的参数。

- 画笔大小：用来控制画笔笔触的粗细度。
- 画笔密度：用来控制画笔与图像像素的接触范围，数值越大，范围越大。
- 画笔压力：用来控制画笔的涂抹力度。压力为 0 时，将不会对图像产生影响。
- 光笔压力：在连接计算机与绘图板时，该复选框会被激活。勾选该复选框后，可以通过绘制时使用的压力大小来控制工具的绘图效果。

14）“重建选项”选项组：用来设置恢复图像的参数。

● 重建：单击此按钮，可以在弹出的“恢复重建”对话框中设置重建效果，如图 10-14 所示。

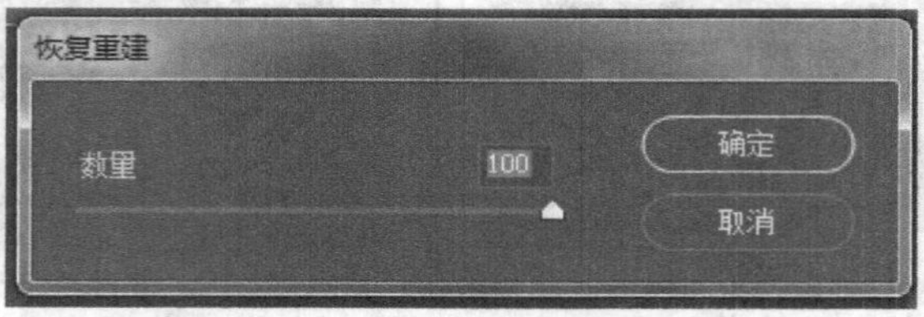

图 10-14 “恢复重建”对话框

● 恢复全部：单击此按钮，可以去掉图像中所有的液化效果，使其恢复到初始状态。即使图像中存在冻结区域，单击此按钮也同样可以将其中的液化效果恢复到初始状态。

15）“蒙版选项”选项组：用来设置与图像中存在的蒙版、通道等效果的混合选项。

● “替换选区”：显示原图像中的选区、蒙版或透明度。
● “添加到选区”：显示原图像中的蒙版，可以将冻结区域添加到选区、蒙版。
● “从选区中减去”：从冻结的区域减去选区或通道的区域。
● “与选区交叉”：只有冻结区域与选区或通道交叉的区域可用。
● “反相选区”：将冻结区域反选。
● 无：单击此按钮，可以将图像中的所有冻结区域解冻。
● 全部蒙版：单击此按钮，可以将整个图像冻结。
● 全部反向：单击此按钮，可以将冻结区域与非冻结区域对调。

16）视图选项：用来设置预览框的显示状态。

● 显示图像：勾选此复选框，可以在预览框看到图像。
● 显示网格：勾选此复选框，可以在预览框中看到“图层”面板中的其他图层。
● 显示蒙版：勾选此复选框，可以在预览框中看到图像中冻结区域被覆盖的状态。
● 蒙版颜色：设置冻结区域的颜色。
● 显示背景：勾选此复选框，可以在预览框中看到“图层”面板中的其他图层。
● 模式：设置其他显示图层与当前预览框中图像的层叠模式，如“前面”“后面”和“混合”等。
● 不透明度：设置其他显示图层与当前预览框中图像之间的不透明度。
● 预览框：用来显示编辑效果的窗口。

（2）滤镜库

在使用“滤镜库”的过程中，可以累加应用滤镜，也可多次使用单个滤镜，还可以重新排列滤镜并更改已应用的每个滤镜的设置，有利于实现所需要的效果。图 10-15 所示滤镜库选项对话框，其中各部分的说明如下。

A：预览窗口。

B：所选滤镜效果的缩略图。

C：单击此按钮可显示或隐藏滤镜效果的缩略图。

D：滤镜菜单。

E：所选滤镜的选项设置。

F：已经选中但尚未启用的滤镜效果。

I：这两个按钮分别用于新建和删除滤镜效果图层。

值得注意的是，并非所有可用的滤镜都可以用“滤镜库”来应用，也就是说，并非所有滤镜都是可以单独应用的滤镜。

滤镜效果是按照选择的顺序应用的，在应用滤镜之后，也可以通过在已经应用的滤镜列表中将滤镜名称拖移到另一个位置进行重新排列。重新排列滤镜效果后会显著改变图像的外观。

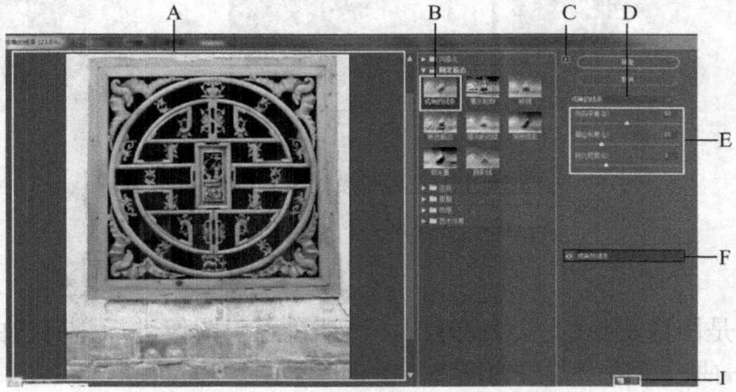

图 10-15　滤镜库选项对话框

（3）常用滤镜

Photoshop CC 内置滤镜种类比较多，其中有代表性并且较常用的有以下几种：“风格化”“锐化”“像素化”“渲染”等。以下分别具体介绍。

1）风格化。

“风格化”滤镜是通过置换像素，查找和增加图片中的对比度，在图像中产生一种类似于印象派的艺术风格。以浮雕效果为例，如图 10-16 所示，该滤镜使用灰色作为图像填充颜色，并运用了远填充色勾画图像边缘，使图像出现凸起或下陷的效果。

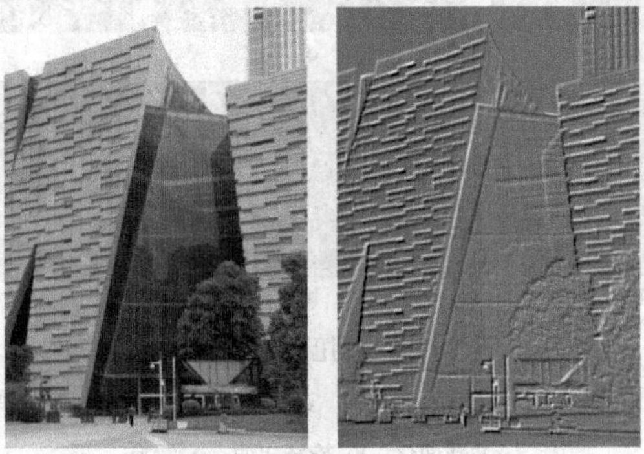

图 10-16　浮雕效果

2）模糊。

“模糊”滤镜可以淡化、柔和图像中不同的色彩的边界，为一些有缺陷的图片起到掩盖缺陷的作用，或创造出一些比较特殊的效果。“模糊”滤镜与“锐化”滤镜是两个作用完全相反的滤镜，而且通过调节一些“模糊”滤镜，可以模拟出镜头的效果。以高斯模糊为例，高斯模糊是按照指定的半径来快速模糊选中的图像，产生一种朦胧与模糊的效果，也可以利用这种效果来模拟出一些镜头效果。图 10-17 所示为“高斯模糊”滤镜效果。

a)　　b)　　c)

图 10-17 “高斯模糊”滤镜效果

a) 原图　b) 选择选区　c) 高斯模糊效果

3）扭曲。

“扭曲”滤镜是图像变形的另一种方法，该滤镜用于图像进行几何扭曲，创建 3D 或其他效果。各种“扭曲”滤镜的效果如图 10-18 所示。

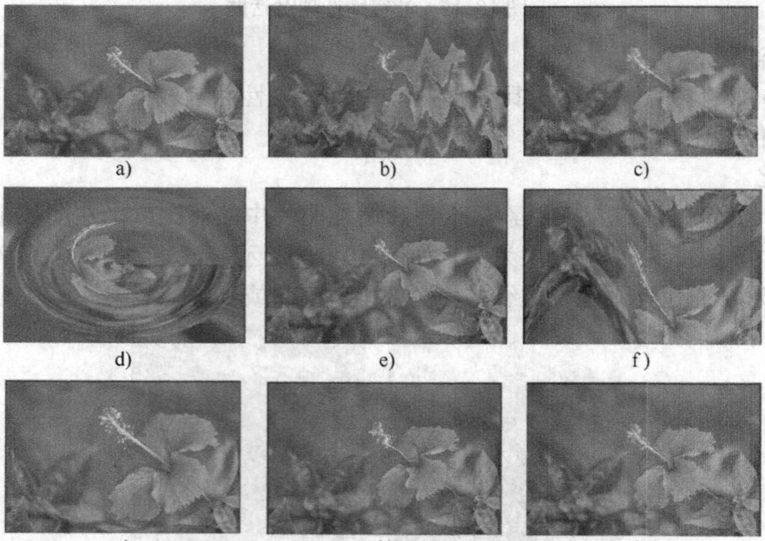

a)　　b)　　c)

d)　　e)　　f)

g)　　h)　　i)

图 10-18 “扭曲”滤镜效果

a) 原图　b) 波浪　c) 波纹　d) 极坐标　e) 挤压　f) 切变

g) 球面化　h) 旋转扭曲　i) 置换

4）锐化。

“锐化”滤镜的作用是通过增加相邻像素的反差来使图像变得清晰一些，或者说是提高图像的清晰程度。有 4 种“锐化”滤镜，分别是“进一步锐化”“锐化”“锐化边缘”“智能锐化”。其中，“进一步锐化”滤镜的作用力度比“锐化”滤镜稍微大一些，也可让图像局部反差得到增大；“锐化边缘”滤镜可自动识别图像，并只对图像的轮廓进行锐化，使不同颜色之间界限明显，从而产生更加清晰的效果。图 10-19 是 3 种“锐化”滤镜的效果对比图，为了体现效果，每个图都重复用了 3 次滤镜。

a)　b)　c)　d)

图 10-19 “锐化”滤镜效果

a) 原图　b) 锐化　c) 锐化边缘　d) 进一步锐化

5）像素化。

“像素化”滤镜的作用是将图像像素化或平面化。即将图像以其他形状的元素重新显现出来。“像素化”滤镜并不是真正地修改了图像的像素点形状，只是图像中表现出来某种基础形状的特征，才生成一些类似像素化的形状变化。“像素化”滤镜效果如图 10-20 所示。

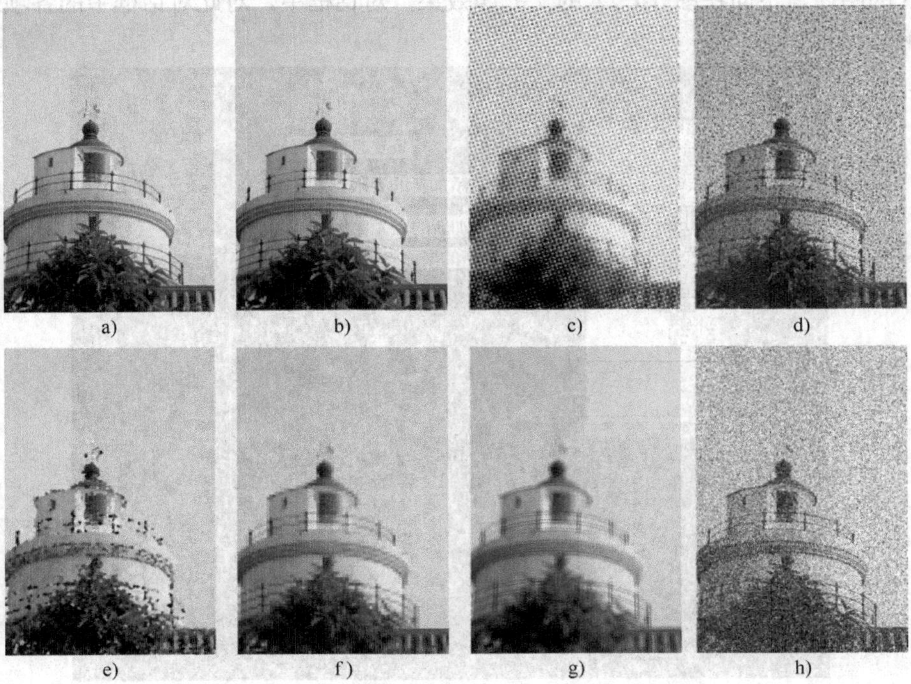

a)　b)　c)　d)

e)　f)　g)　h)

图 10-20 “像素化”滤镜效果

a) 原图　b) 彩块化　c) 彩色半调　d) 点状化　e) 晶格化　f) 马赛克　g) 碎片　h) 铜版雕刻

6）渲染。

“渲染”滤镜可以在图像中生成云彩图案、模拟灯光、太阳光效果，可以结合通道来生成各种纹理贴图，还可以与通道结合后编辑出立体图像。在这里将列举 4 种“渲染”滤镜应用在同一张图像前后的对比效果，在该图像上先选择一个选区作为对比区域，再应用滤镜，对比效果如图 10-21 所示。

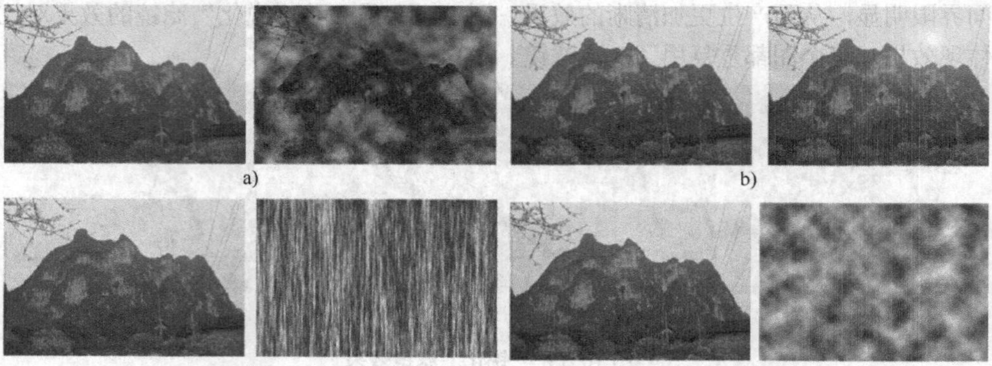

图 10-21 “渲染”滤镜效果

a) 分层云彩 b) 镜头光晕 c) 纤维 d) 云彩

“光照效果”滤镜是模拟光源照射在图像上的效果，其变化也比较复杂，例如模拟光线照在相机镜头上所产生的反射效果。需要注意一点，该滤镜不能应用于灰度、CMYK 和 Lab 颜色模式的图像。下面在图 10-22 的“光照效果”对话框中，对此对话框中的各项选项设置进行了解。

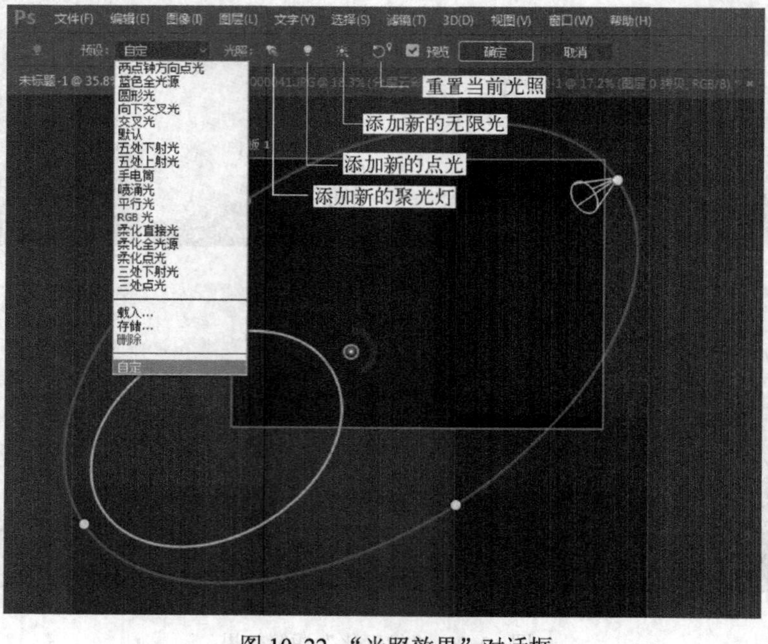

图 10-22 “光照效果”对话框

10.2 实例应用：建筑摄影作品镜头矫正

30 利用滤镜制作小花效果

10.2.1 技术分析

本实例的主要学习目标是学习对滤镜的设置，运用到滤镜中的“镜头矫正”功能。该功能的好处在于可以对一张构图有误的拍摄作品进行镜头矫正。

镜头矫正前后的效果对比如图 10-23 所示，制作过程如图 10-24 所示。

图 10-23　镜头矫正前后的效果对比

图 10-24　制作过程图

10.2.2　镜头矫正操作

1）运行 Adobe Photoshop CC 软件，执行菜单命令“文件”→“打开”（快捷键〈Ctrl+O〉），打开素材文件“建筑镜头矫正.jpg”，如图 10-25 所示。

图 10-25　打开素材文件

2）执行菜单命令“滤镜”→“镜头校正”，如图 10-26 所示。

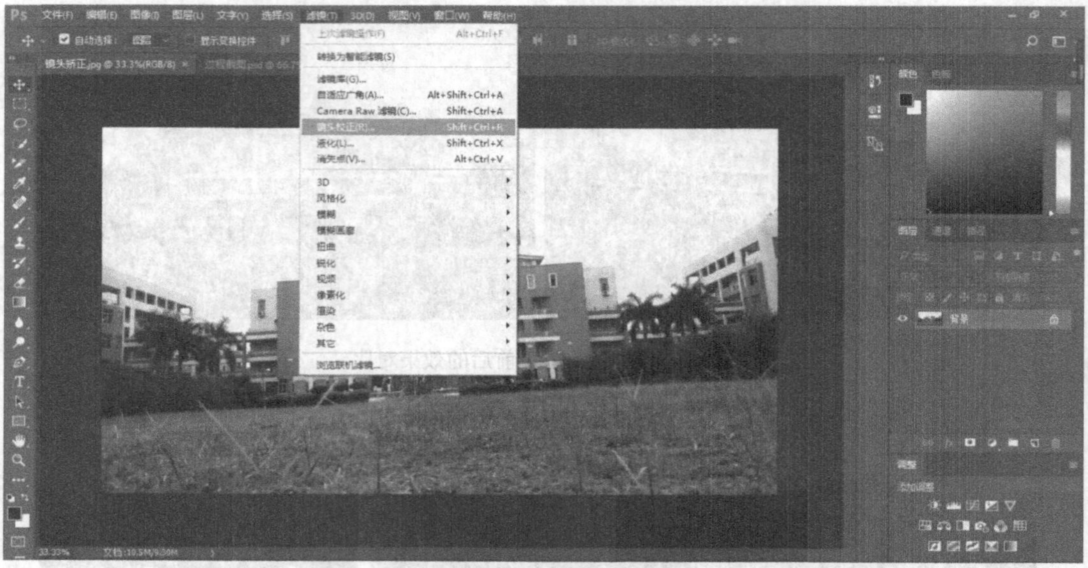

图 10-26　执行“镜头校正”命令

3）在弹出的“镜头校正”对话框的右侧选择“自定”选项卡，再在左侧单击“移动网格工具”选项以准确校正镜头画面，设置其参数“垂直透视”为-18，“角度”为 3.70°，如图 10-27 所示。

图 10-27　设置镜头校正参数

4）单击“确定”按钮完成操作，最终效果如图 10-28 所示。

图 10-28　最终效果

31 制作绚丽图案

10.3　实例应用：炫酷背景制作

10.3.1　技术分析

本实例的学习重点是对滤镜、画笔工具和渐变工具的结合使用。

本节先使用画笔和渐变工具制作出背景；利用矩形选框工具和渐变工具画出光线，再结合“图层”面板，制作出光线效果；新建方格文件，使用“液化”滤镜制作出扭曲方格效果；再用渐变工具制作背景颜色，对图层样式进行修改；使用滤镜的“镜头光晕”结合自由变换工具制作出星空光晕效果；用文本工具输入文字并调整文字大小和颜色，完成炫酷背景的制作。最终效果如图 10-29 所示，制作过程如图 10-30 所示。

图 10-29　最终效果图

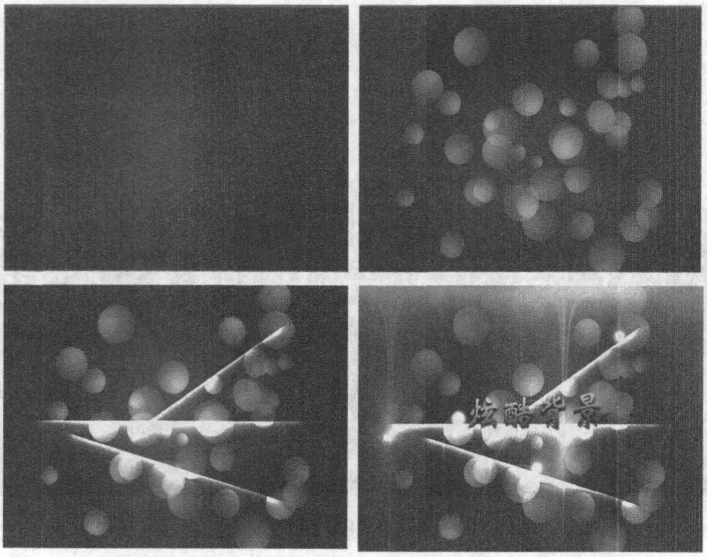

图 10-30　制作过程图

10.3.2　制作渐变背景

1）打开 Adobe Photoshop CC 软件，执行“文件”→“新建”，弹出“新建文档”对话框，在右侧的“预设详细信息”栏输入名称“炫酷背景”，设置宽度为“1000 像素”，高度为“700”，分辨率为“150 像素/英寸”，“背景内容”设置为“透明”，如图 10-31 所示。

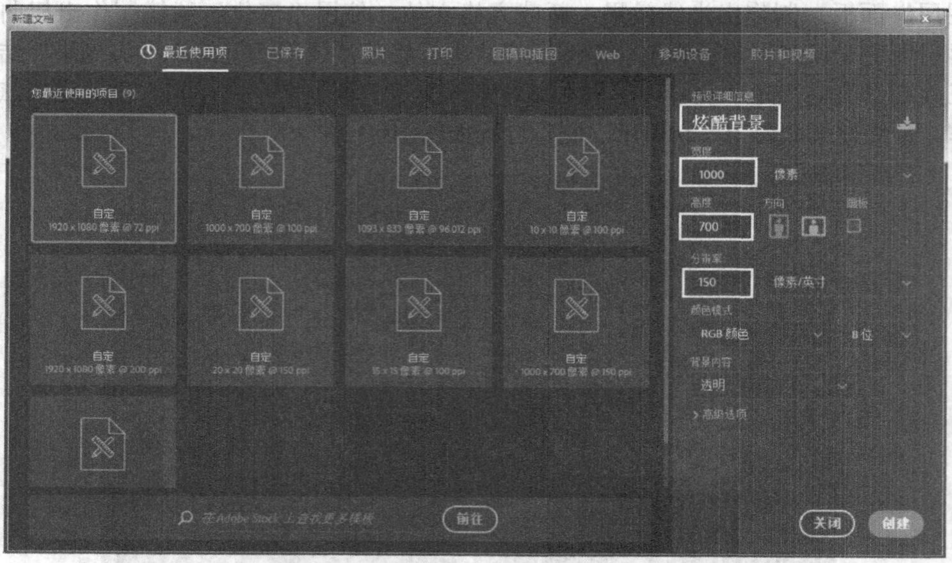

图 10-31　设置新建文档参数

2）单击“创建”按钮，出现绘图区，效果如图 10-32 所示。

图 10-32　绘图区

3）选择工具箱中的渐变工具，选择“径向渐变”，如图 10-33 所示，单击“点按可编辑渐变”图标，弹出图 10-34 所示的“渐变编辑器”对话框，单击“色标”滑块，然后单击下方的“颜色”色块会弹出“拾色器（色标颜色）”对话框，将第一个色标的颜色设置为“R：45，G：17，B：17”，第二个色标的颜色设置为“R：8，G：1，B：1”，单击“确定”按钮完成渐变颜色的设置。

图 10-33　设置渐变

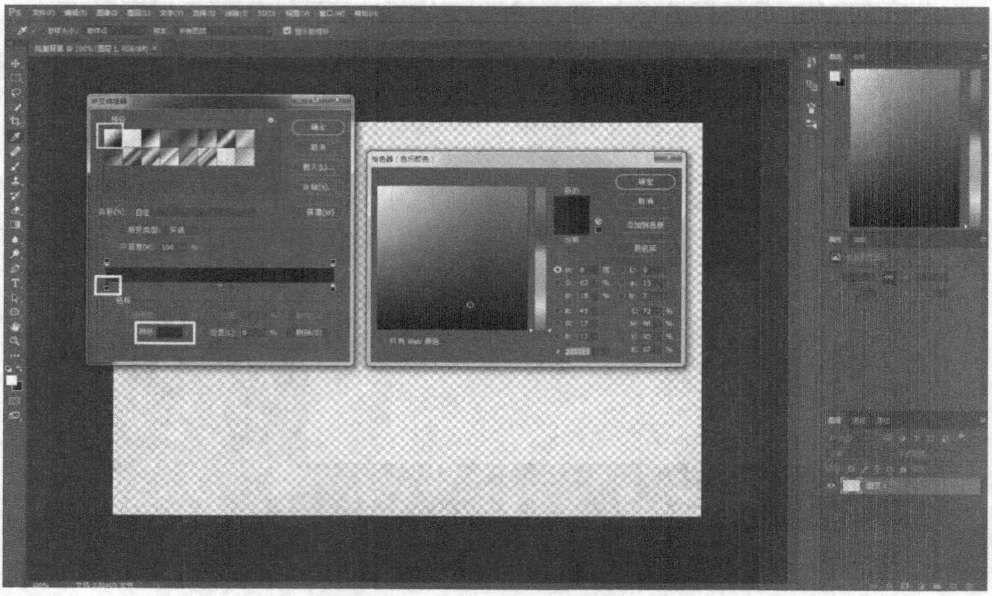

图 10-34　设置渐变参数

4）用渐变工具在画面中从中心点向外拖拉即可完成渐变效果。

5）按快捷键〈Ctrl+Shift+N〉新建图层并命名为“圆形元素”，如图 10-35 所示。

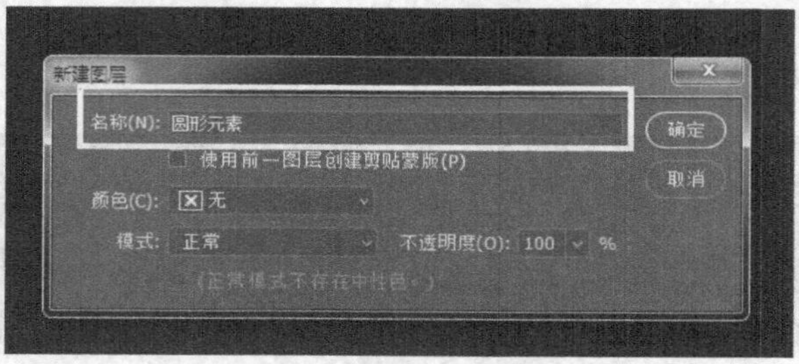

图 10-35　为新建图层命名

6）在工具箱中选择椭圆选框工具，按住〈Shift〉键画出一个正圆，如图 10-36 所示。

图 10-36　画圆形

7）选择工具箱中的渐变工具，选择“径向渐变”，如图 10-37 所示，然后再单击“点按可编辑渐变”图标，弹出图 10-38 所示的“渐变编辑器”对话框。

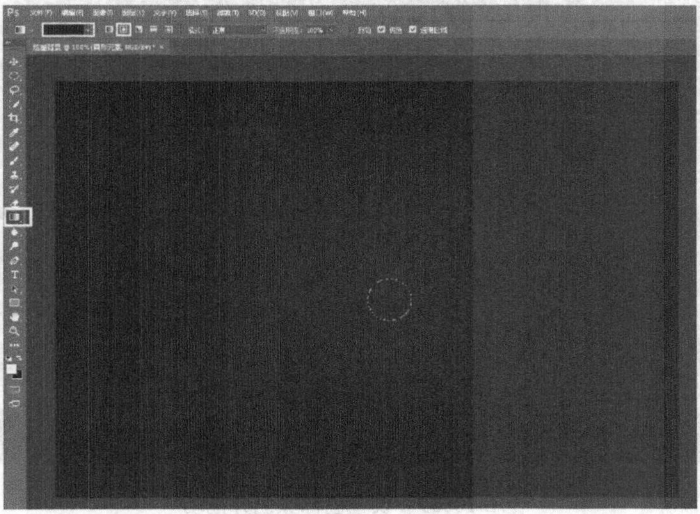

图 10-37　选择“径向渐变”

8）在“渐变编辑器”对话框中，单击“色标”滑块，然后再单击下方的“颜色”色块，弹出“拾色器（色标颜色）”对话框，如图 10-38 所示。

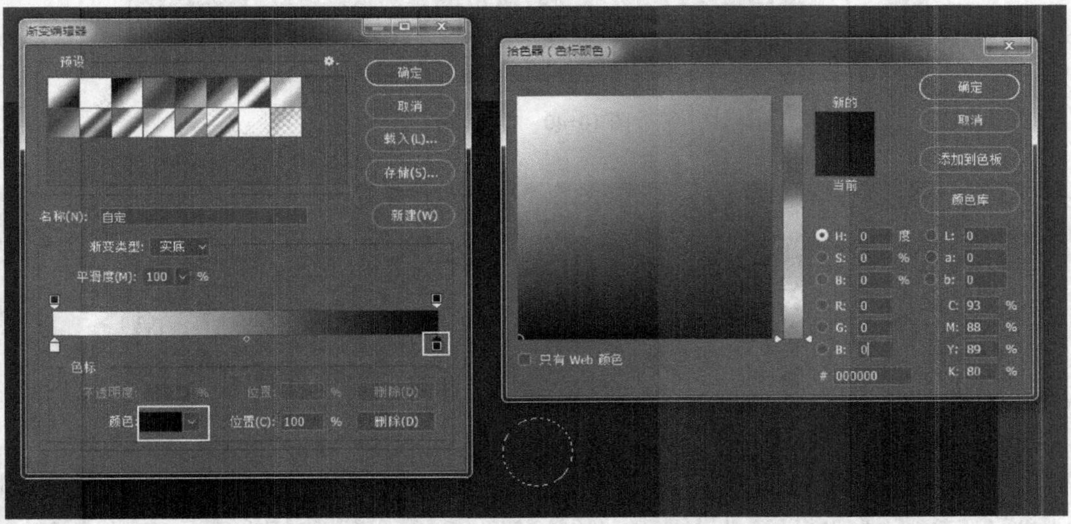

图 10-38　打开拾色器

9）第一个色标的颜色设置为“R：237，G：235，B：235”，第二个色标的颜色设置为“R：0，G：0，B：0”，单击“确定”按钮，回到绘图区，斜向拖动，如图 10-39 所示。

10）在菜单栏中执行菜单命令“编辑”→“定义画笔预设”，弹出“画笔名称”对话框，设置名称为“圆形元素”，如图 10-40 所示；单击“确定”按钮，按快捷〈Ctrl+D〉取消选择，在“图层”面板上隐藏“圆形元素”图层，如图 10-41 所示。

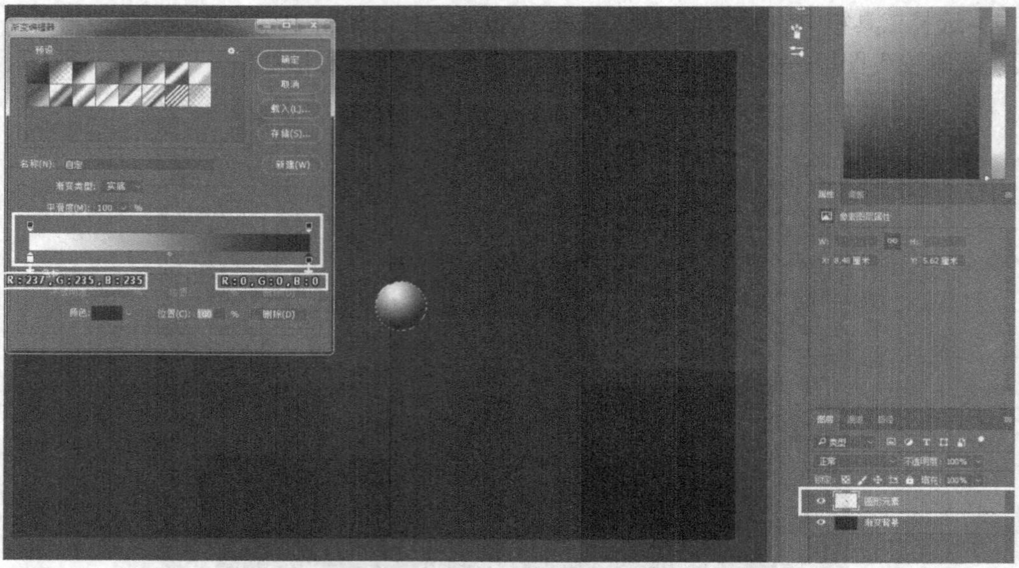

图 10-39　设置色标颜色并拖动

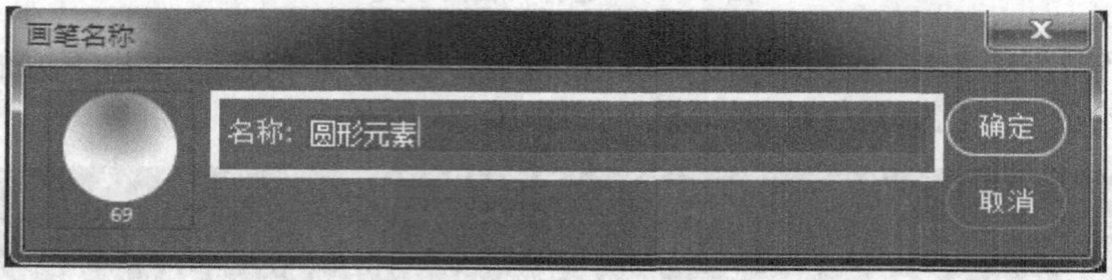

图 10-40　定义画笔

图 10-41　隐藏图层

10.3.3 制作图形元素

1）按快捷键〈Ctrl+Shift+N〉新建图层并命名为“圆形元素”，如图 10-42 所示。选择画笔工具，按填充快捷键〈F5〉，弹出“画笔”面板，如图 10-42 所示。

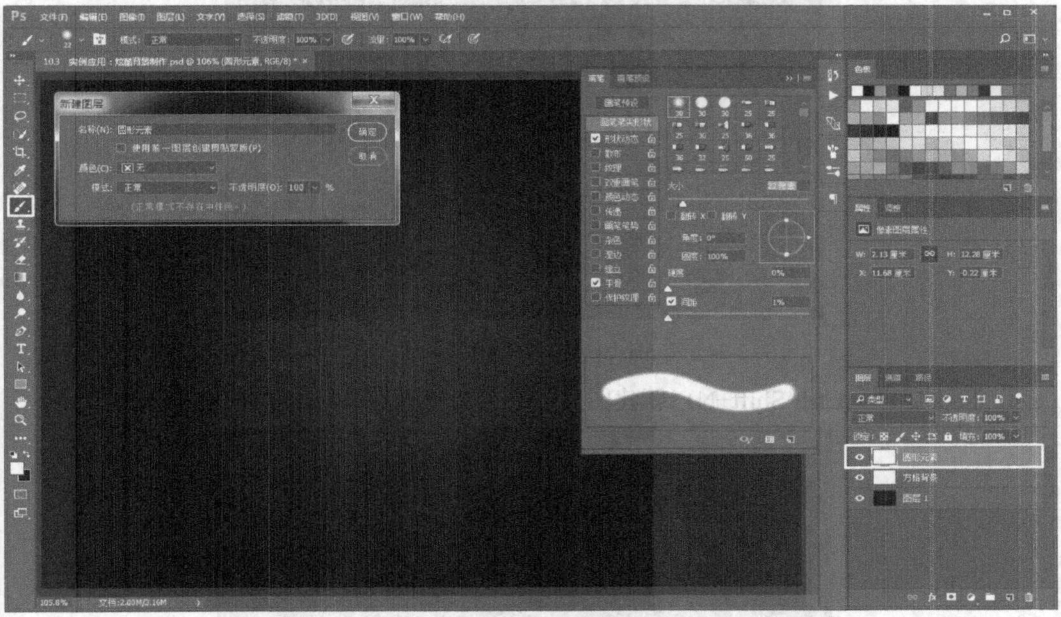

图 10-42　设置画笔工具

2）点击 “画笔笔尖形状”，选择刚才定义的画笔“圆形元素”，将大小设置为“110”，间距为“28%”，如图 10-43a 所示；勾选“形状动态”复选框，设置最小直径为“20%”，角度抖动为“35%”，勾选“翻转 X 抖动”复选框和“翻转 Y 抖动”复选框，如图 10-43b 所示；勾选“散布”复选框，勾选“两轴”复选框，设置为“546%”，数量抖动为“100%”如图 10-43c 所示；勾选“颜色动态”复选框，设置色相抖动为“25%”，饱和度抖动为“31%”，亮度抖动为“25%”,；勾选“平滑”复选框，如图 10-43d 所示。

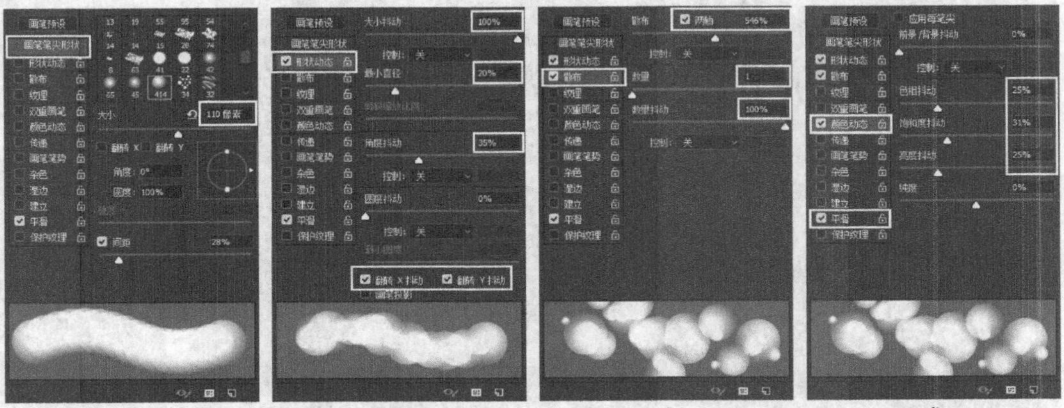

a)　　b)　　c)　　d)

图 10-43　设置画笔笔尖形状

a) 选择“画笔笔尖形状”　b) 设置形状动态　c) 设置散布　d) 设置颜色动态和平滑

3）在“圆形元素”图层上画出圆形背景的效果，效果如图 10-44 所示。

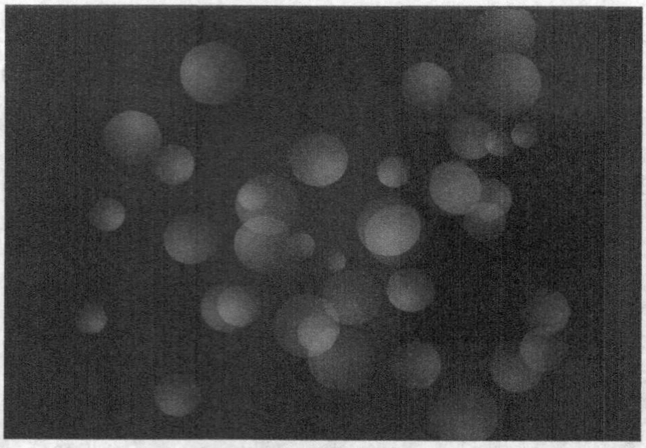

图 10-44　图形背景效果

4）按快捷键〈Ctrl+Shift+N〉新建图层，命名为“光线”，如图 10-45 所示。

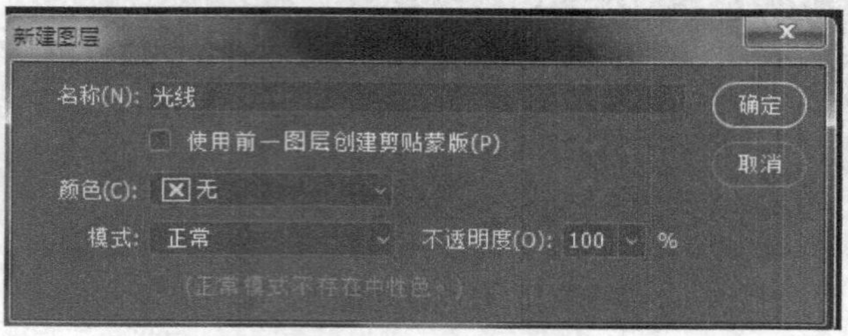

图 10-45　新建图层

5）选择矩形选框工具，在画面中心画出矩形，如图 10-46 所示。

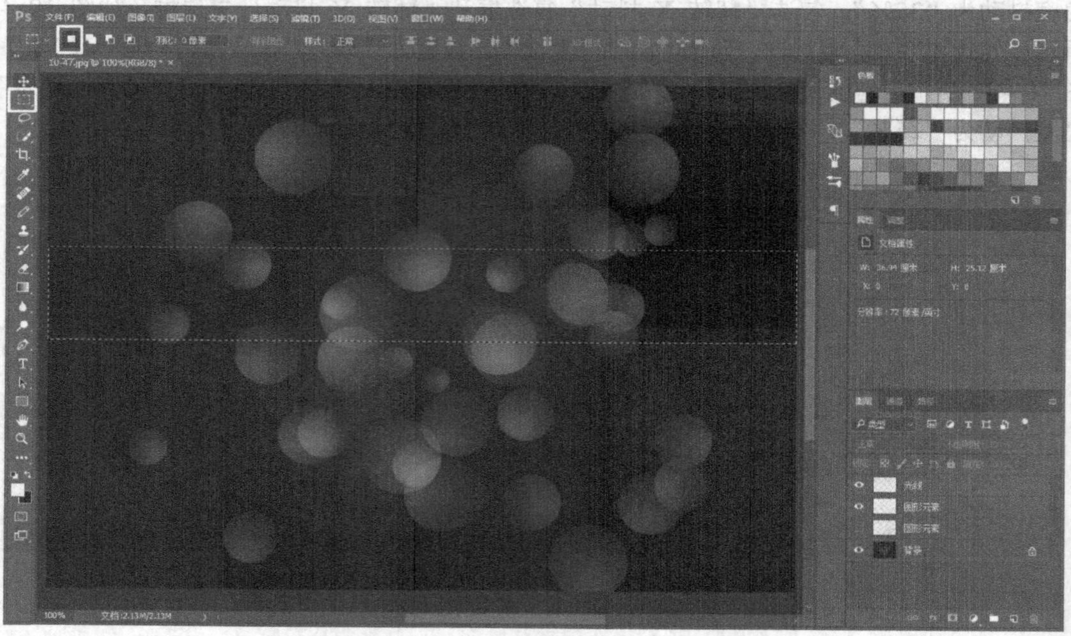

图 10-46　画出矩形

6）选择渐变工具▇，选择“线性渐变”，如图 10-47a 所示，单击“点按可编辑渐变”图标，弹出“渐变编辑器”对话框，再点击“色标”滑块和下方的“颜色”色块，弹出“拾色器（色标颜色）”对话框，如图 10-47b 所示；将第一个色标的颜色设置为“R：255，G:255，B：255”，第二个色标的颜色设置为“R：0，G：0，B：0”，按住〈Shift〉键向下拖出渐变，效果如图 10-48 所示。

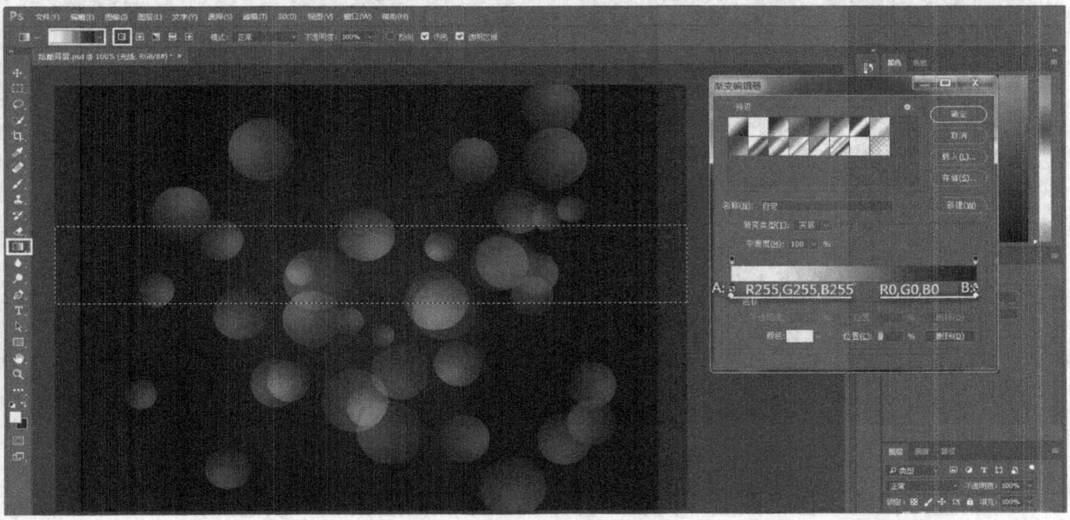

图 10-47　设置渐变参数

图 10-48　渐变效果

7）将混合模式设置为“颜色减淡”，按快捷键〈Ctrl+D〉取消选择，如图 10-49 所示。

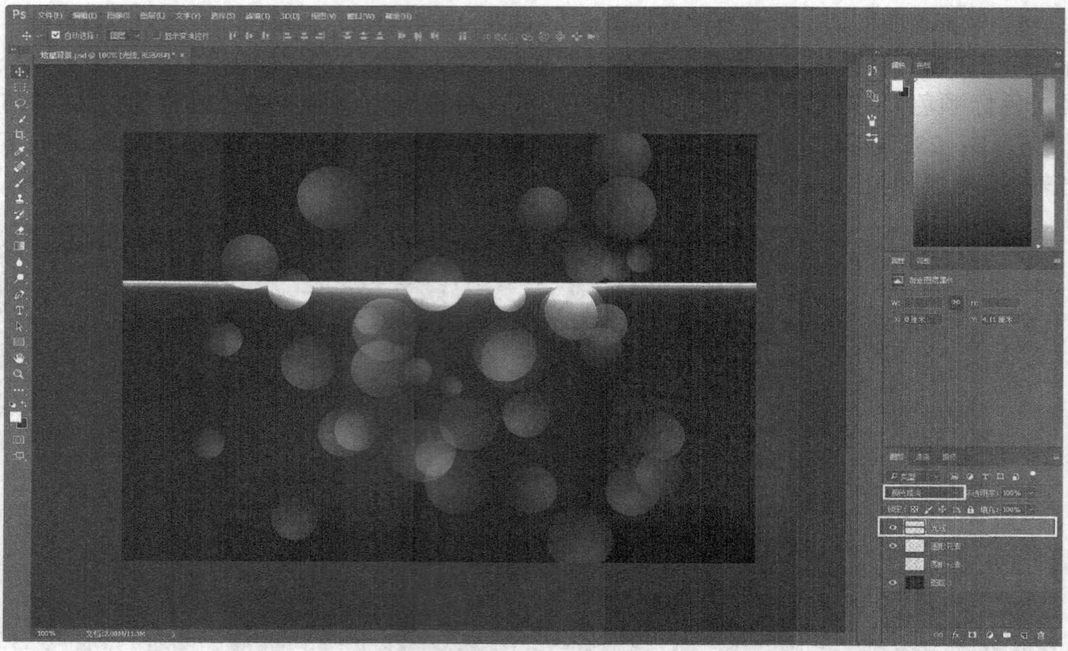

图 10-49　修改混合模式后的效果

8）调整好位置，在“图层”面板下方单击“添加图层蒙版”按钮，如图 10-50 所示，再选择画笔工具，将大小设置“25 像素”，硬度为“0%”，不透明度为“80%”（可根据实际情况调整），如图 10-51 所示。将前景色设置为黑色，选择蒙版进行涂抹，效果如图 10-52 所示。

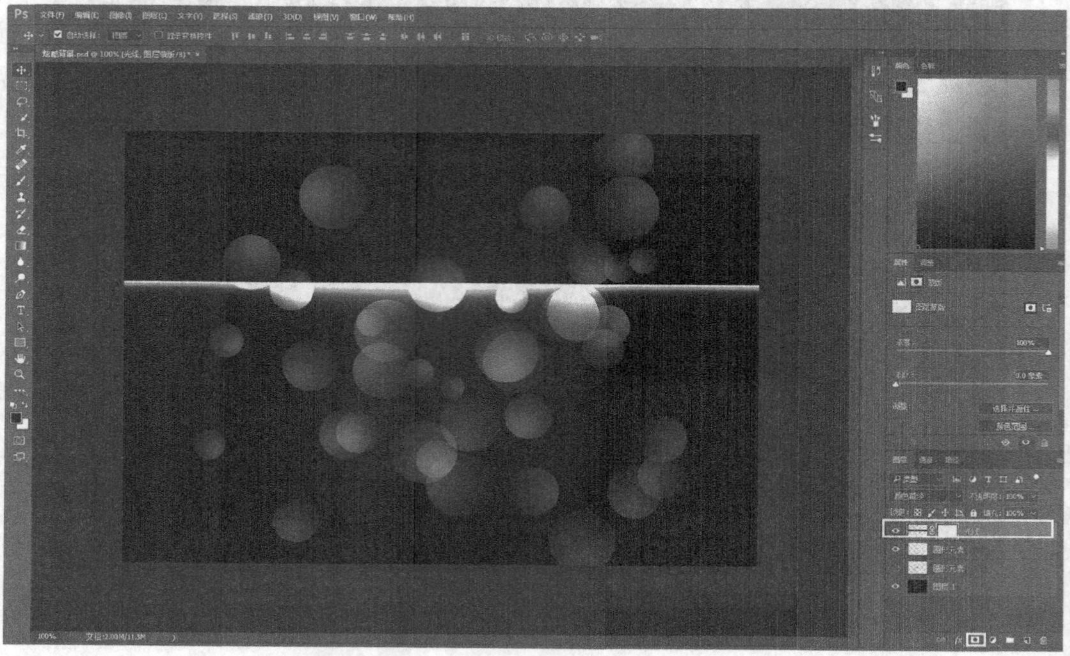

图 10-50　添加蒙版

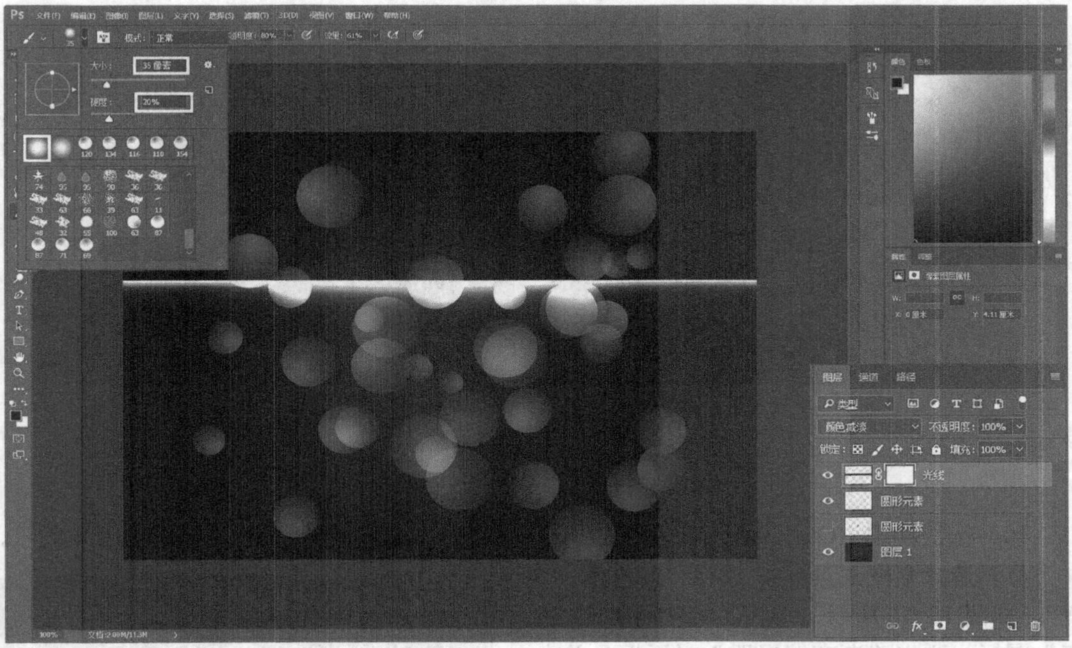

图 10-51　设置画笔参数

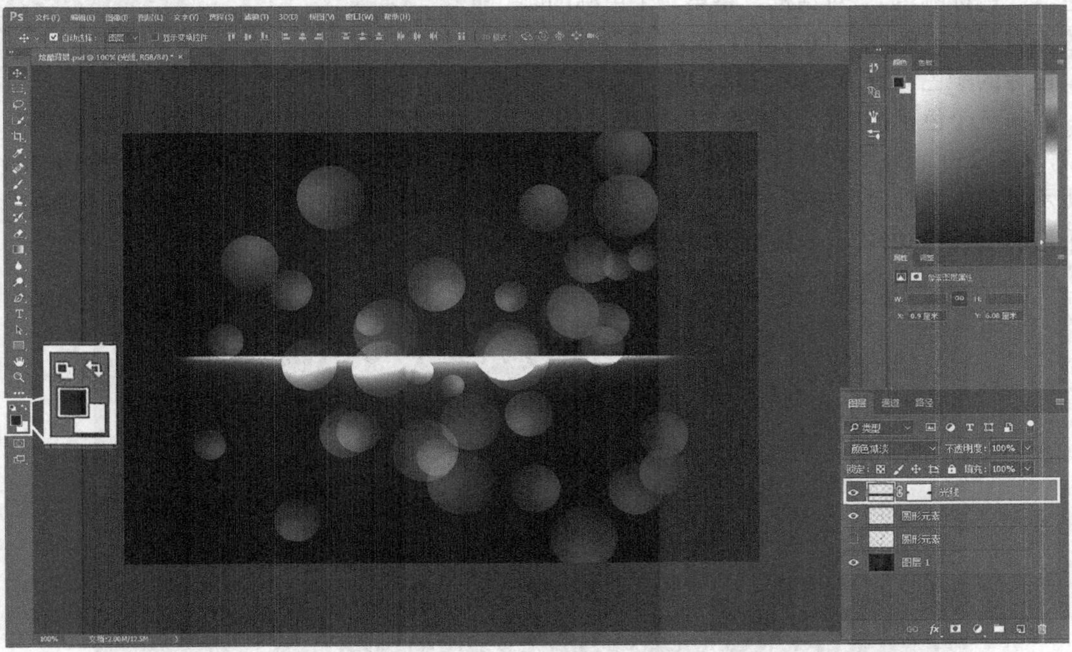

图 10-52　一条光线效果

9）按快捷键〈Ctrl+J〉复制“光线”图层，按快捷键〈Ctrl+T〉进行自由变换，调整大小和位置，效果如图 10-53a 所示，再用同样的方法制作三条光线效果，效果如图 10-53b 所示。

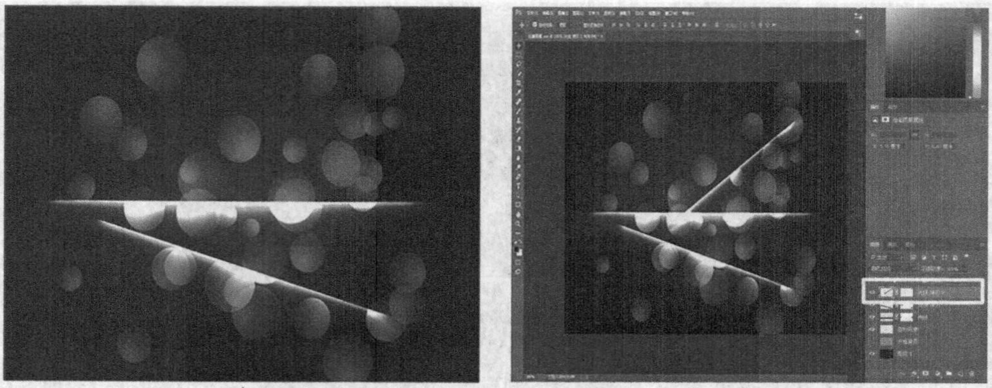

a)　　　　　　　　　　　　　　　　b)

图 10-53　光线调整

a) 两条光线效果　b) 三条光线效果

10）按快捷键〈Ctrl+Shift+N〉新建图层并命名为“丰富背景色彩”，如图 10-54 所示。

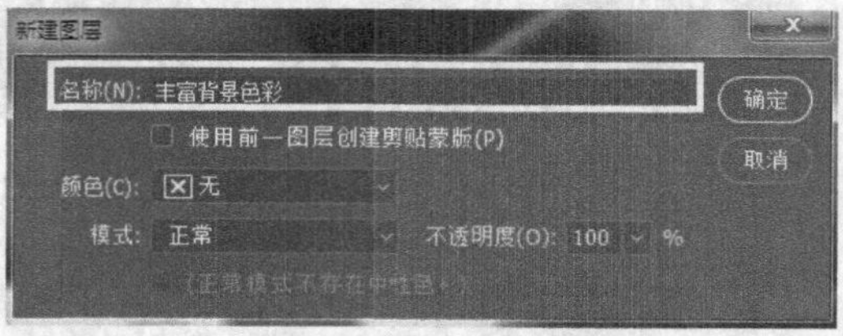

图 10-54　新建图层

11）选择渐变工具，选择“线性渐变”，如图 10-55 所示，单击“点按可编辑渐变”图标，弹出“渐变编辑器”对话框，单击“色标”滑块和下方的“颜色”色块，弹出“拾色器（色标颜色）”对话框，将第一个色标的颜色为设置为“R：6，G：185，B：252”，第二个色标的颜色设置为“R：252，G：6，B：6”，第三个色标的颜色设置为“R“252，G：249，B：6”，第四个色标的颜色设置为“R：77，G：250，B：59”，第五个色标的颜色设置为“R：0，G：60，B：255”，如图 10-56a 所示，单击“确定”按钮，如图 10-56b 所示，在“图层”面板中把混合模式改为“叠加”，不透明度为“50%”，效果如图 10-57 所示。

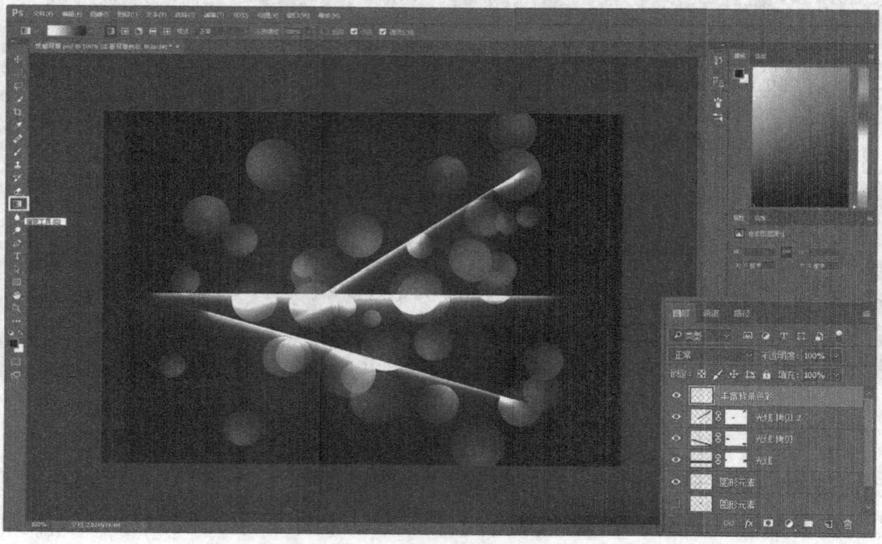

图 10-55　渐变设置

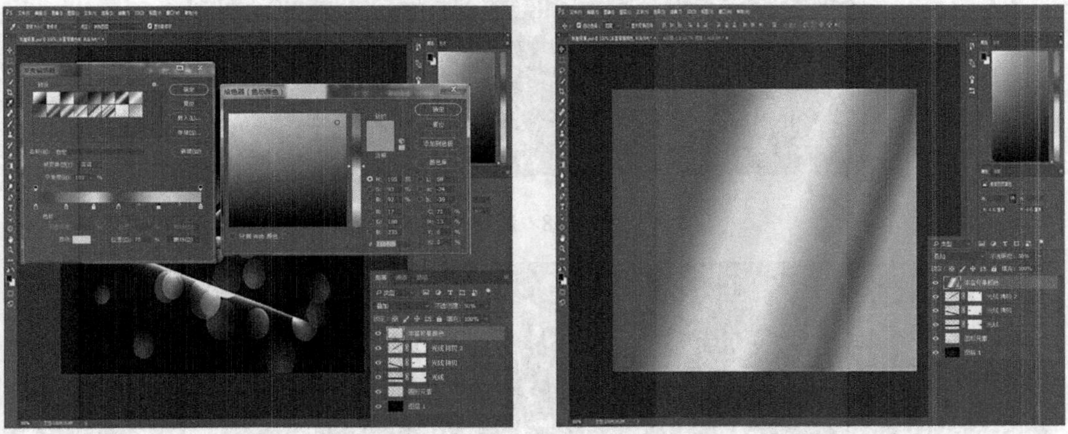

a)　　　　　　　　　　　　　　b)

图 10-56　渐变效果

a) 设置“渐变编辑器”对话框　b) 渐变效果

图 10-57　设置图层参数后的效果

12）按快捷键〈Ctrl+Shift+N〉新建图层并命名为“光晕”，如图 10-58 所示，在工具箱中选择画笔工具，将画笔大小设置为“35%”，硬度为“0”，如图 10-59 所示，在“光晕”图层中画出光晕，如图 10-60 所示，双击“光晕”图层，弹出“图层样式”对话框，勾选“外发光”复选框，外发光颜色设置为“R：248，G：247，B：230”，不透明度设置为“60%”如图 10-61 所示，单击“确定”按钮，效果如图 10-62 所示。

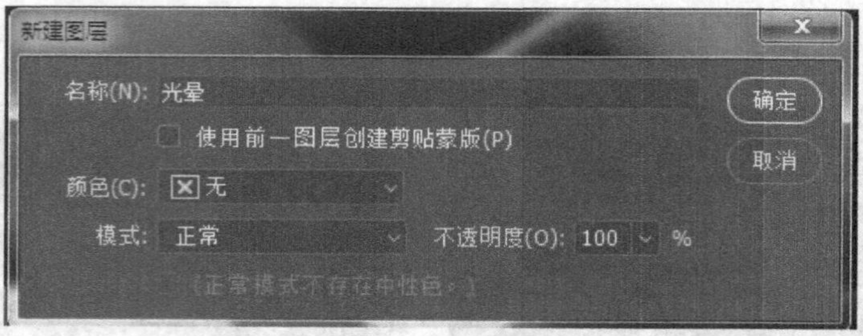

图 10-58　新建图层

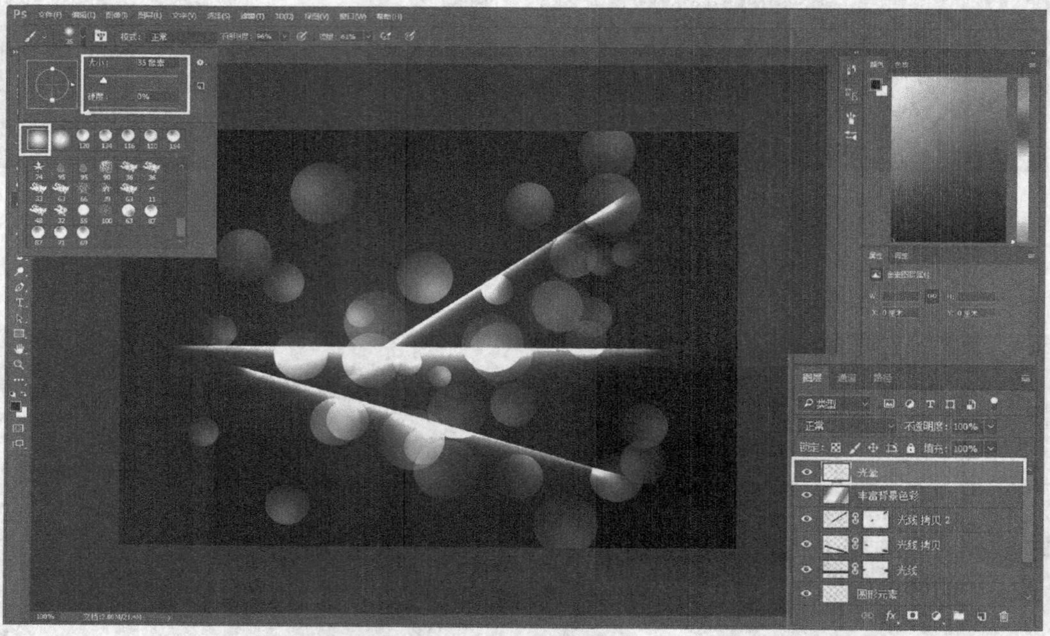

图 10-59　设置画笔参数

图 10-60　光晕效果

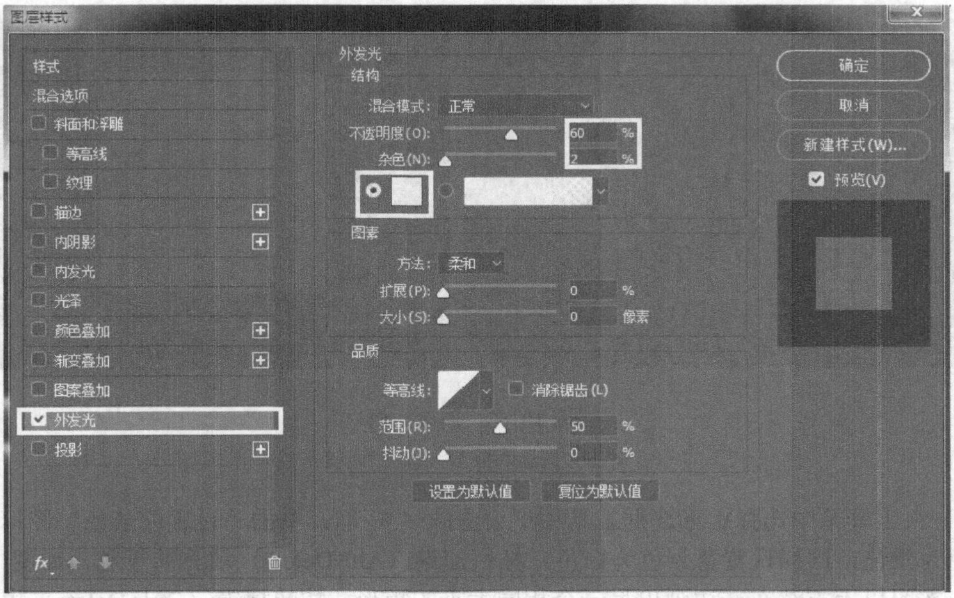

图 10-61　设置图层样式

图 10-62　最终光晕效果

10.3.4　丰富背景

1）按快捷键〈Ctrl+N〉新建一个文档，弹出“新建文档”对话框，并命名为“马赛克背景”，宽度为“10 像素”，高度为“10 像素”，分辨率为“100 像素/英寸”，如图 10-63a 所示，单击“创建”按钮，按快捷键〈Ctrl++〉放大，效果如图 10-63b 所示。

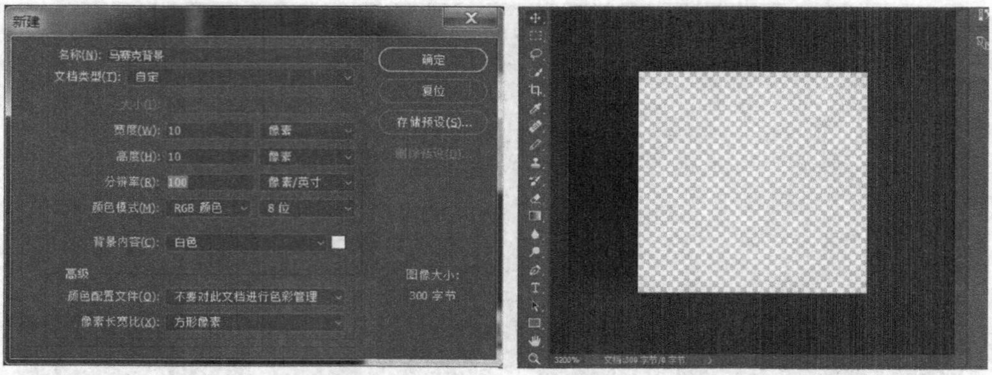

a) b)

图 10-63　新建文档

a) 设置新建文档　b) 新建文档效果

2）在工具箱中选择矩形选框工具，画出一个矩形，单击“设置前景色”图标，设置前景色为黑色，同样设置背景色为白色，按快捷键〈Alt+Delete〉填充前景色，如图 10-64a 所示，按照以上方法在右边画出另一个相同大小的矩形，按快捷键〈Ctrl+Delete〉填充背景色为白色，效果如图 10-64b 所示，按照以上方法画出其他两个矩形，如图 10-64c 所示。

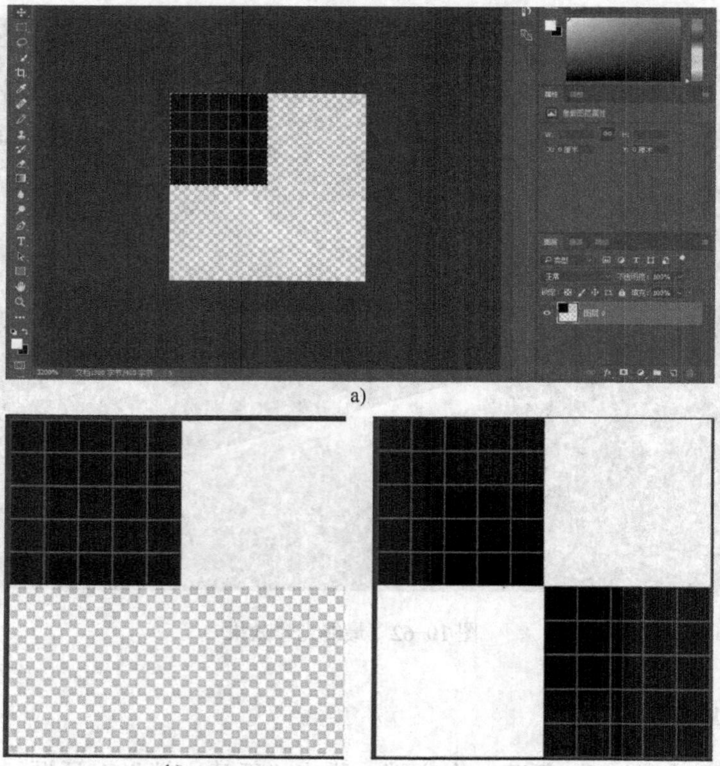

a) b) c)

图 10-64　方格元素

a) 参数设置　b) 设置白色矩形　c) 复制矩形

3）执行菜单命令“编辑”→“定义图案”，弹出“图案名称”对话框，并命名为“方格元素”，如图 10-65 所示。

图 10-65　载入图案

4）回到“炫酷背景”的文件，按快捷键〈Ctrl+Shift+N〉新建一个图层，并命名为“方格背景”，如图 10-66 所示。

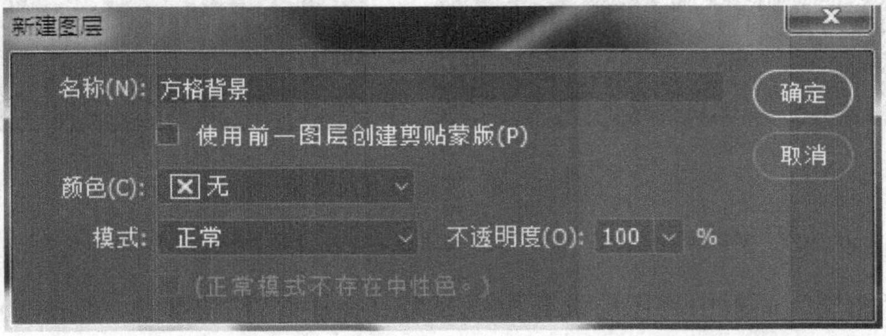

图 10-66　新建图层

5）按填充快捷键〈Shift+F5〉，弹出“填充”对话框，选择刚才定义的图案，如图 10-67a 所示，单击“确定”按钮，如图 10-67b 所示。

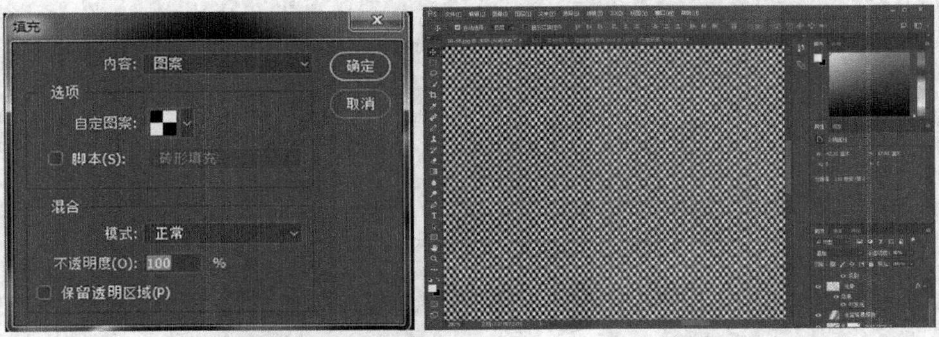

a)　　b)

图 10-67　填充图案

a) “填充”对话框　b) “填充图案”效果

6）执行菜单命令“滤镜”→“液化”，弹出“液化”对话框，如图 10-68a 所示，选择“顺时针旋转扭曲工具”，把画笔大小调为“700”，压力为“100”，并在绘画区中间进行旋转，如图 10-68b 所示，然后选择“膨胀工具”，画笔大小调为“604”，在画面的中心部分进行放大，如图 10-68c 所示；单击“确定”按钮，如图 10-68d 所示。

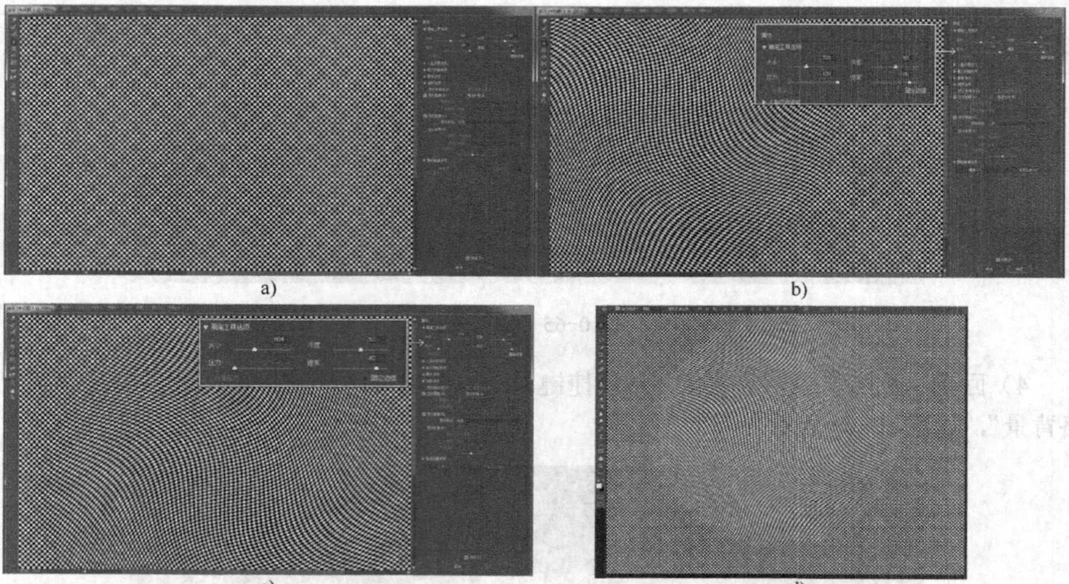

图 10-68　液化设置及效果

a)“液化”对话框　b) 设置“顺时针旋转扭曲工具”　c) 设置“膨胀工具”　d) 液化效果

7）在“图层”面板中将图层混合模式改为“叠加”，按快捷键〈Ctrl+T〉进行自由变换，调整大小，不透明度改为“30%”，将“方格背景”图层拖到炫酷背景图层之上，效果如图 10-69 所示。

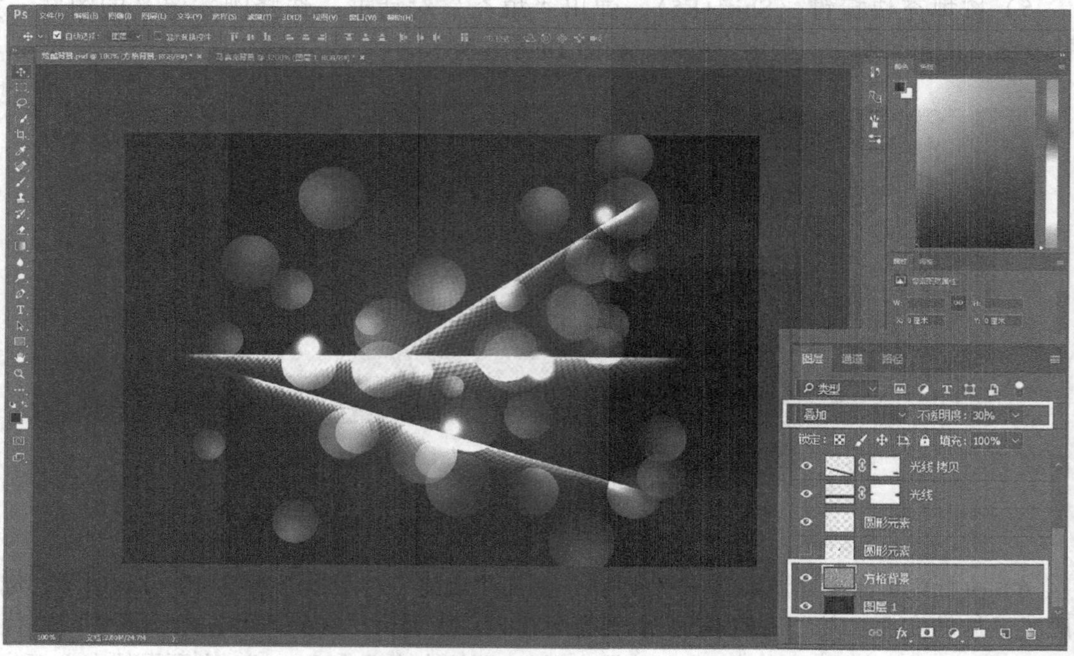

图 10-69　修改图层参数

8）按快捷键〈Ctrl+Alt+N〉新建图层并命名为“点缀物体”，如图 10-70 所示，把前景色设置为黑色，按快捷键〈Alt+Delete〉填充前景色，如图 10-71 所示。

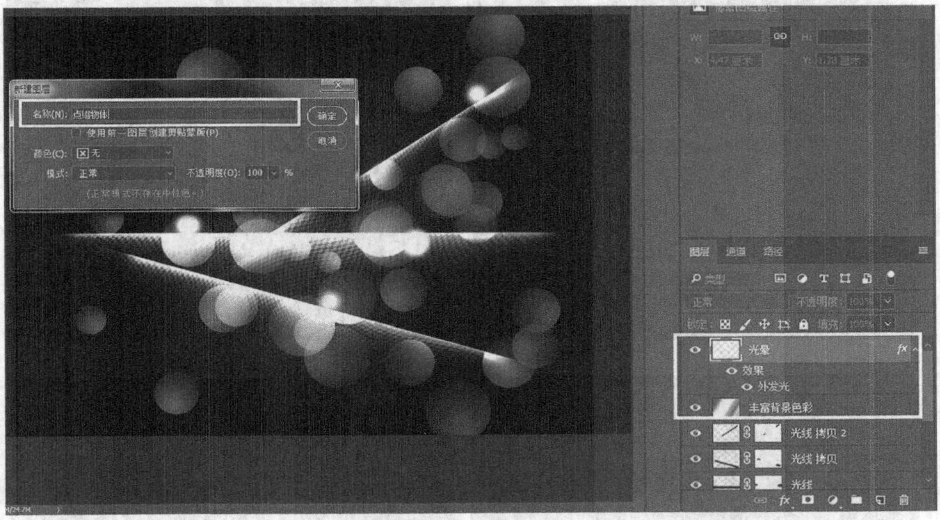

图 10-70　新建图层

图 10-71　填充背景

9）执行菜单命令“滤镜”→“渲染”→“镜头光晕”，弹出“镜头光晕”对话框，把亮度设置为“100%”，镜头类型选择“电影镜头”，放在画面的中心，如图 10-72a 所示，单击“确定”按钮，如图 10-72b 所示。再用同样的方法绘制三点连成斜线的镜头光晕效果，如图 10-72c 所示，单击“确定”按钮，效果如图 10-72d 所示。

10）执行菜单命令“滤镜”→“扭曲”→“极坐标”，弹出“极坐标”对话框，并设置大小为“25%”，选中“极坐标到平面坐标”单选按钮，如图 10-73 所示，单击“确定”按钮，如图 10-74 所示。将“点缀物体”图层拉到“方格背景”图层之上，在“图层”面板中把图层混合模式改为“滤色”，不透明度设置为“45%”，效果如图 10-75 所示。

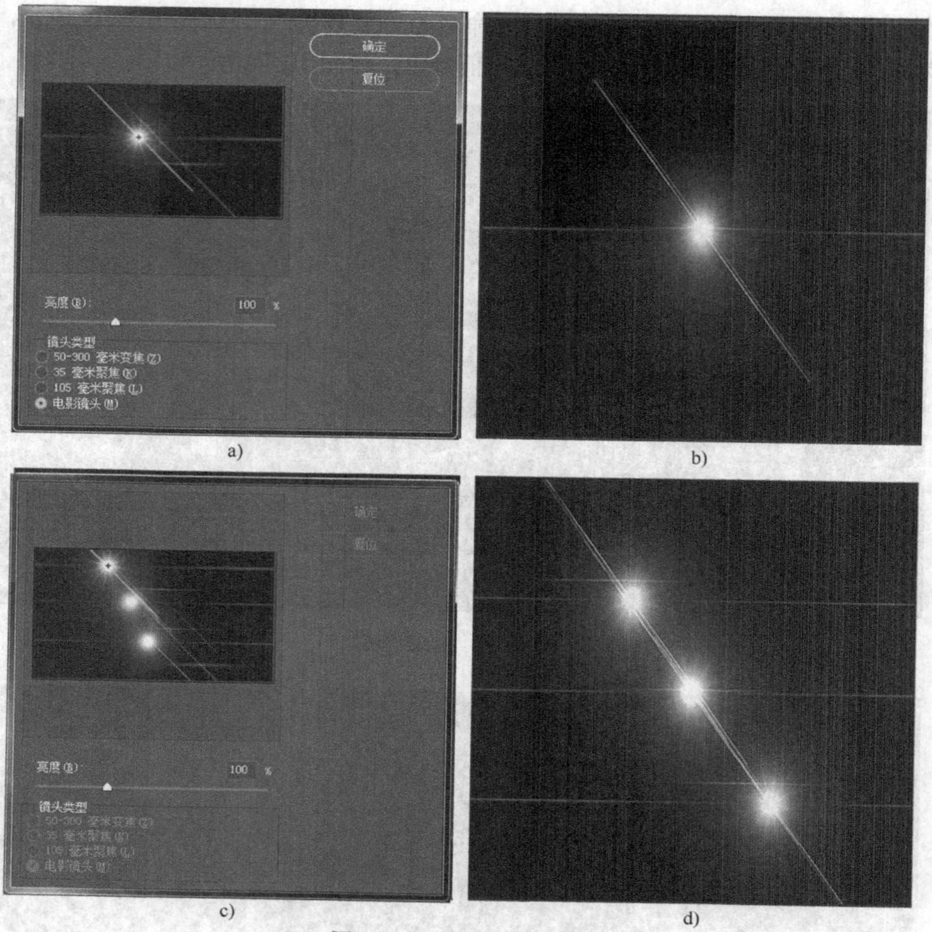

a) b) c) d)

图 10-72 镜头光晕设置

a) 设置镜头光晕 b) 镜头光晕效果 c) 设置三点连成斜线的镜头光晕 d) 三点成斜线的镜头光晕效果

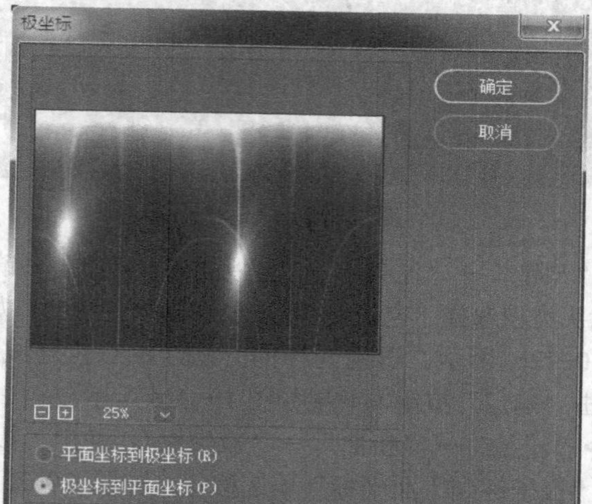

图 10-73 “极坐标”对话框

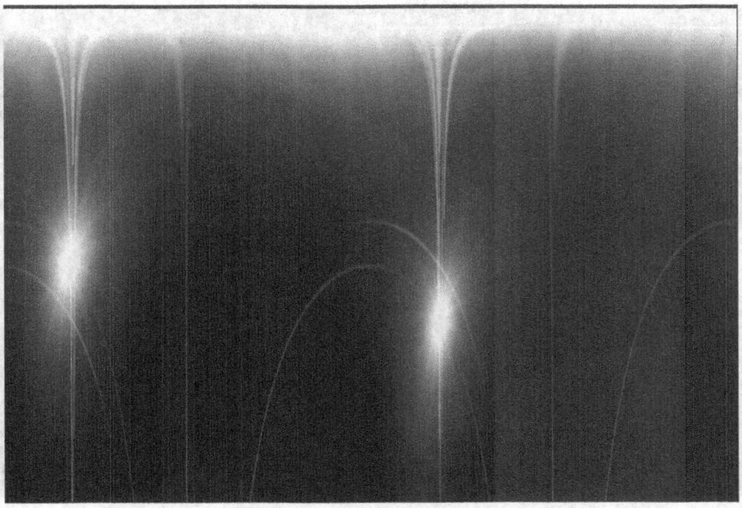

图 10-74　扭曲效果

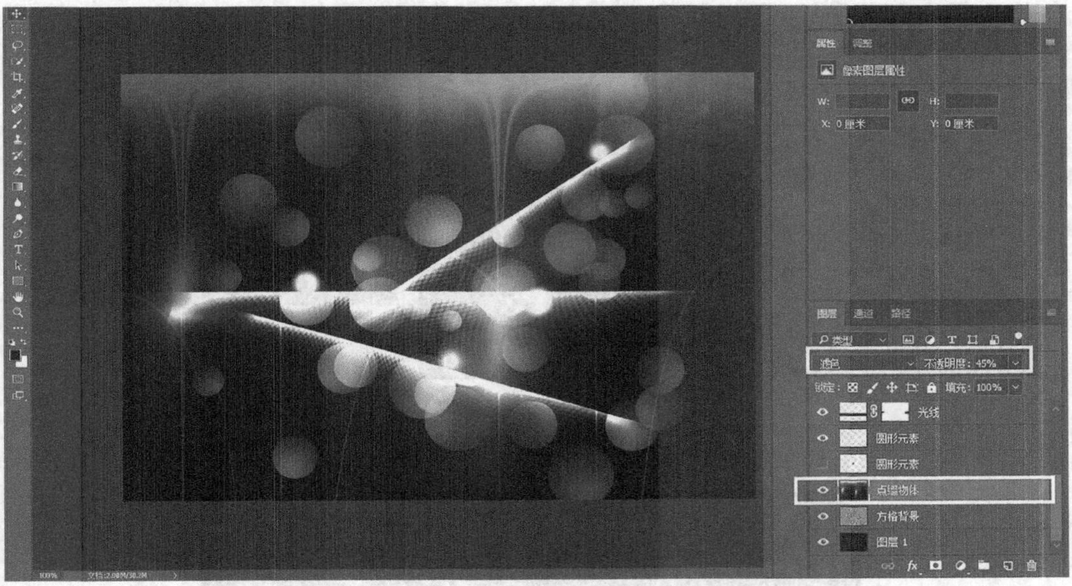

图 10-75　调整图层

11）选择工具箱中的横排文字工具，输入“炫酷背景”，如图 10-76 所示，在横排文字工具选项栏中将字体设置为“华文新魏”，字体大小设置为“40 点”，如图 10-76 所示。

12）双击“炫酷背景”文字图层，弹出“图层样式”对话框，勾选“渐变叠加”复选框，单击“渐变”图标，弹出“渐变编辑器”对话框，单击“色标”滑块后，单击“颜色”色块，弹出“拾色器（色标颜色）”对话框，将第一个色标的颜色设为“R：9，G：9，B：250”，第二个色标的颜色设为“R：15，G：202，B：178”，角度为“95 度”，如图 10-77a 所示；勾选“投影”复选框，设置不透明度为“88%”，角度为“90 度”，距离为“8 像素”，扩展为“24%”，大小为“7 像素”，如图 10-77b 所示，单击“确定”按钮，调整好位置，将之前隐藏的“圆形元素”图层按〈Delete〉键删除，最终效果如图 10-78 所示。

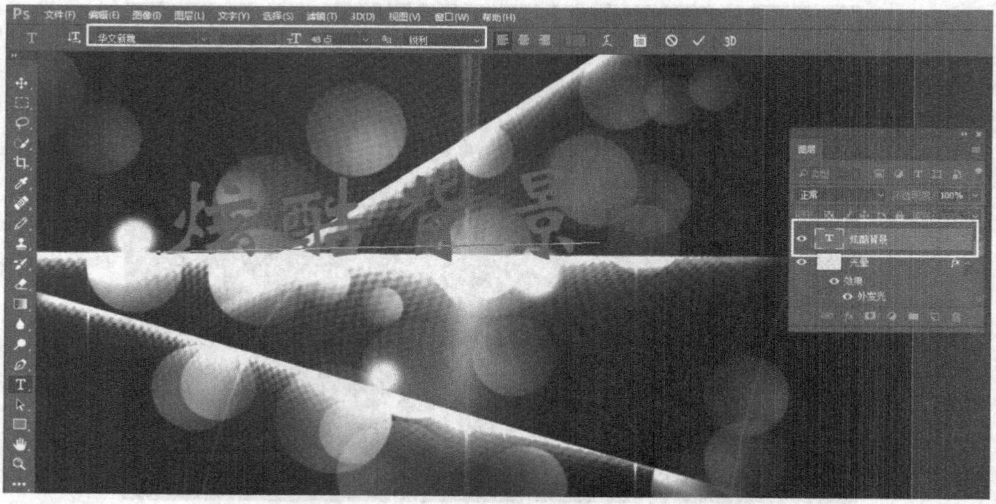

图 10-76 输入文字并设置

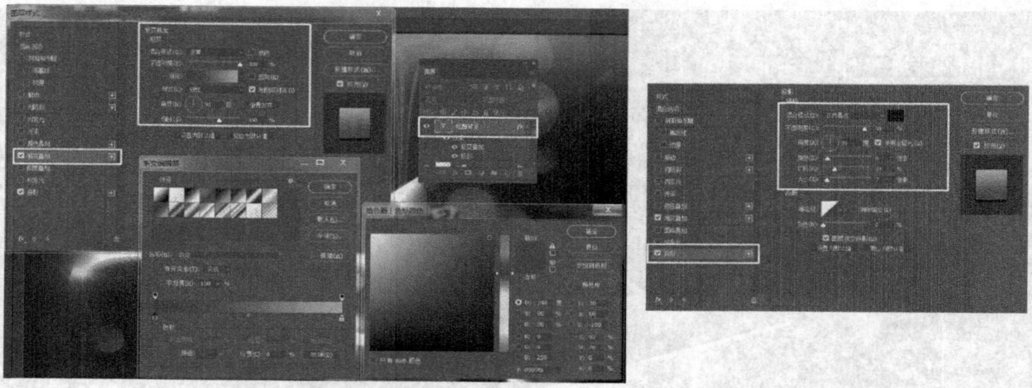

a)

b)

图 10-77 设置图层样式

图 10-78 最终效果

第 11 章　综 合 应 用

11.1　综合案例：产品包装设计

11.1.1　技术分析

本实例制作包装平面图，使用矩形工具绘制矩形图案，使用钢笔工具自由绘制图形，利用文字工具输入绕排文字等。制作包装立体效果图，包括用图形绘制工具绘制立体的平面，用“变换”命令自由调整图像等。最终平面展开效果图如图 11-1 所示，最终立体效果图如图 11-2 所示。

图 11-1　最终平面展开效果图

图 11-2　最终立体效果图

11.1.2　绘制包装平面展开图轮廓

1）执行菜单命令“文件”→“新建”，打开“新建文档”对话框，在对话框中设置新建文档的大小和名称后，单击“确定”按钮，如图 11-3 所示。

图 11-3　创建新文档

2）选择矩形选框工具，在工具选项栏中设置绘制模式为“形状”，然后设置填充颜色为#d0a972，描边大小为 0.24 像素，在图像左侧拖动绘制矩形，如图 11-4 所示。

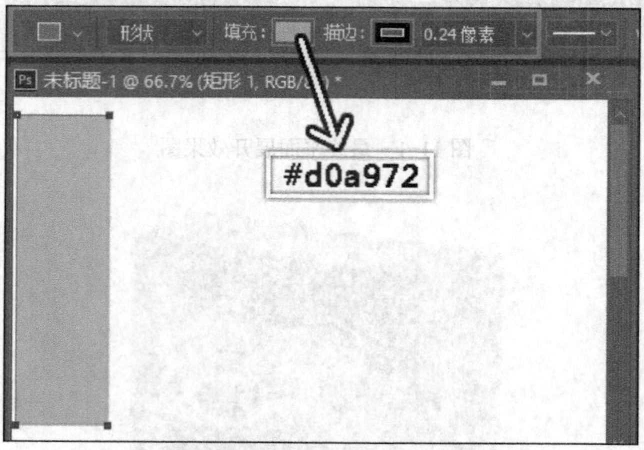

图 11-4　绘制矩形

3）选择矩形工具，在工具选项栏中进行相同的设置，继续在图像中拖动绘制更多的矩形图案，绘制后在“图层”面板中会显示相应的形状图层，如图 11-5 所示。

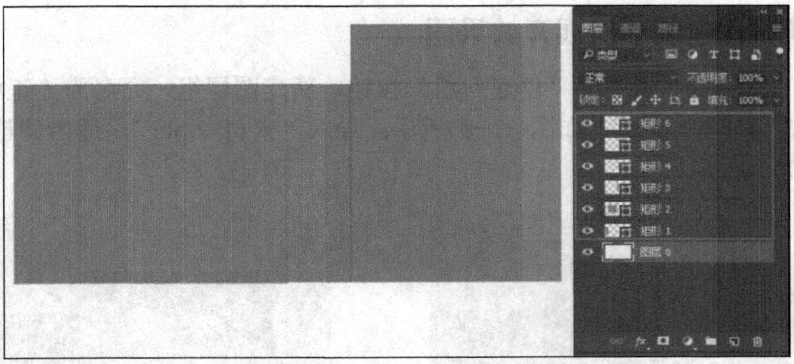

图 11-5　绘制更多矩形

4）选择钢笔工具，在工具选项栏中设置绘制模式为“形状”，然后设置填充颜色为“R：178 、G：136 、B：80”，应用钢笔工具在图像中绘制图形，如图 11-6 所示。

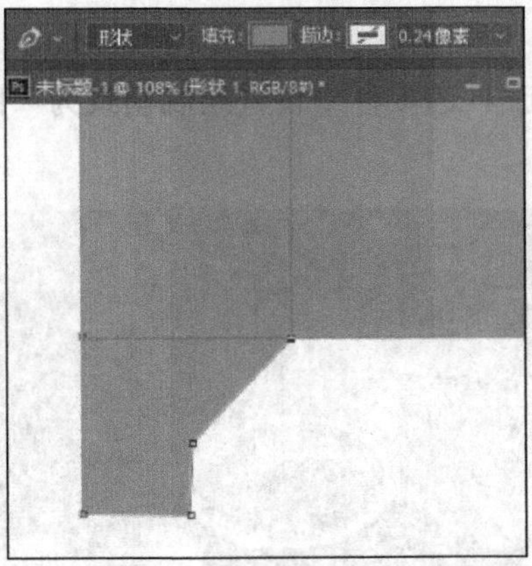

图 11-6　使用钢笔工具绘制图形

5）选择钢笔工具，在工具选项栏中进行相同的设置，继续绘制路径，得到包装平面展开图的轮廓，如图 11-7 所示。

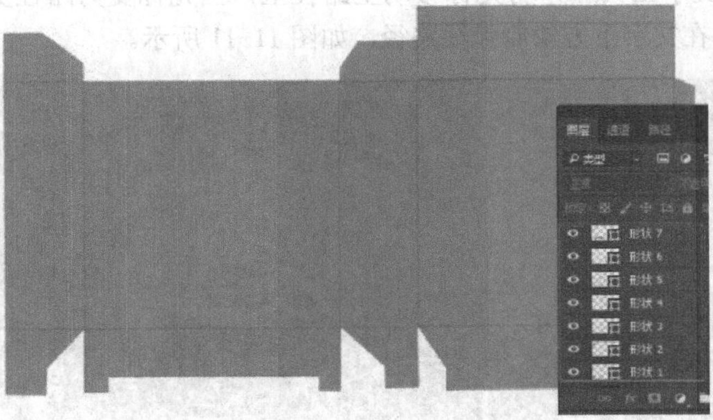

图 11-7　包装平面展开图轮廓

11.1.3 设计制作包装平面展开效果图

1）单击“图层”面板中的“创建新组”按钮，新建图层组，命名为“正面”。再新建两个图层，导入“素材 1.png”，如图 11-8 所示；导入“素材 2.png”，适当调整素材的大小和位置，如图 11-9 所示。

图 11-8　导入素材 1

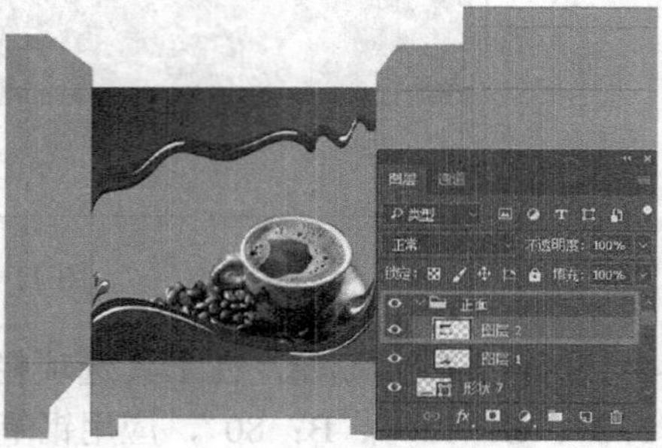

图 11-9　导入素材 2

2）选中钢笔工具，在工具选项栏中设置绘制模式为“路径”，并绘制图 11-10 所示的弧线路径。

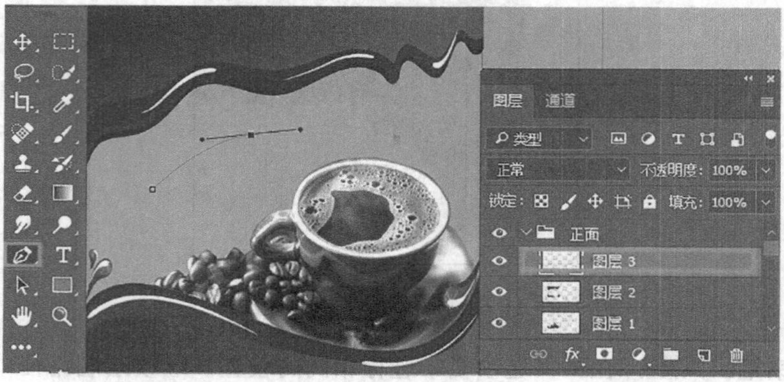

图 11-10　使用钢笔工具绘制路径

3）选中横排文字工具，将光标移动至路径上，当光标变为路径文字形状时单击并输入文字。然后继续在文字下方绘制弧线路径，如图 11-11 所示。

图 11-11　使用横排文字工具输入文字

4）新建图层组，命名为“侧面”，选择横排文字工具，在最左侧矩形中单击并输入说明性文字，并插入“素材 3.png”，如图 11-12 所示。

5）新建图层组，命名为“顶部”，参考第 3）步输入绕排文字，插入图标“素材 4.png”，如图 11-13 所示。

图 11-12　新建“侧面”图层组

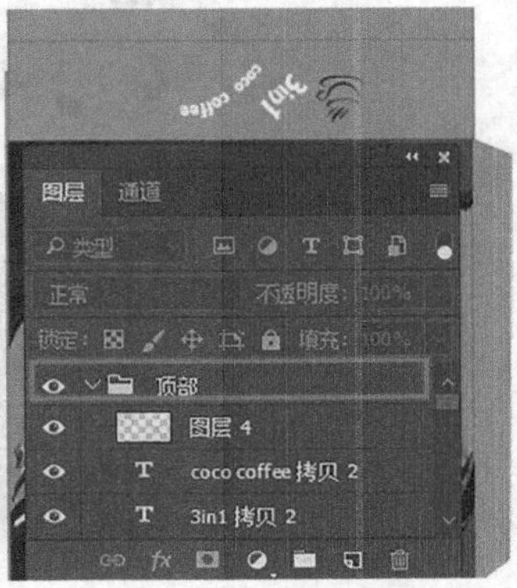

图 11-13　新建“顶部”图层组

6）调整好盒子背面和右侧的效果后，完成包装平面展开图的设计，最终效果如图 11-14 所示。

图 11-14　最终平面展开图效果

11.2　综合案例：绿色出行主题公益海报设计

11.2.1　技术分析

本实例设计一张绿色出行主题的公益海报，重点是添加图层蒙版和形状的调整。最终效果如图 11-15 所示，制作过程如图 11-16 所示。

图 11-15　最终效果

图 11-16　制作过程图

11.2.2　制作过程

1）打开 Adobe Photoshop CC 软件，执行菜单命令“文件”→“新建”（快捷键

〈Ctrl+N〉)，弹出“新建文档”对话框，命名为“公益海报”，设置宽度为“1000 像素”，高度设置为“800 像素”，然后单击“创建”按钮完成文档的创建，如图 11-17 所示。

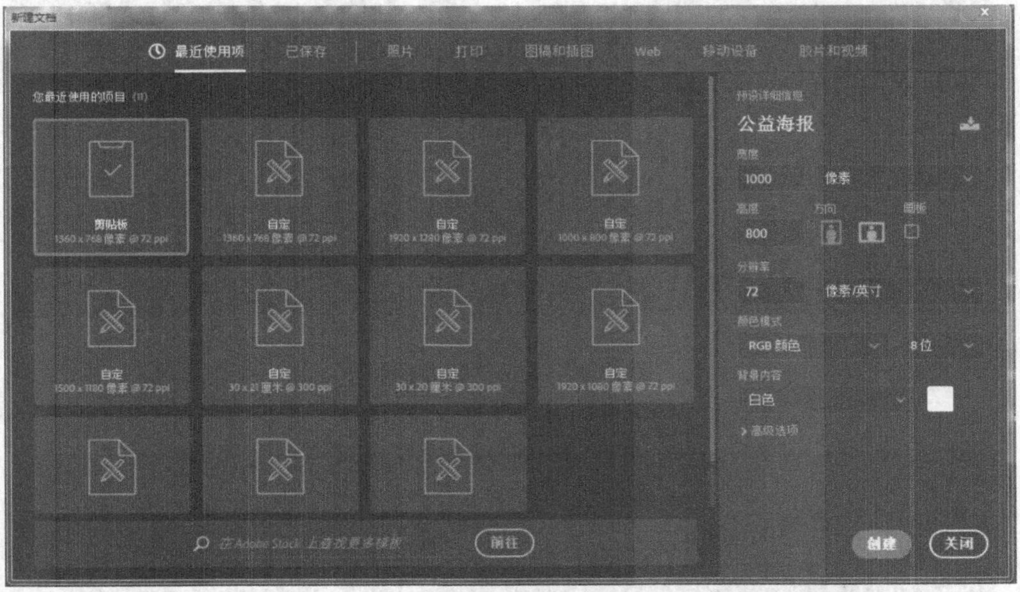

图 11-17　新建文档

2）选择渐变工具，单击“设置前景色”图标，打开“拾色器（前景色）”对话框，然后输入数值“R：86，G：165，B：255”，单击“确定”按钮，对图层的上半部分进行渐变效果的处理，营造出天空，如图 11-18 所示。

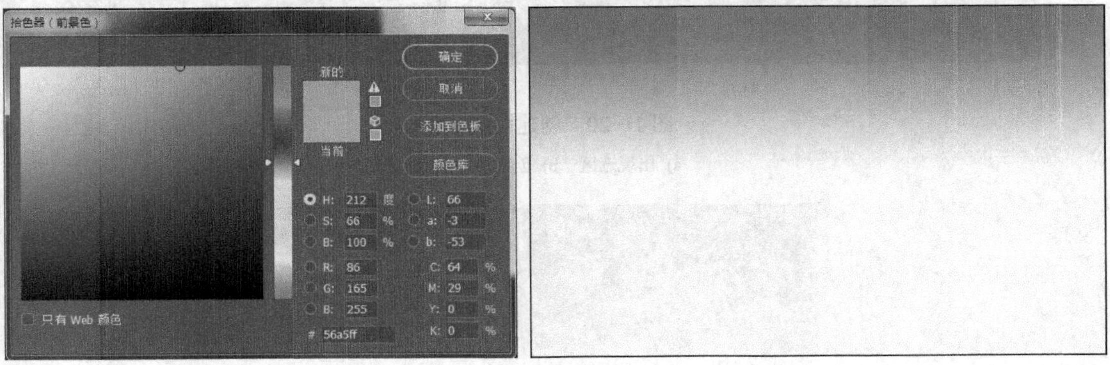

图 11-18　渐变效果

3）打开素材文件“11.2 综合案例：绿色出行主题公益海报设计素材.jpg”，使用钢笔工具勾勒出山坡的形状，闭合路径后，在“路径”面板中出现“工作路径”，如图 11-19 所示。按住〈Ctrl〉键单击“工作路径”，出现选区。选中刚才打开素材的图层并单击“添加图层蒙版”按钮，如图 11-20 所示。山坡的形状就绘制完成了，效果如图 11-21 所示。

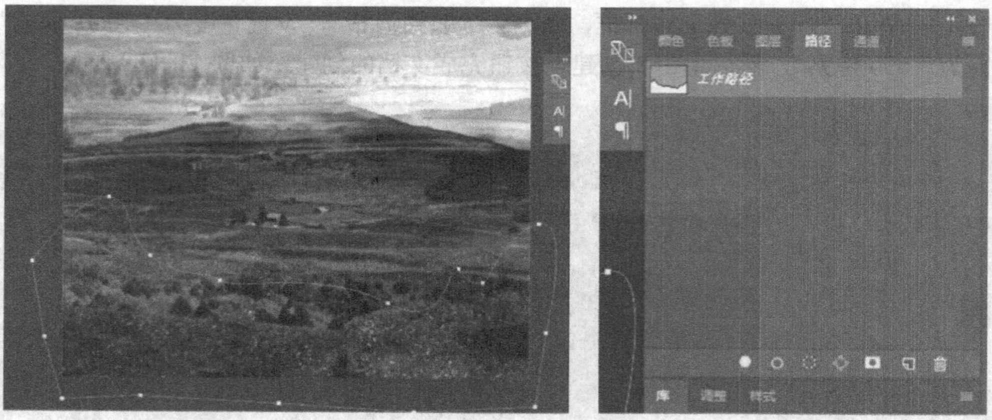

a) b)

图 11-19　使用“钢笔工具”

a) 用钢笔工具描绘路径　b) 工作路径

a) b)

图 11-20　创建图层蒙版

a) 出现选区　b) 创建图层蒙版

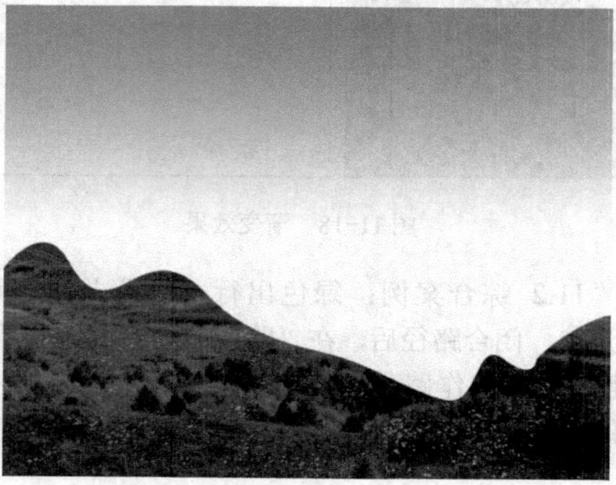

图 11-21　山坡效果

4）创建文字图层。使用横排文字工具输入“绿色出行”，选用“华康 POP2 体 W9”字体，参数设置如图 11-22 所示，效果如图 11-23 所示。

图 11-22　设置参数

图 11-23　文字效果 1

再输入“从我做起”，选用“叶根友毛笔行书 2.0 版”字体，参数设置如图 11-24 所示，效果如图 11-25 所示。

图 11-24　设置参数

图 11-25　文字效果 2

打开素材文件“11.2 综合案例：绿色出行主题公益海报设计素材.jpg”文档，按住〈Ctrl〉键，单击“绿色出行”图层，出现选区，如图 11-26 所示。选中素材图层并单击“创建图层蒙版”按钮，如图 11-27 所示。同样的，打开素材覆盖在“从我做起”图层上，按住〈Ctrl〉键，单击“从我做起”图层，出现选区，选中素材图层并创建图层蒙版，效果如图 11-28 所示。

a) b)

图 11-26　创建选区

a) 图层顺序　b)“绿色出行”图层选区

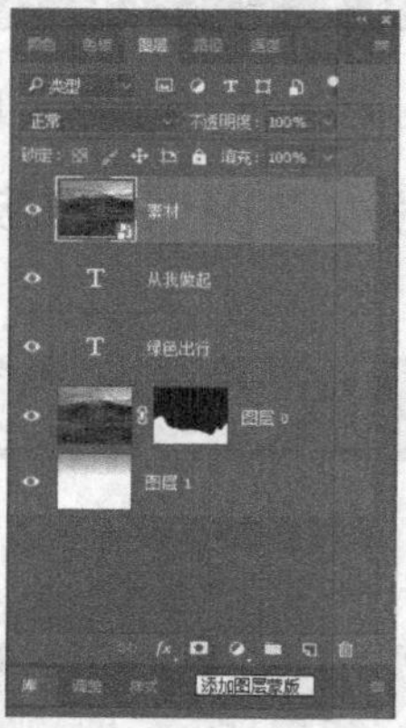

图 11-27　创建图层蒙版

a) b)

图 11-28　文字最终效果

a) 最终文字效果　b)“图层”面板

5）打开素材文件“11.2 综合案例：绿色出行主题公益海报设计素材 2.png”文档，按快捷键（〈Ctrl+ T〉）调整自行车的大小及角度。同样的，打开素材文件覆盖在自行车图层上，按住〈Ctrl〉键，单击自行车图层，出现选区，选中素材图层并创建图层蒙版，效果如图 11-29 所示。

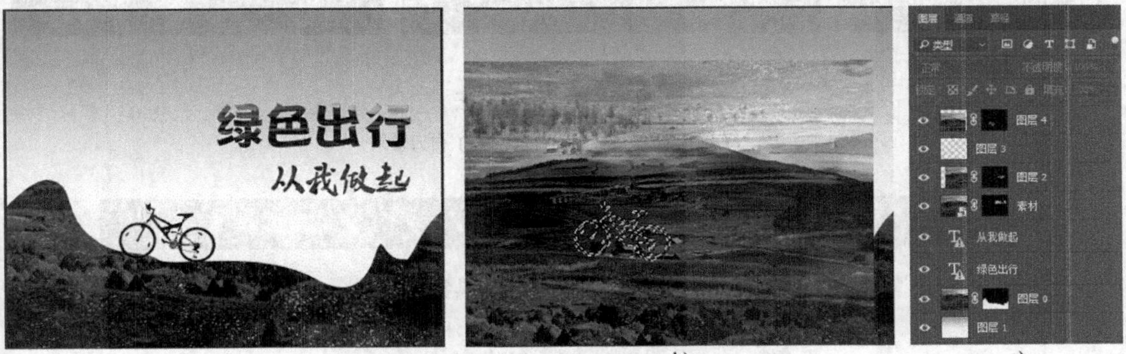

a) b) c)

图 11-29　自行车效果

a) 自行车图层　b) 选区　c)“图层”面板

6）为了丰富画面，新建图层，使用自定形状工具在左侧绘出不同大小和角度的蝴蝶和叶子形状。打开素材文件覆盖在蝴蝶和叶子的图层上，按住〈Ctrl〉键，单击蝴蝶和叶子图层，出现选区，选中素材图层并创建图层蒙版，效果如图 11-30 所示。

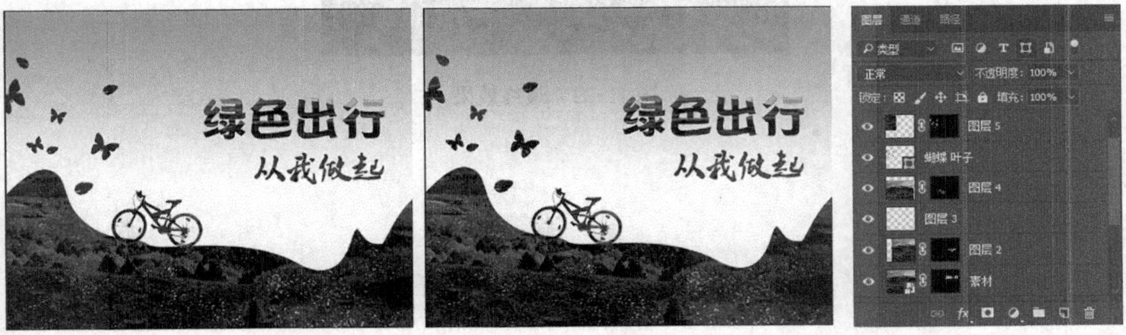

a) b) c)

图 11-30　蝴蝶和叶子效果

a) 绘制蝴蝶和叶子　b) 蝴蝶和叶子效果图　c)“图层”面板

7）绘制白云。新建图层，选择画笔工具，调整笔触大小，硬度调到 100%。单击“设置前景色”图标，打开“拾色器（前景色）”对话框，然后输入数值“R：255，G：255，B：255”，绘制出白云，效果如图 11-31 所示。选择加深工具，设置范围为“高光”，调低曝光度，如图 11-32 所示。最终效果如图 11-33 所示。

a) b) c)

图 11-31　绘制白云

a) 选择笔触　b) 设置前景色　c) 白云效果

图 11-32　设置加深工具参数

图 11-33　最终效果